普通高等教育农业部“十二五”规划教材
全国高等农林院校“十二五”规划教材

Visual Basic 程序设计基础

李书琴　孙健敏　主编

U0301011

中国农业出版社

内 容 简 介

本书以提高学生分析问题和解决问题的能力为目的，以设计应用程序必备知识为主线，将可视化编程工具(Visual Basic 6.0) 与程序设计有机结合。通过大量的实例，深入浅出地介绍了Visual Basic可视化编程的概念、代码基础、基本控制结构、数组与用户自定义数据类型、过程及作用域、数据文件、常用控件、界面设计。教材突破传统程序设计内容组织形式，在程序设计三大结构的基础上，将编程思维与方法训练作为一章独立出来，可以满足不同层次教学需求。

本书采用了导学编写策略，每章有本章内容提示、教学基本要求、教学小结，有助于明确教学目标，加强基础，突出重点和难点；形式多样的习题有利于深化对基本概念的理解和编程能力的提高；内容丰富而翔实的实习指导能有效地提高学习效果和效率。全书重点突出，概念清晰，层次分明，例题丰富，适合作为高等院校本科专业程序设计语言教材，也可作为计算机等级考试的参考资料。

编写人员名单

主　编　李书琴　孙健敏

副主编　杨　沛　陈　勇

编　者　张　晶　李　梅

蔚继承　宋荣杰

邹　青　王娟勤

前　言

Visual Basic 继承了 Basic 语言简单易用的优点，汲取了面向对象编程的特点，为编程者提供了一种可视界面的设计方法。使用窗体和控件设计应用程序的界面，摆脱了面向过程语言的许多细节，极大地提高了应用程序开发的效率。

由于 Visual Basic 功能强大、内容丰富，很多高校将 Visual Basic 作为大学阶段第一程序设计语言。面对国内外高等教学改革"重基础，强能力，突创新"的新形势，广大教育工作者致力于优化课程体系，重组教学内容，缩短课堂教学，扩大实习教学。一本有助于教与学的教材将是非常重要的。在图书市场上，有关 Visual Basic 程序设计方面的教材种类较多，但存在许多不尽人意的问题，如内容庞杂、知识交叉等现象。为初学者提供一本简明实用，基"概念－技术－应用"于一体的教科书，既是作者多年的宿愿，也是高等教学改革的必然要求。

本书在吸收了现有优秀教材精华的基础上，融合了作者建设国家级精品课程的经验和多年从事计算机基础教育的体会，牢记"以学生为主体"的教学理念。采用了"导学"编写策略，力求符合初学者的认知规律，做到系统性与实用性相结合、理论与实践相结合，语言表达做到简单明了，通俗易懂。教材突破传统程序设计内容组织形式，在程序设计三大结构的基础上，将编程思维与方法训练作为一章独立出来，可以满足不同层次教学需求。

全书由 11 章组成（加 * 内容为选学章节），通过大量的实例，深入浅出地介绍了 Visual Basic 可视化编程基础、语言基础、基本控制结构、数组及自定义数据类型、编程思维与方法训练、模块化程序设计、数据文件、常用控件、界面设计、Visual Basic 与数据库、Visual Basic 与 Excel。

全书在内容安排上，有以下几个特点：

（1）结构新颖　按照本章内容提示、教学基本要求、教学内容、教学体会、习题和实习指导体系组织内容，既有利于教师组织教学，也有助于学生预习与复习。

（2）重点突出　处理好可视化界面设计与程序设计两者的关系，教学重点始终围绕"程序设计"这个主题。以窗体和基本输入输出控件为龙头，带动其他控件的学习,促进程序设计能力和水平的提高。

(3)难点分解　针对循环结构、过程等章节是教学重点和难点的现实,在不影响应用的前提下,精讲多练有代表性的结构,同时将常见的编程问题归纳总结,分散到各章中,减轻学生心理压力。

(4)例题典型　选择知识性、趣味性和经典性的例题,引导学生学习知识和使用知识。

(5)习题丰富　每章配有形式多样的习题,加强对基本概念和理论的理解,培养阅读程序、编写程序的能力。

(6)任务明确　为了提高实习质量和效果,以章节为单位设计了实习任务。每个实习由实习目的、实习内容和常见错误分析三部分组成。

另外,为了扩大知识面,本书还介绍了 Visual Basic 与数据库编程和 Visual Basic 与 Excel 的混合编程,在教学过程中可根据教学时数取舍。

本书第 1 章由李书琴编写,第 2 章由宋荣杰编写,第 3 章由张晶编写,第 4、7 章由陈勇编写,第 5 章由孙健敏和王娟勤编写,第 6 章由杨沛编写,第 8、9 章由邹青编写,第 10 章由蔚继承编写,第 11 章由李梅编写。所有章节的实习指导由陈勇和杨沛共同完成。全书由李书琴和孙健敏统稿,最终由李书琴定稿。另外,杨丽丽、田彩丽、董小艳参加了习题搜集、整理和校对工作。全书的电子教案由张晶制作。

在本书的编写过程中,西北农林科技大学信息工程学院教学指导委员会和承担 Visual Basic 课程的各位老师,对本书提出了许多宝贵意见,在此表示最诚挚的感谢。

由于编者水平有限,书中不足、疏漏之处在所难免,恳请广大读者提出宝贵意见。

编　者

2013 年 12 月

目 录

第 1 章

Visual Basic 可视化编程基础

本章内容提示： 主要介绍 Visual Basic 6.0 集成开发环境；控件、属性、事件以及事件过程的基本概念；常用对象——窗体、标签、命令按钮、文本框等控件的主要属性、事件和常用方法；可视化编程的基本步骤，Visual Basic 6.0 中工程及工程文件管理相关操作。并通过应用举例，加强对基本概念的理解，提高对可视化编程和程序运行机制的认识。

教学基本要求： 熟悉 Visual Basic 6.0 的集成开发环境；了解类、对象、属性、事件和事件过程等基本概念；重点掌握 Visual Basic 6.0 中各种控件操作的方法，窗体、标签、命令按钮、文本框等控件的主要属性、事件和方法，可视化编程的基本步骤；能编写简单程序，对事件驱动的运行机制有较深入的认识；掌握工程文件的结构及其操作方法、设置启动工程或启动窗体的基本方法；了解生成独立于 Visual Basic 6.0 环境的可执行文件(EXE)的方法等。

1.1 Visual Basic 的集成开发环境

Visual Basic 是以 Windows 操作系统为平台、Basic 语言为基础、事件驱动为程序运行机制的可视化编程语言。利用 Visual Basic 编写应用程序需要界面设计、源程序录入与编辑、编译与运行等功能，Visual Basic 将这些功能集成于一体，形成了功能强大、使用方便的集成开发环境。

Visual Basic 6.0 可通过开始菜单启动，进入系统后，出现如图 1-1 所示对话框，在选项卡“新建”中，列出了 Visual Basic 6.0 能够建立的应用程序类型；在选项卡“现存”中，列出了当前文件夹中所保存的工程文件；在选项卡“最新”中列出了最近使用过的工程文件。

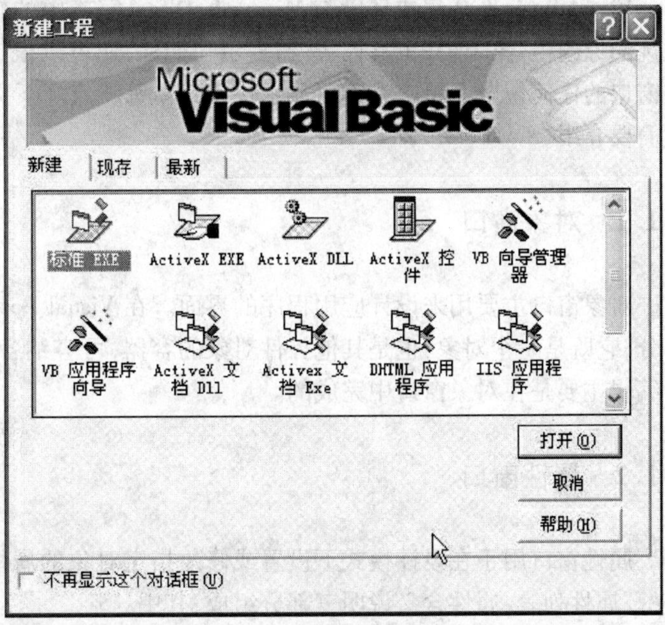

图 1-1　新建工程对话框

初学者一般选择默认的“标准.EXE”,单击“打开”即可进入 Visual Basic 6.0 应用程序集成开发环境,如图 1-2 所示。

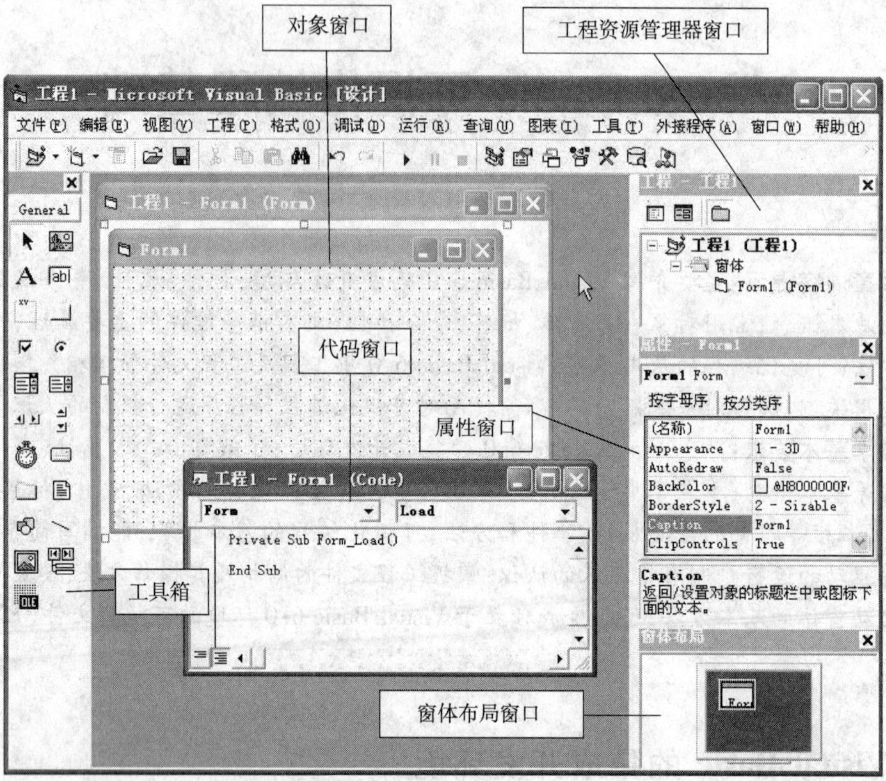

图 1-2 Visual Basic 6.0 应用程序集成开发环境

Visual Basic 6.0 集成环境与 Microsoft Office 家族中的软件类似,除了 Microsoft 应用软件常规的标题栏、菜单栏、工具栏、按钮提示功能外,还可以根据需要添加或删除多种独立窗口、在窗口的任何位置上单击右键可显示快捷菜单等特点。下文中将对集成开发环境下主要窗口做简要介绍。

1.1.1 对象窗口

对象窗口主要用来设计应用程序的界面。在 Visual Basic 中,窗体是建立应用程序的重要部分,它既是一个对象,也是其他控件对象的容器,可容纳各种控件对象。对窗体和控件对象的编辑主要是在对象窗口中完成的。

1.1.2 属性窗口

属性窗口用于在设计模式下设置或修改指定对象的属性值。如图 1-3 所示,它由对象列表框、属性列表、属性含义说明三部分组成,其中:

(1)对象列表框 对象列表框中显示当前选中的对象及所属的类。单击右边的下拉按钮可显示当前窗体中的所有对象，包括窗体本身。图 1-3 中，当前选中的对象为 Form1，它属于 Form 类。

（2）属性列表　包含了当前选中对象所拥有的绝大部分属性，分为“按字母序”和“按分类序”两种显示方式。

注意：有些对象的部分属性只能在程序运行时设置，所以在属性列表中是看不到的。

（3）属性含义说明　用于对当前所选中的属性进行解释说明。

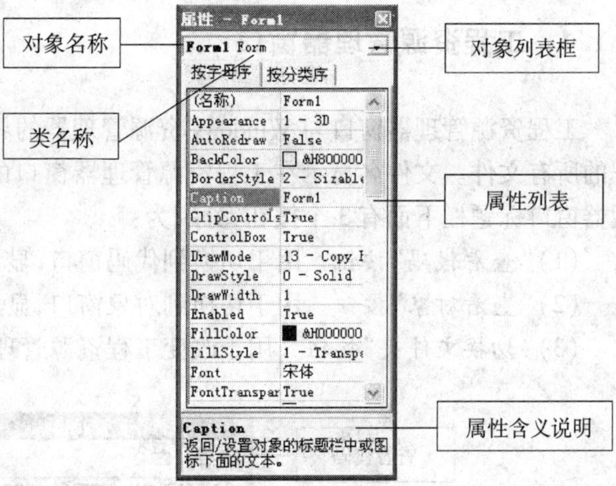

图 1-3　属性窗口

1.1.3　代码窗口

代码窗口用来显示和编辑程序代码，由对象列表框、事件过程列表框和代码编辑区三部分组成。如图 1-4 所示。

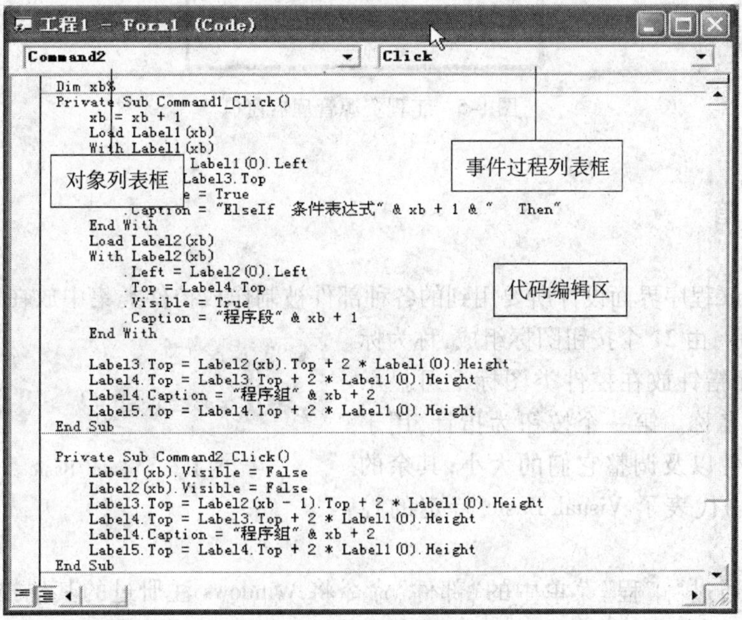

图 1-4　代码窗口

对象列表框中列出了当前窗体上所有对象名称；事件过程列表框中列出了当前对象能够响应的所有事件过程名称；代码编辑区是编辑或显示对象事件过程代码的区域，该区域显示了用户对该窗体上所有对象编写的全部事件过程代码。在图 1-4 中，代码编辑区中显示了 Command1 控件对象的 Click 和 Command2 控件对象的 Click 事件代码。

另外，打开代码窗口的方法较多，在窗体中双击对象，或在工程资源管理器窗口中选择一个窗体或标准模块，并单击“查看代码”按钮，均能打开代码窗口。

1.1.4 工程资源管理器窗口

工程资源管理器窗口与 Windows 资源管理器的界面类似，以树形结构列出了组成这个工程的所有文件。文件名显示在工程资源管理器窗口的标题框内，如图 1-5 所示。工程资源管理器窗口标题栏下面有 3 个按钮，分别为：

(1)“查看代码”按钮　用于切换到代码窗口，显示和编辑代码。

(2)“查看对象”按钮　用于切换到对象窗口，显示和编辑对象。

(3)“切换文件夹”按钮　用于改变工程资源管理器的显示方式。

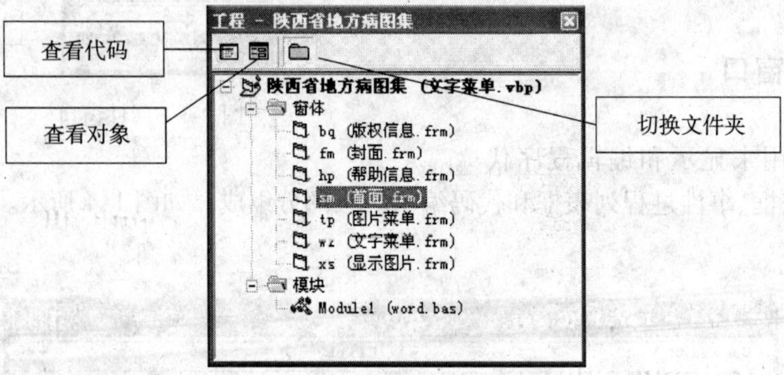

图 1-5　工程资源管理器窗口

1.1.5 工具箱

Visual Basic 程序界面设计所要用到的各种部件被制作成控件类集中放在工具箱中，工具箱如图 1-6 所示，由 21 个按钮图标组成，称为标准控件类，鼠标指针放在控件类图标上可显示出该控件类的名称。第一个按钮为指针，用于移动窗体和控件以及调整它们的大小；其余的每一个按钮，均代表了 Visual Basic 特定的控件类。

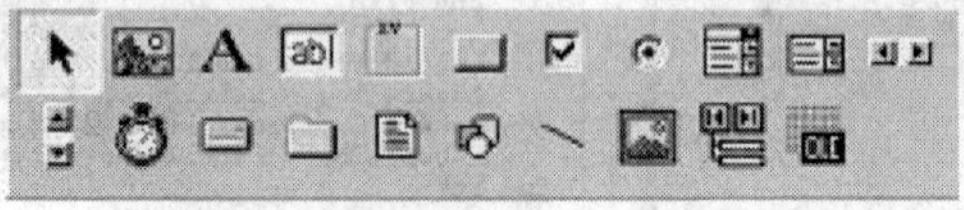

图 1-6　Visual Basic 工具箱

用户还可通过“工程”菜单中的“部件”命令将 Windows 注册过的其他控件类添加到工具箱。

1.2 Visual Basic 可视化编程基础

可视化编程是一种快捷、标准、高效的程序设计方法，不再需要编写大量的代码去描述界面元素的外观和位置，而是采用面向对象、事件驱动的方法，将代码和数据集成到一个个独立的对象中，当运用这个对象来完成某项任务时，并不需要知道这个对象是怎样工作的，只需要编写一段代码来简单地传递一些消息即可。

1.2.1 Visual Basic 中的控件对象与控件类

1. 控件对象

在 Visual Basic 中，将设计程序界面所需要用到的各种对象称为控件对象，如窗体上的文本框、命令按钮等。每个控件对象都有自己的属性、事件和方法。

属性用于描述控件对象的外观、位置及可操作性等特征。如 FontSize、ForeColor 等属性用于设置控件对象的外观，Top、Left 等属性用于设置控件对象的位置，Enabled、Visible 等属性用于设置控件对象的可操作性。

事件是控件对象能识别的动作，如命令按钮的 Click 事件，当用户在该命令按钮上执行单击鼠标操作时，就可以触发该事件，相应的事件过程代码被执行。

方法是控件对象能够执行的操作，如窗体的 Print 方法可以实现在窗体上输出信息。

控件对象的属性、事件和方法称为控件对象的三要素。

2. 控件类

Visual Basic 中控件类是对同种控件对象的抽象。就像把所有国籍为中国的人抽象归纳为一类，称为中国人。其实，类可大可小，如所有中国人中还可以根据户口所在地不同分为四川人、陕西人等。

控件类与控件对象的关系是：控件类是用来创建控件对象的模板，控件对象则是控件类实例化后的结果。例如：工具栏中的命令按钮就是用于创建命令按钮对象的控件类。

控件类抽象出具体控件对象的相似性，定义它们的共同特征，包括数据和操作。由控件类创建控件对象的过程称为实例化，控件对象是控件类的具体表现形式，它继承了控件类的所有特征。由控件类可以创建多个控件对象，这些控件对象具有相同的属性（特征），但可以具有不同的属性值。

例如：某校姓名为张三的男同学和李四的女同学都属于学生类，有共同的姓名属性和性别属性，但姓名属性分别为“张三”和“李四”，性别属性分别为“男”和“女”。

再如：通过工具栏中的命令按钮控件类可以在一个窗体上创建若干个命令按钮，命令按钮的 Name（名称）属性及 Caption 属性均可以设置为不同的值。

在面向对象程序设计语言中，类也可以由编程者自己设计。使用 Visual Basic 编程时，既可直接使用 Visual Basic 系统预先设计好的类或第三方软件开发商开发好的类，也可由编程者自行设计。

Visual Basic 中除了利用控件类创建对象外，还有许多系统对象，如打印机（Printer）、剪贴板（Clipboard）、屏幕（Screen）和应用程序（App）等。

1.2.2 控件对象的属性及其设置

控件对象的属性用于描述控件对象状态、外观及可操作性。不同类的控件对象有不同的属性，同一个控件对象也有多个不同的属性。选定一个控件对象，在属性窗口中可以看到该控件对象的绝大部分属性及默认值。

控件对象属性繁多，要全部熟记是比较困难的，初学者只需记住常用的属性即可，欲详细了解某类控件的属性,可以查看属性窗口或查阅 MSDN。表 1-1 给出了大多数控件对象常用属性。

表 1-1　控件的常用属性

编号	属性	属性说明
1	AutoSize	控件对象的自动大小,当值为 True 时,控件对象的大小能根据内容的多少自动调整
2	BackColor	控件对象的背景颜色
3	Caption	控件对象标题文本
4	Enabled	控件对象是否有效,当值为 False 时,灰色显示,表示当前状态下无效
5	FontName	控件对象的字体
6	FontSize	控件对象的字号
7	FontBold	控件对象中的文字是否粗体。当值为 True 时,设置为粗体
8	FontItalic	控件对象中的文字是否斜体。当值为 True 时,设置为斜体
9	ForeColor	控件对象的前景颜色
10	Height	控件对象的高度
11	Left	控件对象距容器左边的距离
12	Name	控件对象名称。这是任何控件对象均具有的属性
13	Tag	用于存储使用控件对象时需要的一个临时数据,这个属性的值是变体类型
13	Top	控件对象距容器顶部的距离,控制控件对象的垂直位置
14	TabIndex	控件对象获得焦点的顺序号
15	Visible	控件对象是否可见,当值为 True 时对象可见
16	Width	控件对象的宽度

控件对象的属性设置可以通过两种途径进行。

(1)在设计阶段,通过属性窗口修改控件对象的属性。

步骤是:选中控件对象,在属性窗口找到相应的属性名后修改其属性值。

(2)在代码中,按照如下格式修改控件对象的属性。

控件对象名 . 属性名 = 属性值

如要修改名为 Label1(标签)的 Caption(标题属性)为"VB 程序设计",可在代码窗口中写入语句:

```
Label1.Caption = "VB 程序设计"
```

上述语句只能改变控件对象的一个属性值,当要修改同一个控件对象的多个属性时,则需要使用多条语句,如将 Label1 的标题文本字号设置为 20、内容设置为"中华人民共和国"、自动大小属性设置为 True、背景色设置为"红色",则需用如下 4 条语句:

```
Label1.FontSize = 20
Label1.Caption = "中华人民共和国"
Label1.AutoSize = True
Label1.BackColor = vbRed
```

1.2.3　控件对象的事件与事件过程

控件对象的事件是由系统设计好的、能被控件识别的动作。如在窗体上单击鼠标,就触发了窗体的单击(Click)事件。同理,在窗体上双击鼠标,就触发了窗体的双击(DblClick)事件。

当控件对象的事件被触发后,Visual Basic 系统就要处理这个事件,而处理事件的实质是执行一段程序代码,这段代码就是事件过程。控件对象事件过程的格式为:

```
Private Sub 对象名_事件过程名( )——→过程头定义
        ……
        程序代码        }过程体
        ……
End Sub                 ——→过程结束语句
```

这些事件过程代码均有一个过程声明语句和结束语句。例如 Command1 的 Click( )事件的过程为:

```
Private Sub Command1_Click()
   语句组
End Sub
```

其中:

(1)Private 该事件过程的作用范围。

(2)Sub Command1_Click( )Command1 的 Click 事件过程声明语句,每一个事件过程都是以 Sub 开头的。

(3)End Sub 过程结束语句,每一个过程都是以"End Sub"结束的。

(4)语句组 Private Sub Command1_Click( )与 End Sub 语句之间的语句组,称为过程体。

可以看出:控件对象的事件过程由 3 部分组成,第 1 部分称为过程头定义语句,第 3 部分称为过程结束语句,而第 2 部分则称为过程体。过程头定义和过程结束语句的格式均由 Visual Basic系统确定好,而过程体则需要用户编写代码,以完成具体的"处理"任务。Visual Basic 应用程序设计的主要任务就是为控件对象编写事件过程体代码。

Visual Basic 程序的运行机制是事件驱动,简单地说就是产生什么事件,程序执行相应的事件过程代码来实现相应的操作。事件可以来自用户,也可以来自系统本身,如用户可以通过点击或双击鼠标产生单击(Click)或双击(DblClick)事件。

1.2.4 控件对象的方法

控件对象的方法就是能够完成某种功能的程序,这些程序是 Visual Basic 系统设计好的,不需用户自己编写,用户可以直接调用。控件对象的方法调用格式为:

控件对象名. 方法名 [参数列表]

当省略"控件对象名"时,默认为当前窗体。

如窗体的"Print"方法,具有在窗体上显示输出项值的功能;窗体的"Cls"方法,可以将窗体上用"Print"、"Line"等方法输出的内容全部清除;图片框的"Refresh"方法,可以将图片框中的内容重新显示一次(称为刷新)。

例如:Print a,b,c 表示在当前窗体上输出变量 a,b,c 的值。

Picture1. Refresh 表示刷新 Picture1 控件。

1.2.5 控件对象的基本操作

Visual Basic 中窗体是一种特殊的控件对象，在创建标准 EXE 程序时由系统自动创建，其他控件都是以窗体为容器创建在窗体上的。

1. 控件对象的添加

在窗体上添加控件对象的步骤是：

(1)单击工具箱中的控件类图标。

(2)在窗体的适当位置按住鼠标左键拖放，调整到需要的大小后释放，即可创建一个控件对象。

2. 控件对象的选定

在 Visual Basic 中，控件对象操作应遵循“先选定后操作”的原则。要选择某一控件对象，只需用鼠标单击该控件对象即可；要选择多个控件对象时，先按住 Shift 键或 Ctrl 键后，再逐一单击要选中的对象。

3. 控件对象的删除

选中要删除的控件对象，再按 Del 键即可。

4. 控件对象的复制

选中要复制的控件对象，单击工具栏中的“复制”按钮或用快捷键“Ctrl + C”，再单击“粘贴”按钮或用快捷键“Ctrl + V”，此时出现对话框，如图 1-7 所示。

单击“是”，会建立一个控件数组（控件数组的作用将在第 4 章详细介绍）；单击“否”，则建立一个标题相同而名称不同的对象。

图 1-7 粘贴控件时的提示信息

5. 控件对象的命名

在面向对象程序设计中，每个对象都有自己的名字，即对象名，程序通过对象名引用对象。在 Visual Basic 中，所建立的每个控件对象都有默认的名称。控件对象名可在属性窗口通过修改“名称”属性值实现。控件名称必须以字母或汉字开头，由字母、汉字、数字和下画线组成，长度不超过 255 个字符。

1.2.6 Visual Basic 可视化编程的一般步骤

Visual Basic 可视化编程一般步骤可以归纳如下：

(1)分析问题，明确具体要求，设计好算法　在此基础上按照“界面设计”→“控件对象属性设置”→“代码编写”→“保存与运行”的步骤完成程序设计实现过程。

(2)界面设计　Visual Basic 程序界面是利用工具箱中的文本框、标签和命令按钮等控件类，在窗体中“画”出相应的控件对象，排列好位置，设置控件对象的初始属性而完成的。

(3)编写事件代码　程序代码一般是写在事件过程中的。Visual Basic 中的程序代码既可以写在对象的事件过程中，也可以写在自定义过程或标准模块中（本书第 6 章讲述）。

(4)运行程序　窗体启动后，窗体及窗体中的对象被加载，等待事件发生；当对象的事件被触发后，相应的事件过程代码被执行，再等待下一个事件发生，直到遇到 End 语句强行结束程序或关闭窗体。由于 Visual Basic 程序运行基于事件驱动机制，因此不需要在程序中预先定义运行“路线”。

1.3　窗体及常用控件对象

1.3.1　窗体

窗体既是一个控件对象，又是其他控件对象的容器。设计 Visual Basic 应用程序的第一步就是创建用户界面，窗体就相当于用户界面的一块“画布”。将应用程序中需要的控件对象画在窗体上，并摆放在适当位置，就完成了应用程序设计的第一步。

1. 常用属性

(1) Caption　该属性用于设置或获得窗体标题栏文本，该属性可以是任意字符串。例如：将当前窗体的标题设置为“我的第一个窗体”，可以用以下语句完成：

```
Me.Caption = "我的第一个窗体"          '用于当前窗体标题的设置，Me 特指当前窗体
```

如果想获得当前窗体的标题栏文本，可以用以下语句完成：

```
x = Me.Caption          '将当前窗体的标题文本赋给变量 x
```

(2) Picture　该属性用于设置窗体的背景图片。当在设计模式下设置时，只需单击属性窗口中的 Picture 设置框右边的“…”按钮，打开“加载图片”对话框，选择一个图形文件即可。如果在代码中设置或改变背景图片，可使用以下语句格式：

对象名 . Picture = LoadPicture(" 图片文件名")

其中，LoadPicture 是一个加载图片的函数。在使用时，图片文件名必须包括扩展名，如果文件不在当前文件夹下，还必须包含图片文件的路径。

例如：要为 Form1 窗体添加背景图片，背景图片文件名为“Azul. jpg”，位置为“C:\WINDOWS\Web\Wallpaper”，可采用下述语句：

```
Form1.Picture = LoadPicture("C:\WINDOWS\Web\Wallpaper\Azul.jpg")
```

如果代码中要清除背景图片，则需使用不带参数的 LoadPicture 函数，即：

对象名 . Picture = LoadPicture( )

例如：要清除 Form1 窗体的背景图片，可使用语句：

```
Form1.Picture = LoadPicture()
```

(3) BorderStyle　该属性用于设置窗体边框样式。其属性值在运行时不能修改，只能在设计模式下，通过属性窗口修改。属性设置值如表 1-2。

(4) ControlBox　该属性用于设置窗体标题栏是否有控制菜单和最大/最小化按钮。当值为 True 时，窗体的最大/最小化属性才有效。当值为 False 时，窗体标题栏没有控制菜单和最大/最小化按钮。

(5) MaxButton/MinButton　该属性用于设置窗体上是否存在最大/最小化按钮。在 ControlBox属性值为 True 的前提下：

表 1-2　窗体 BorderStyle(边框样式)属性取值

常　数	设置值	描　述
vbBSNone	0	无(没有边框或与边框相关的元素)
vbFixedSingle	1	固定单边框。可以包含控制菜单框,标题栏,“最大化”按钮和“最小化”按钮。只有使用最大化和最小化按钮才能改变大小
vbSizable	2	可调整的边框。可以使用设置值 1 列出的任何可选边框元素重新改变尺寸(默认值)
vbFixedDouble	3	固定对话框。可以包含控制菜单框和标题栏,不包含最大化和最小化按钮,不能改变尺寸
vbFixedToolWindow	4	固定工具窗口。不能改变尺寸。显示关闭按钮并用缩小的字体显示标题栏。窗体在 Windows9x 的任务栏中不显示
vbSizableToolWindow	5	可变尺寸工具窗口。可变大小。显示关闭按钮并用缩小的字体显示标题栏。窗体在 Windows9x 的任务栏中不显示

①当两者的值均为 True 时,窗体有最大/最小化按钮。

②当两者的值均为 False 时,窗体没有最大/最小化按钮。

③当两者的值其中之一为 False,则对应的按钮以灰色显示,表示不可用。

(6)AutoRedraw　该属性用于设置窗体的自动重绘功能。当值为 False 时,用 Print、Circle 等方法输出到窗体上的内容被挡后,窗体重新显示时那些内容不能显示;而当值为 True 时,窗体重新显示时那些内容会被自动重画到窗体上。

2. 主要事件

窗体在屏幕上显示之前,先经过创建并初始化,再被载入(Load)内存,最后显示在屏幕上。同样,窗体要结束运行之前,会先从屏幕上隐藏(Hide),然后从内存中删除(Unload)。窗体在载入内存后到关闭之前能识别许多事件,本节仅介绍 Load、Click 两个事件。

(1)Load 事件　Load 事件在窗体被载入时引发。当应用程序只有一个窗体时,应用程序一启动就会自动执行该事件中的代码,若非专门调用,此事件中的代码只被执行一次。所以该事件通常用来在启动应用程序时,设置对象属性的初始属性值和为变量赋初值。本书中的很多例题,对象属性设置就放在窗体的 Load 事件中。

(2)Click 事件　就是在窗体上单击(Click)鼠标左键时发生的事件。

例 1-1　窗体 Click 事件练习。

新建一个应用程序,得到如图 1-8a 所示的空白窗体,窗体名默认为 Form1,默认标题也是 Form1。当单击窗体时,窗体标题变为“你单击了窗体!”,并在窗体上用 Print 方法输出“VB 世界欢迎你!”,执行结果如图 1-8b 所示。

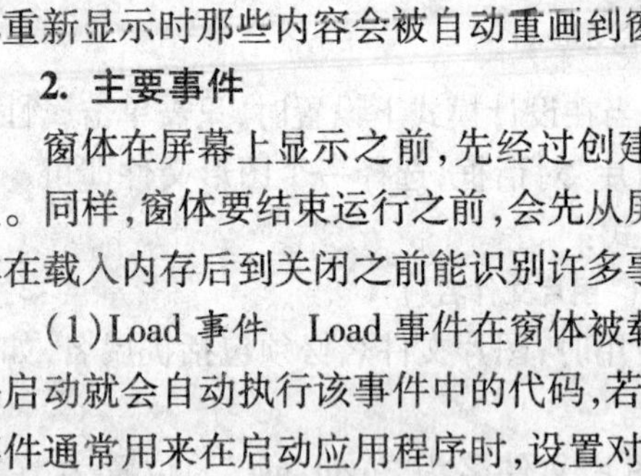

图 1-8a　新建空白窗体

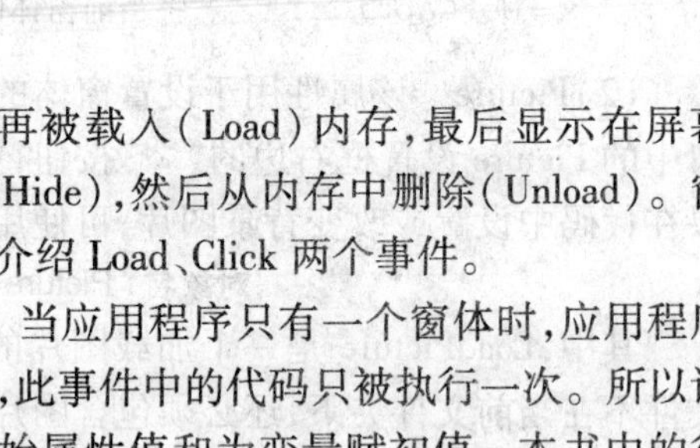

图 1-8b　程序运行结果

双击窗体,进入代码窗口,默认事件是窗体的 Load 事件。可在代码窗口的右上角事件列表框中单击所需事件,在相应的事件过程中录入代码。如图 1-8c 中选中 Click 事件,在窗体的 Click 事件过程中输入:

```
Form1.Caption = "你单击了窗体!"        '修改窗体的标题显示文本,Form1 可用 Me 代替
Form1.FontSize = 20                  '设置窗体字号为 20 磅
Print "VB 世界欢迎你!"                '在窗体上输出一个字符串,省略对象默认为窗体代码
```

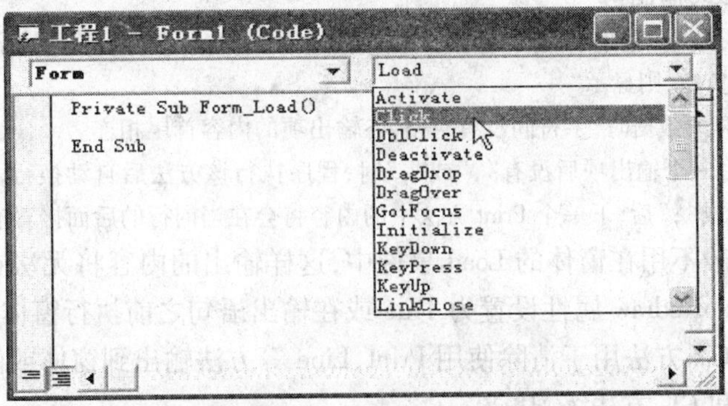

图 1-8c　在事件列表框中选择事件

全部写好后代码窗口如图 1-8d 所示。其中的 Load 事件过程中没有任何代码,可以将其删除,也可以不予以处理,当应用程序运行时,空白事件段会被自动删除。

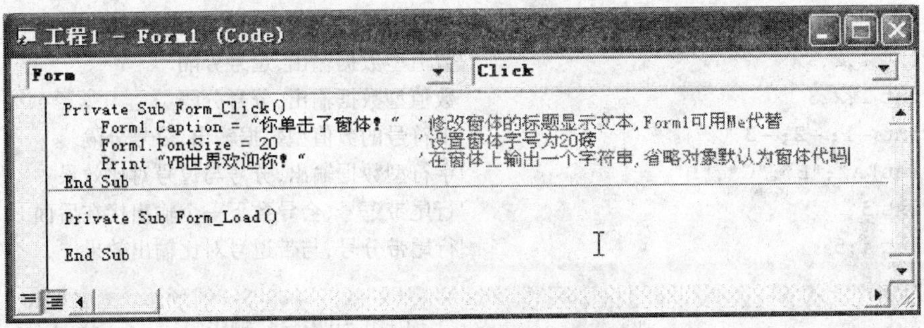

图 1-8d　例 1-1 的代码窗口

程序中对当前的窗体引用可以用 Me 代替。

3. 常用的方法

窗体常用的方法有 Print、Cls、Refresh、Line、Circle、Show 等,本小节只介绍前两个方法。

(1) Print *方法*　Print 方法的功能是在指定对象上输出信息,这里所说的对象是指窗体(Form)、图片框(PictureBox)、打印机(Printer)或立即窗口(Debug)。格式为:

[对象名.]Print[Tab(n)]输出项列表[;|,]

其中:

①"对象名"可以是上述四种中的一种,若默认,则表示当前窗体。

②Tab(n)是用于确定输出项所在列位置的函数。在同一个 Print 方法中可以有多个 Tab 函数,每个 Tab 函数对应一个输出项,各输出项之间用分号隔开。

例如:`Print Tab(10);"学号";Tab(20);"姓名";Tab(30);"性别"`。

表示在窗体当前行第 10 列输出"学号"、第 20 列输出"姓名"、第 30 列输出"性别"。

注意:若 Tab(n)函数中"n"所指定的位置已经有了输出项,则会自动换行,在下一行指定列位置输出。

例如: Print Tab(10);"学号";Tab(12);"姓名";Tab(30);"性别"。

由于"学号"在第 10 列开始显示,第 13 列结束显示,在第 12 列已经有了输出,所以"姓名"便显示在下一行的第 12 列处。

③各输出项之间可以用","分隔,也可以用";"分隔。两者的区别是:若用","分隔,每一个输出项在一个标准区(通常占 14 列)输出,称为"标准格式输出";若用";"分隔,各输出项紧凑输出,称为紧凑格式输出。

注意:a. 输出项为数值型数据时,数据前有符号位,数据后还有一个尾随空格。若为正数,符号位位置处显示为一个空格;若为负数,则显示"-"。

b. 当输出项为字符型数据时,字符间没有空格,各输出项的内容首尾相连。

c. Print 方法中最后一个输出项后没有","或";"时,程序执行该方法后自动换行,下一个 Print 方法在新的一行输出。当加","或";"后,下一个 Print 方法中的内容将会在当前行的后面接着输出。

④Print 方法一般不用在窗体的 Load 事件中,这样输出的内容将无法在窗体上显示出来。除非将该窗体的 AutoRedraw 属性设置为 True 或在输出语句之前执行窗体的 Show 方法。

(2) Cls *方法*　Cls 方法用于清除使用 Print、Line 等方法输出到窗体或图片框中的内容。

例 1-2　Print 和 Cls 方法练习。

新建一个工程,在窗体(Form1)中添加 2 个命令按钮 Command1、Command2,其标题属性在窗体的 Load 事件中设置,代码如下:

```
Private Sub Command1_Click()
  Print "1234567890123456789012345678901234567890"     '标尺
  Print 1,2,3                                  '数值型数据输出,逗号分隔
  Print 1;2;3                                  '数值型数据输出,分号分隔
  Print -1; -2; -3                             '带符号的数值型数据输出,分号分隔
  Print"A";"B";"C","D"                         '字符型数据输出,分号与逗号对比效果
  Print 3,                                     '行尾带逗号,会导致下一个输出接在后面
  Print 4;5;                                   '行尾带分号,与带逗号对比输出效果
  Print 6
  Print                                        '空 Print 引出空行输出
  Print 7;8;
  Print                                        '空 Print 抵消上一行的行尾分号
  Print Tab(10);"学号";                        ' Tab 函数定位输出
  Print Tab(12);"姓名";                        '第 12 列被占用,引起换行输出
  Print Tab(20);"性别";Tab(30);"班级"          '一个 print 可以有对多个数据定位
End Sub
Private Sub Command2_Click()
  Cls
End Sub
Private Sub Form_Load()
  '利用 Load 事件对控件对象属性设置
  Me.Caption = "Print 与 Cls 方法练习"
  Command1.Caption = "显示"
  Command2.Caption = "清除"
End Sub
```

运行该应用程序后，窗体的 Load 事件首先被自动执行，完成对窗体、两个命令按钮的标题进行设置。等待事件发生，当单击“显示”后，结果如图 1-9 所示，单击“清除”可以清除窗体上用 Print 方法输出的全部内容。

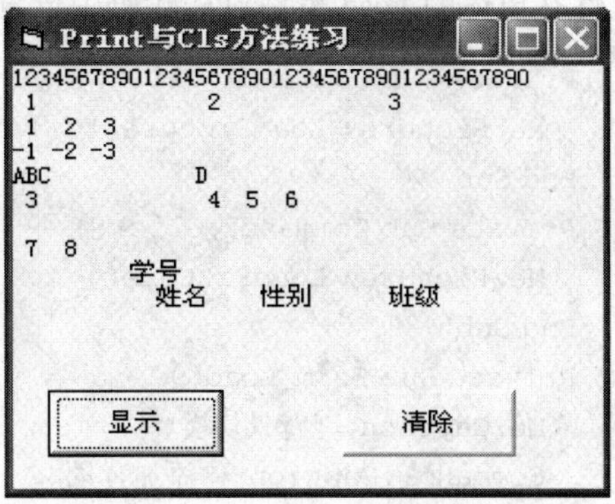

图 1-9　Print 方法和 Cls 方法举例

这个示例中用到了窗体的 Print 方法和 Cls 方法，方法前均省略了对象名，默认为当前窗体。在 Command1 的 Click 事件代码中，第一行 Print 方法起到了标尺作用，通过它可以清楚地看到后续 Print 方法中使用不同分隔符时，输出内容的显示情况；有两个 Print 方法之后没有输出项列表，这种 Print 叫“空 Print”。当此语句之前的 Print 行尾没有逗号或分号结尾时，起到空一行的作用，否则，起到抵消这个逗号或分号的作用。

认真体会示例中 Tab( ) 函数对输出项位置的控制。

1.3.2　命令按钮

在 Windows 应用程序中，命令按钮(CommandButton)常用来确认用户的操作，它是用户和程序实现交互的最常用的方法。

它的主要属性包括 Caption、Style、Picture 和 ToolTipText，常用事件是 Click。

1. 常用属性

(1) Caption　Caption 属性主要用于设置按钮标题文本。可用“& 字母”的形式为命令按钮设置热键字母。命令按钮还可以用图片代替文字做标题，这时 Style 属性应设为图形方式。

(2) Style　Style 用于决定按钮上是否显示图形，属性值如表 1-3 所示。

表 1-3　Style 属性取值表

常　数	值	描　述
vbButtonStandard	0	标准的按钮，以文字做标题(默认)
vbButtonGraphical	1	支持图形显示的样式

(3) Picture　Picture 属性可为命令按钮添加背景图片(图片文件的格式为 .bmp 或 .ico)。该属性值设置是否有效，需和 Style 配合使用。当 Style 属性设置为 1，该属性设置的图形显示；Style 属性设置为 0，该图形不显示。

(4) ToolTipText　该属性用于对按钮的作用做提示，属性值为一个字符串。程序运行时，当鼠标移动到按钮上后，该字符串以黄色方框形式显示出来，如图 1-10 所示。

图 1-10　ToolTipText 属性应用举例

2. 主要事件

命令按钮的常用事件是 Click。下面通过实例说明命令按钮的应用。

例 1-3　编程实现添加或清除窗体的背景图片。

新建一个工程，在窗体上添加 2 个命令按钮，如图 1-11a 所示，窗体和命令按钮的 Caption

属性在窗体的 Load 事件过程代码中设置。代码如下：

```
Private Sub Command1_Click()
  Me.Picture = LoadPicture("d:\vbjc\中华.jpg")
End Sub
Private Sub Command2_Click()
  Me.Picture = LoadPicture()
End Sub
Private Sub Form_Load()
  Me.Caption = "背景切换"
  Command1.Caption = "添加背景 &A"
  Command2.Caption = "清除背景 &D"
End Sub
```

运行工程，结果如图 1-11b 所示。

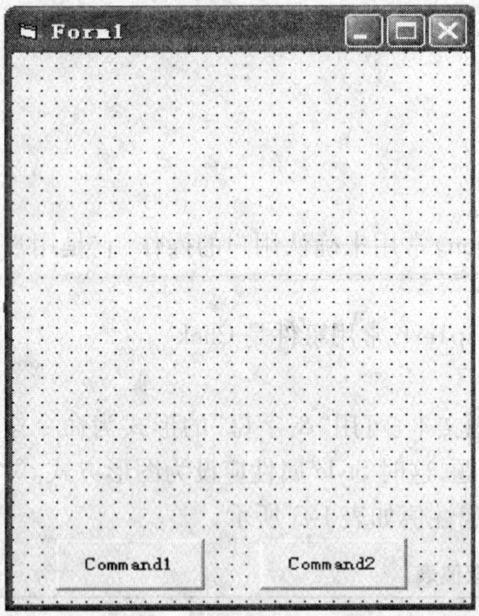

图 1-11a　例 1-3 窗体界面

图 1-11b　例 1-3 运行界面

注意：程序中涉及的图片可以以任意图片文件代替，但要注意写清楚路径和扩展名。程序中对两个按钮设置了热键，用“Alt + A”键同样可以完成添加背景的功能。

1.3.3 标签

在应用程序开发中，常使用标签（Label）对其他对象作提示性说明，或显示程序运行结果。

1. 常用属性

标签的主要属性有：Caption、Font、Left、Top、BorderStyle（边框的样式：0 为无边框，1 为有边框）、BackStyle（背景样式：0 为透明，1 为不透明）、ForeColor、AutoSize 等。

2. 主要事件

标签能接收的事件有：单击（Click）、双击（DblClick）、鼠标移动（MouseMove）等。

例 1-4　在窗体上添加 2 个标签，制作如图 1-12c 的立体字。

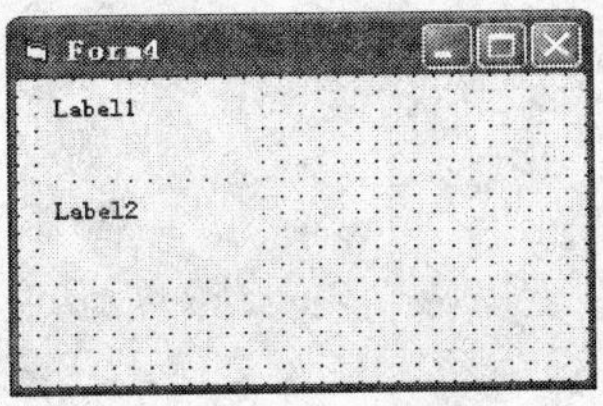

图 1-12a　窗体界面

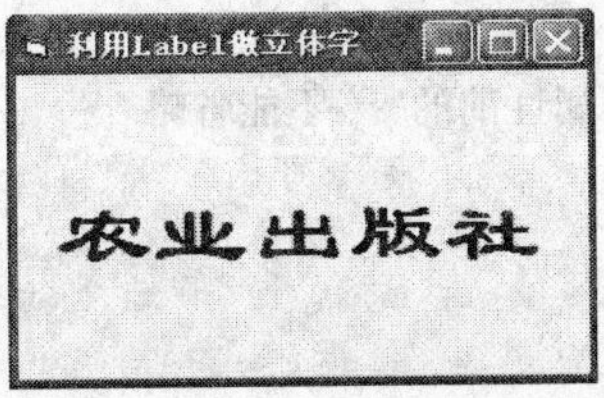

图 1-12b　启动窗体后的效果

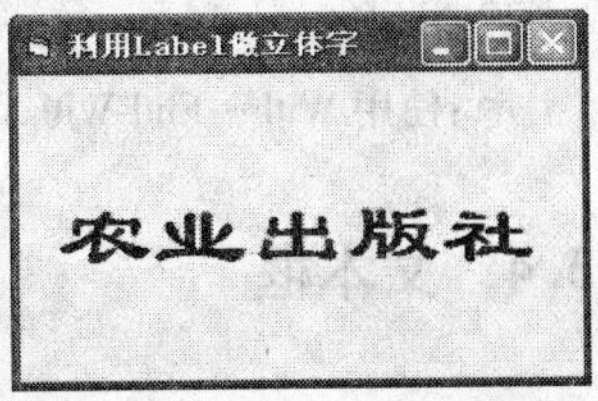

图 1-12c　单击 Label2 后的效果

立体字可通过对 2 个标题文本相同、颜色不同的标签错位重叠来实现。设计步骤如下：

(1)在窗体上添加 2 个标签(Label1、Label2)，标签在窗体上的位置如图 1-12a 所示。

(2)其他属性设置放在窗体的 Load 事件中，读者也可以自己利用属性窗体设置，在代码窗口中录入以下代码：

```
Private Sub Form_Load()
  Label1.Caption = "农业出版社"             '设置 Label1 的标题
  Label1.FontBold = True
  Label1.FontSize = 24
  Label1.ForeColor = vbWhite
  Label1.AutoSize = True
  Label1.BackStyle = 0
  Label1.FontName = "隶书"
  Label2.Caption = Label1.Caption          '获得 Label1 的标题并用于设置 Label2 的标题
  Label2.FontBold = True
  Label2.FontSize = 24
  Label2.AutoSize = True
  Label2.BackStyle = 0
  Label2.FontName = "隶书"
End Sub
Private Sub Label2_Click()
  Label1.Top = Label2.Top + 40
  Label1.Left = Label2.Left + 40
End Sub
```

启动窗体，通过窗体的 Load 事件设置属性后的窗体效果如图 1-12b 所示，单击 Label2，Label1的 Top 及 Left 以 Label2 的属性值为基点而变化，两个标签重叠后，由于位置的错位及颜色的不同，形成立体效果，结果如图 1-12c 所示。

对于上述 Load 事件中的 Label1、Label2 属性的设置，还可以采用 With……End With 结构：

```
With Label1
    .Caption = "农业出版社"
    .FontBold = True
    .FontSize = 24
    .ForeColor = vbWhite
    .AutoSize = True
    .BackStyle = 0
    .FontName = "隶书"
```

```
End With
```

注意:使用 With…End With 结构时,属性前的“.”不能省略。

1.3.4 文本框

文本框控件(TextBox)用于显示和输入文本,相当于一个文字编辑器,提供了录入、删除、复制、粘贴等基本的文字编辑功能。Windows 附件中的记事本程序就可以用文本框实现。

1. 常用属性

(1)Text　该属性用于存放文本框显示的内容。当程序执行时,用户可用键盘在文本框中输入、编辑其内容,实际上就是在对文本框的 Text 属性值进行处理。

注意:文本框 Text 属性的值为字符串,如果输入的是数字字串,并要在程序中进行数值加法运算或数值比较时,最好用 Val 函数将字符串转化为数值类型,以防止运算出错。

(2)Locked　该属性设置文本框内容是否可被编辑。其默认值为 False,表示文本框没有锁定,可以对文本框的内容进行编辑;当值为 True 时,文本框的内容不可以编辑,只能用于显示。

(3)MaxLength　该属性设置文本框中能够输入正文的最大长度。默认值为 0,表示可以输入任意长度。

注意:Visual Basic 中字符以字为单位,也就是 1 个西文字符与 1 个汉字都是 1 个字,长度为 1,占 2 个字节。函数 Len 返回字符串中字的个数,函数 LenB 返回字符串所占的字节数。

(4)MultiLine　该属性设置文本框是否为多行文本。当值为 True 时,文本框可输入或显示多行文本,且输入的字符长度超出文本框宽度时会自动换行,按回车键可将光标移到下一行;当值为 False 时,文本框只能输入一行内容。这个属性只能在设计时通过属性窗口设置。

(5)ScrollBars　该属性设置文本框是否具有滚动条。ScrollBars 属性的取值及含义如表1-4所示。

表 1-4　ScrollBars 属性取值表

常　数	设置值	描　述
vbSBNone	0	无滚动条(默认值)
vbHorizontal	1	只有水平滚动条
vbVertical	2	只有垂直滚动条
vbBoth	3	两种滚动条都有

注意:ScrollBars 只有当 MultiLine 属性为 True 时才有效;当加入水平滚动条后,文本框就失去自动换行功能。只有按回车键才能换行。

(6)PassWordChar　该属性指定显示文本框中的替代符。如当 PassWordChar 值为“*”时,用户在键盘上每输入一个字符,在文本框中显示一个“*”。该属性主要用于密码的输入。

2. 主要事件

在文本框所能响应的事件中,最常用的事件按响应的先后次序依次是 GotFocus、KeyPress、Change 和 LostFocus。

(1)GotFocus 事件和 LostFocus 事件　当光标定位到文本框(获取焦点)时,引发文本框的 GotFocus 事件。当文本框失去焦点时引发 LostFocus 事件。

例 1-5 在一个窗体上建立两个文本框,将获取焦点的文本框背景设为红色,失去焦点的文本框背景设为白色。

在窗体上建立 2 个文本框,位置如图 1-13a 所示,将 2 个文本框的 Text 属性值设置为空。实现题目要求的代码如下:

```
Private Sub Text1_GotFocus()
  Text1.BackColor = vbRed
End Sub
Private Sub Text1_LostFocus()
  Text1.BackColor = vbWhite
End Sub
Private Sub Text2_GotFocus()
  Text2.BackColor = vbRed
End Sub
Private Sub Text2_LostFocus()
  Text2.BackColor = vbWhite
End Sub
```

运行程序,用 Tab 键或鼠标可以使焦点在两个文本框中来回切换,触发相应文本框的 GotFocus 和 LostFocus 事件,文本框的背景颜色会发生相应的变化,如图 1-13b、图 1-13c 所示。

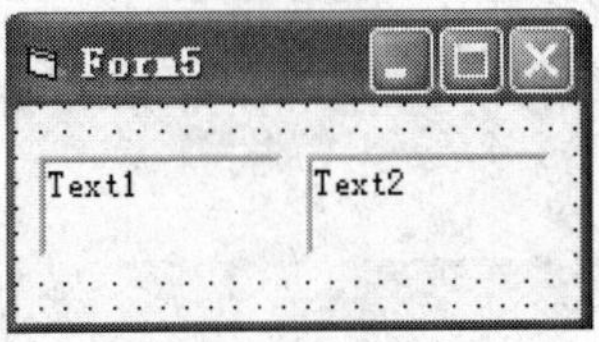

图 1-13a 窗体布局

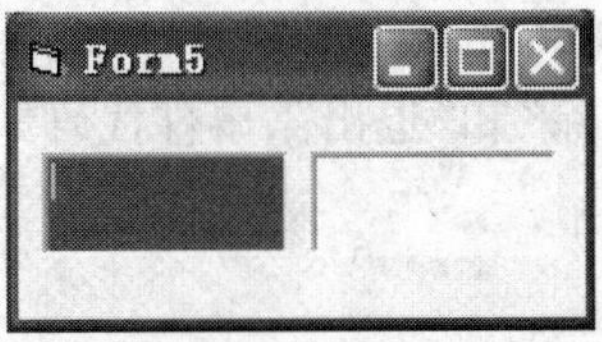

图 1-13b Text1 获得焦点时

图 1-13c Text2 获得焦点时

(2) KeyPress 事件　当用户按下并且释放键盘上的一个键时,就可能会引发焦点所在对象的 KeyPress 事件,同时将所按键的 ASCII 码值赋给事件过程参数 KeyAscii,供编程者使用。例如,当用户按下字符"a",则事件过程参数 KeyAscii 的值为 97;若按下"A",则 KeyAscii 的值为 65;若按下回车键,则 KeyAscii 的值为 13。

例 1-6 在文本框中录入数据,捕获键盘每一个键的 ASCII 码。

通过键盘为文本框每录入一个字符,都会触发文本框的 KeyPress 事件,通过 KeyPress 事件过程参数 KeyAscii,得到按键字符的 ASCII 值。实现步骤:

在窗体上添加一个文本框和一个标签,摆放位置如图 1-14a 所示。Text1 的 Text 属性值为空;Lable 1 的 Caption 为空,AutoSize 为 True。事件代码为:

```
Private Sub Text1_KeyPress(KeyAscii As Integer)
    Label1.Caption = "您刚按的那个字符的 ASCII 码是" & KeyAscii
End Sub
```

程序运行情况如图 1-14b,当每按下一个键,标签就会显示这个键对应的 ASCII 值,读者可以将键盘上所有的键都按一遍,看一看每个键的 ASCII 码值是多少。

通过这个例题可知:键盘上绝大部分键的 ASCII 码值可以用文本框的 KeyPress 事件捕捉

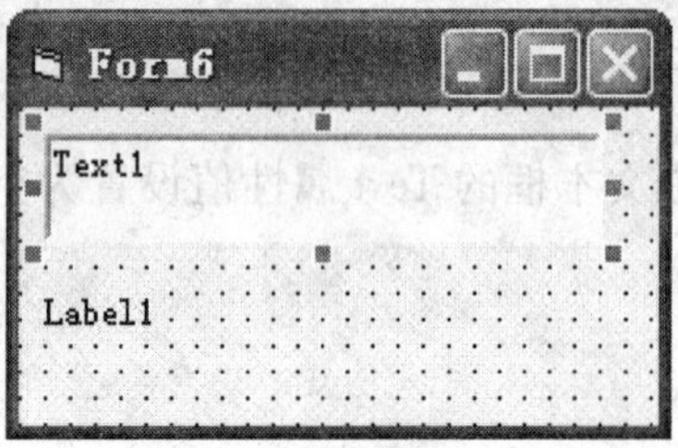

图 1-14a　窗体布局情况

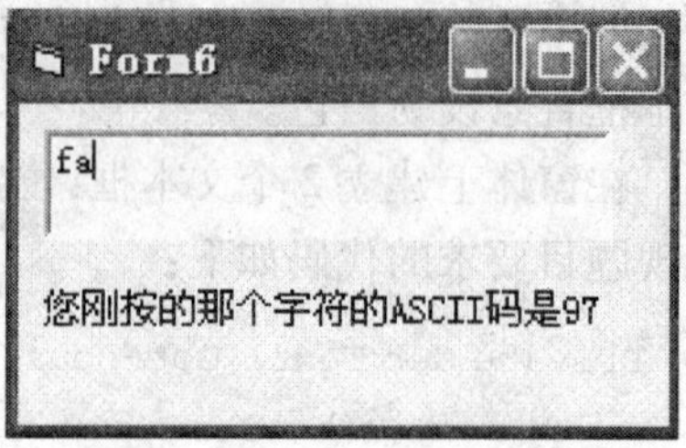

图 1-14b　程序运行情况

到(如各种字符键);有些键虽然能捕捉到,但在文本框中不显示,这些键用于表示某种操作(如回车键 KeyAscii 值为 13;BackSpace 键 KeyAscii 值为 8;Tab 键 KeyAscii 值为 9;Esc 键 KeyAscii值为 27),编程时可以根据这些值完成一些特殊的功能;而有些键 KeyPress 事件捕捉不到(如 Ctrl、Alt、Shift 等),要捕捉这些键就需要用到 KeyUp、KeyDown 等事件。

注意:欲了解每一个键的 ASCII 值请查阅 MSDN 中的“ASCII 字符集”。

(3)Change 事件　当文本框的内容发生改变时,会引发文本框的 Change 事件。

例 1-7　编程实现在文本框中录入字符时,标签同步显示文本框中当前的字符数。

要实现标签中同步显示文本框中字符数,可在文本框的 Change( )下编写代码,利用 Len 函数获得文本框 Text 属性值长度即可。在窗体上添加 1 个文本框、1 个标签和 2 个命令按钮,放好位置,如图 1-15a 所示。

文本框 Text 属性设置为空,MultiLine 为 True,ScrollBars 属性为 2;标签 AutoSize 属性为 True,2 个命令按钮标题分别为“清除”和“退出”,事件代码如下:

```
Private Sub Command1_Click()
  Text1.Text = ""
  Label1.Caption = "当前文本框中有 0 个字符"
End Sub
Private Sub Command2_Click()
  Unload Me                    '释放窗体,结束程序运行
End Sub
Private Sub Text1_Change()
  Label1.Caption = "当前文本框中有"& Len(Text1.Text)&"个字符"
End Sub
```

运行窗体效果如图 1-15b 所示。

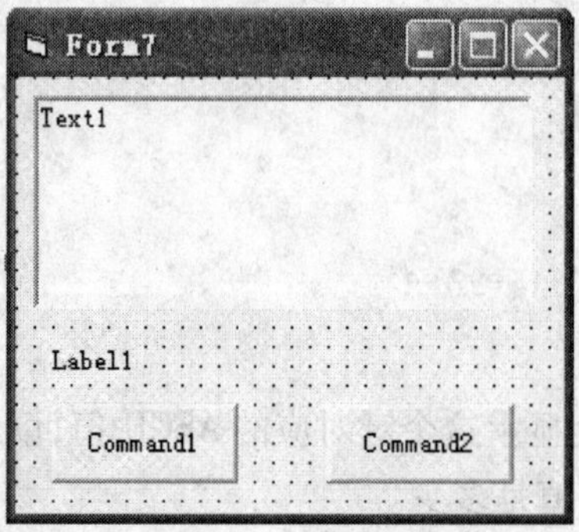

图 1-15a　窗体布局

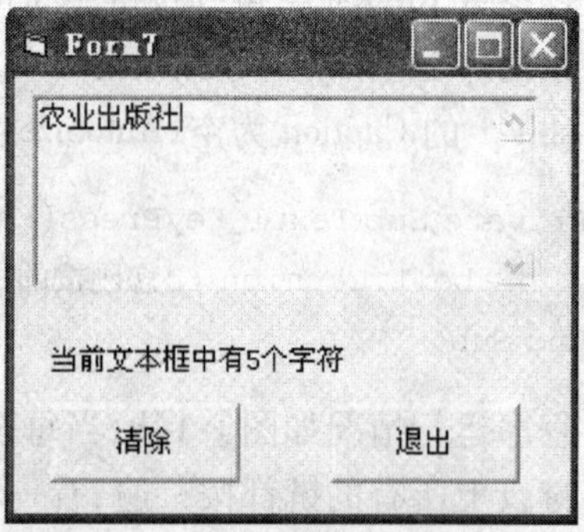

图 1-15b　程序运行效果

3. 主要方法

文本框主要方法是 SetFocus，该方法的作用是把光标移到指定的文本框中，使文本框获得焦点。其调用格式如下：

控件对象名 . SetFocus

另外 CheckBox、CommandButton 和 ListBox 等对象也有 SetFocus 方法。

注意：当一个窗体上有多个文本框时，可以用 TabIndex 属性来改变各文本框获取焦点顺序，但这个属性只能在设计阶段通过属性窗口设置，程序运行后就不能再改变了，而 SetFocus 方法可以随时根据情况使某个文本框获得焦点。

例 1-8　设计如图 1-16a 所示的录入界面，要求录入学生的信息（姓名、成绩和名次），其中若成绩（Text2）录入不符合要求，当光标离开文本框时，显示出错信息，并将光标重新定位到文本框要求重新录入成绩。

分析本题题意可知，在 Text2 的 LostFocus 事件中可对其内容进行判断。代码如下：

```
Private Sub Text2_LostFocus()
  If Text2.Text < 0 Or Text2.Text >100 Then
    MsgBox"输入错误，请重新输入!!"         '出错提示信息
    Text2.SetFocus                         '重新定位光标到文本框
  End If
```

运行程序，若录入的成绩不在 0 ~ 100，当文本框失去焦点时，会弹出提示信息，如图 1-16b 所示，单击“确定”后重新获得焦点。

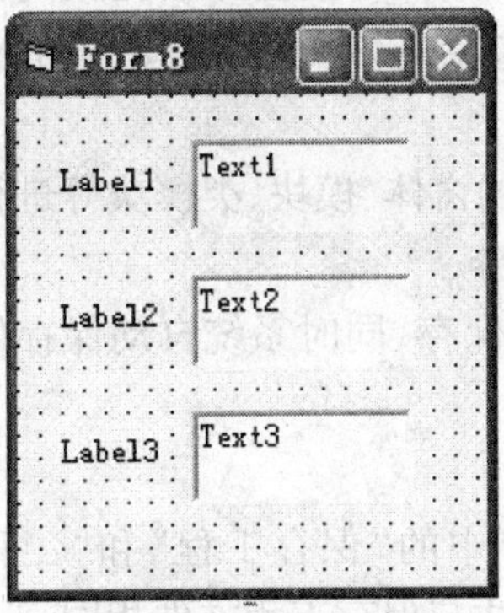

图 1-16a　窗体布局

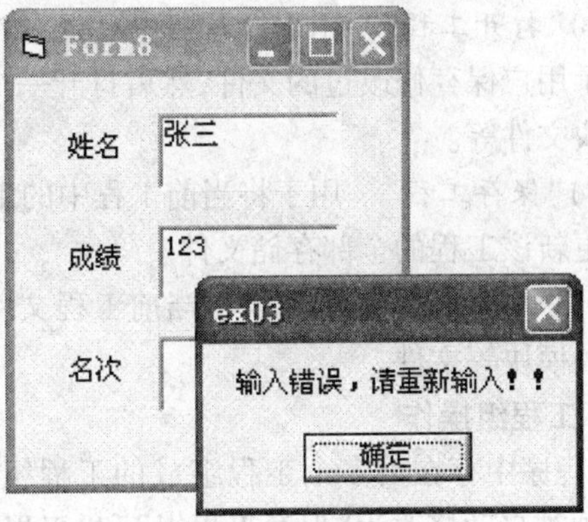

图 1-16b　运行效果

1.4　工程及工程文件管理

使用 Visual Basic 创建应用程序时，系统会自动建立了一个工程，用于组织管理应用程序中的所有类型文件。一个应用程序工程可以由单个工程组成，也可由多个工程组成，因此工程管理也包括了单个工程及工程组的管理。Visual Basic 通过资源管理器窗口来完成对工程及工程组的管理。

1.4.1 工程的组成

工程文件的扩展名为“. vbp”,一个工程可以包括如下类型的文件。

(1)窗体文件　扩展名为“. frm”。一个工程默认包含一个窗体,一个窗体对应一个窗体文件,其中包含窗体及控件属性值、窗体级的变量、事件过程以及用户自定义过程代码。

(2)标准模块文件　扩展名为“. bas”。该文件为可选的。标准模块文件主要包含模块级的变量和外部过程的声明;用户自定义的、可供本工程内各窗体调用的过程。

(3)类模块的文件　扩展名为“. cls”。该文件为可选的。用于创建含有方法和属性的用户自己的对象。

(4)资源文件　扩展名为“. res”。该文件为可选的。包含着不必重新编辑代码就可以改变的位图、字符串和其他数据。

1.4.2 工程文件的基本操作

1. 单个工程操作

在程序中只有单个工程的情况下,可以使用“文件”菜单中的命令来建立、打开及保存文件。

(1)“新建工程”　用于建立一个新工程。若当前有其他工程存在,则系统会关闭当前工程,并提示用户保存所有修改过的文件,然后会出现一个关于新建工程类别的对话框,用户可以进行选择,系统会根据用户的选择,建立带有单个文件的新工程。

(2)“打开工程”　用于打开一个已经存在的工程。若当前有工程存在,会先关闭当前工程,提示用户保存修改过的文件,然后打开一个现有的工程,包括与该工程文件有关的全部窗体、模块文件等。

(3)“保存工程”　用于将当前工程中的工程文件和所有的窗体、模块、类模块等进行重新保存,更新该工程的全部存储文件。

(4)“工程另存为”　用于将当前工程文件以一个新名字保存,同时系统自动保存修改过的窗体、模块等文件。

2. 工程组操作

在程序中存在由多个工程组成的工程组时,“文件”菜单中的“保存工程”和“工程另存为”选项被自动修改为“保存工程组”和“工程组另存为”。用法与保存工程文件相同。

在工程组中要建立一个新工程,可以采用下列方法之一:

(1)在“文件”菜单中选择“添加工程”选项,会出现一个对话框,要求用户在“新建”选项卡中选择合适的工程文件类型。

(2)在工具栏中选择“添加工程”的快捷按钮。

1.4.3 添加、移除及保存文件的操作

1. 添加文件

向工程中添加文件,具体步骤如下:

(1)选择“工程”菜单中的“添加”选项,选择要添加的文件类型。

(2)在出现的对话框中,选择添加现存的文件还是新建文件。

也可以在工程资源管理器窗口中单击鼠标右键,在弹出的对话框中进行菜单选择。

注意:为工程添加文件并不是将文件的内容复制一份到工程文件中,而是在工程文件中记录该文件在磁盘上的位置,因此同一个文件可以添加到不同的工程文件中,同样如果更改文件并保存它,会影响包含此文件的任何工程。

2. 移除文件

在工程中移除一个文件,可以在工程资源管理器中选中要移除的文件,单击鼠标右键,在弹出的菜单中选择“移除”即可。

注意:从一个工程中移除文件后,被移除的文件并没有被删除,只是与工程文件不再有联系而已,被移除的文件还在磁盘上存在,还可以被添加到工程中。

3. 保存文件

如果需要单独保存工程中的某一个文件,可以在工程资源管理器中选中要保存的文件,单击鼠标右键即可保存。也可以选择“另存为”,换名保存为其他文件。

1.4.4　运行工程

在工程文件制作完成后,需要运行该程序看一下运行效果是否满足设计要求。如果只是简单地运行程序查看结果,不需要在其他环境下执行,可以在 Visual Basic 环境中使用解释性运行,本章前面的示例全部是解释性运行。解释性运行步骤如下:

(1)设置启动工程　一个应用程序可由若干个工程组成,但只有一个工程是启动工程,系统默认为“工程 1”,若要将其他工程设置为启动工程,可右键单击该工程名,在弹出的快捷菜单中选择“设置为启动”。启动工程的标志是工程名及工程文件名用粗体显示。

(2)设置启动窗体　一个工程可由若干个窗体和标准模块组成,但只有一个窗体是启动对象,系统默认为“Form1”,若要将其他窗体设置为启动对象,方法是:选中窗体→“工程”菜单→“属性”→“通用”→“启动对象”。

1.4.5　生成 exe 文件

如果应用程序需要脱离 Visual Basic 开发环境运行,则必须生成可执行文件(.exe)。生成可执行文件(.exe)的方法是在系统菜单中选“文件”→“生成[工程名].exe”选项,在弹出的对话框中选择.exe 文件的存放位置并输入文件名,单击“确定”按钮即可。生成 exe 文件后,通过 Windows 资源管理器窗口查看所生成的可执行文件,双击文件图标即可运行。

◎教学小结

Visual Basic 是初学者学习程序设计的入门语言,涉及的概念较多,有些概念还是全新的,在教学过程中要重点把握好以下几个问题:

(1)通过生活中的实例,深入理解类、对象、属性、事件与事件过程、方法和事件驱动机制等基本概念。对 Visual Basic 中的控件类和控件对象的关系要认识清晰,掌握控件基本操作、对象属性的设置方法(特别是在设计状态下通过属性窗口设置)。

(2)通过简单编程举例,理解 Visual Basic 是一种可视化程序设计工具,它继承了结构化程序设计思想和 Windows 应用程序事件驱动的运行机制等特点。

(3)分析问题、设计算法和实现算法是利用计算机解决问题的基本步骤,对于复杂问题也许需要多次反复这些基本步骤,才能完满解决问题。初学者应仔细分析例题,勇于实践。

(4)Visual Basic 是可视化程序设计的工具,工具箱中提供了 20 个标准控件类,最基本的莫过于命令按钮、标签和文本框控件。教学中应围绕控件的作用、常用属性、事件过程和方法,通过实例展示其基本应用。

(5)窗体是 Visual Basic 程序最重要的组成要素,它既是容纳其他对象的容器,又是一个特殊的对象,和其他控件对象一样,也有属性、事件过程和方法。特别是窗体的 Print 方法,是程序运算结果输出的重要途径,应重点掌握。

(6)Visual Basic 系统以工程的形式管理工程中的相关文件,工程文件记录了该工程内的所有文件(窗体文件、标准模块文件、类模块文件等)的名称和所存放在磁盘上的路径。教学中应加强工程文件、窗体文件建立、打开、保存和另存等基本操作,对多窗体工程,还应掌握设置启动对象的方法,对工程组文件,掌握设置启动工程的方法。

◎习题

一、选择题

1. 要判断在文本框内是否按下了回车键,最好在文本框的________事件过程进行判断。
   (A)Change　(B)Click　(C)KeyPress　(D)GotFocus
2. 要使标签对象显示时不覆盖其背景内容,要对________属性进行设置。
   (A)BackColor　(B)BorderStyle　(C)ForeColor　(D)BackStyle
3. 若要使命令按钮显示但不可操作,应对________属性设置。
   (A)Enabled　(B)Visible　(C)BackColor　(D)Caption
4. 文本框没有________属性。
   (A)Enabled　(B)Visible　(C)BackColor　(D)Caption
5. 不论任何对象,共同具有的是________属性。
   (A)Text　(B)Name　(C)ForeColor　(D)Caption
6. 要使窗体在运行时不可改变大小,需要对其________属性进行设置。
   (A)MaxButton　(B)BorderStyle　(C)Width　(D)MinButton
7. 当运行程序时,系统自动执行启动窗体的________事件过程。
   (A)Load　(B)Click　(C)UnLoad　(D)GotFocus
8. 文本框的 ScrollBars 属性设置了非零值,却没有出现滚动条,原因可能是________。
   (A)文本框中没有内容。
   (B)文本框的 Multiline 属性为 False.
   (C)文本框的 Locked 属性为 True
   (D)文本框的 Multiline 属性为 True

9. 下列可以把当前目录下的图形文件 pic1.jpg 装入图片框 picture1 中的语句为________。

(A) picture1.Handle = "pic1.jpg"

(B) picture = Loadpicture("pic1.jpg")

(C) picture = "pic1.jpg"

(D) picture1.picture = Loadpicture("pic1.jpg")

10. 假定已在窗体上画了多个控件,并有一个控件是活动的,为了在属性窗口中设置窗体的属性,预先应执行的操作是________。

(A) 单击窗上没有控件的地方　　(B) 单击任一个控件

(C) 不用执行任何操作　　(D) 双击窗体的标题栏

11. 确定一个控件在窗体上的位置的属性是________。

(A) Width 或 Height　　(B) Width 和 Height

(C) Top 或 Left　　(D) Top 和 Left

12. 确定一个窗体或控件的大小的属性是________。

(A) Width 或 Height　　(B) Width 和 Height

(C) Top 或 Left　　(D) Top 和 Left

13. 当标签的标题内容太长,需要根据标题自动调整标签大小时,应设置的属性是________。

(A) AutoSize　　(B) Visible　　(C) Enabled　　(D) BackStyle

14. 要在属性窗口修改控件上文字的字体、字形、大小、效果,应设置的属性是________。

(A) Text　　(B) Caption　　(C) Name　　(D) Font

15. 在窗体上已建立了多个控件,如 Text1、Label1、Command1,若要使程序运行时焦点就定位在 Command1 控件上,应将 Command1 控件的________属性设置为________。

(A) Index　　(B) TabIndex　　(C) TabStop　　(D) Enabled

(A) 0　　(B) 1　　(C) 2　　(D) 3

16. 若要取消窗体的最大化功能,可设置________属性为 False 来实现。

(A) ControlBox　　(B) MinButton　　(C) MaxButton　　(D) Enabled

17. 若要使窗体启动时位于屏幕的中间,可通过________属性来设置。

(A) Top　　(B) Left　　(C) StartUpPosition　　(D) WindowState

18. 若要求在文本框中输入密码时文本框中只显示#号,则应在此文本框的属性窗口中设置________。

(A) Caption 属性值为#　　(B) Text 属性值为#

(C) PassWordChar 属性值为#　　(D) Passwordchar 属性值为真

19. 若要设置命令钮的提示文本,可通过________属性来设置。

(A) Caption　　(B) Text　　(C) Value　　(D) ToolTipText

20. 若要使文本框成为只读文本框,可通过设置________属性值为 True 来实现。

(A) ReadOnly　　(B) Lock　　(C) Locked　　(D) Enabled

21. 将命令按钮 Command1 的标题复制到文本框控件 Text1 作为显示文本,应执行________。

(A) Text1 = Command1

(B) Text1. Text = Command1. Caption

(C) Text1. Caption = Command1. Caption

(D) Text1. Text = CStr(Command1)

22. 程序运行后在窗体上单击鼠标，此时窗体不会接受到的事件是________。

(A) MouseDown　　(B) MouseUp　　(C) Load　　(D) Click

23. 对于窗体 Form1，执行了 Form1. Top = Form1. Top - 100 语句后，该窗体________。

(A) 上移　　(B) 下移　　(C) 左移　　(D) 右移

24. 在窗体上添加一命令按钮 Command1，并将其 Caption 属性设置为 cmdAA、名称属性设置为 cmdBB，则关于该控件的下列________语句是正确的。

(A) Command1. Left = 100　　(B) cmdAA. Left = 100

(C) cmdBB. Left = 100　　(D) 以上语句都不对

25. 保存文件时，窗体的所有数据以________存储。

(A) *. prg　　(B) *. frm　　(C) *. vbp　　(D) *. exe

26. 要保存 Visual Basic 源程序，正确的操作是________。

(A) 只需要保存工程文件

(B) 只需要保存窗体和标准模块文件

(C) 需要保存工程资源管理器中的所有文件

(D) 只需要保存编译后的 . exe 文件

二、问答题

1. Visual Basic 集成开发环境由哪几个部分构成？

2. 工程资源管理器窗口标题栏下的三个按钮分别是什么？

3. 工具箱中默认有哪些基本控件类？写出类名及通过它们创建在窗体上的控件对象默认名称。

4. 属性窗口由哪几个部分组成？各部分的功能是什么？

5. 代码窗口由哪几部分组成？各部分的功能是什么？

三、编程题

1. 设计一个窗体，其中包含一个标签和三个命令按钮（标题分别为“欢迎词”“祝贺词”和“退出”），单击“欢迎词”命令按钮，标签上显示“欢迎使用 VB6. 0”，如图 1-17a 所示，单击“祝贺词”命令按钮，标签上显示“祝贺您进入 VB 世界！”，如图 1-17b 所示，单击“退出”命令按钮，关闭当前窗体，结束程序运行。

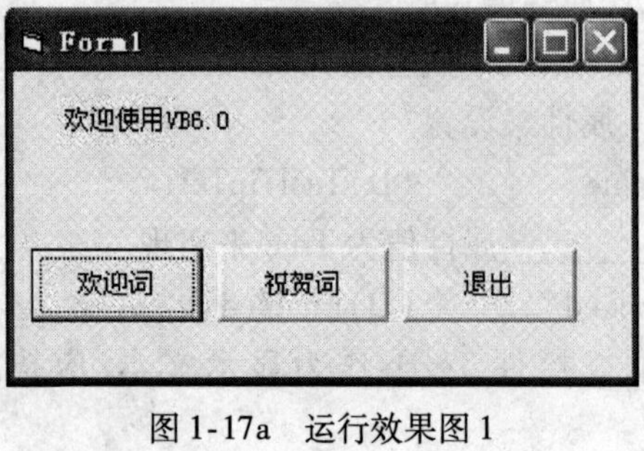

图 1-17a　运行效果图 1

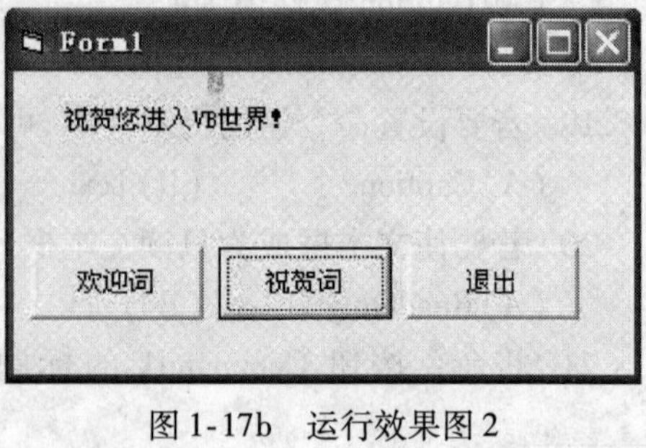

图 1-17b　运行效果图 2

2. 设计一个窗体,要求当鼠标单击窗体时,在窗体上用 Print 方法显示“您单击了窗体”;当鼠标双击窗体时,在窗体上显示“您双击了窗体,在此之前,您看见了什么?”。并思考,在双击窗体发生之前,发生了什么?

3. 设计一个登录界面,其中包括一个标签,两个文本框和两个按钮。要求:

(1)在两个文本框中分别录入“用户账号”和“密码”。

(2)用标签灵活标识当前文本框中需要填写的内容(如:当 Text1 获得焦点的时候,Label1 显示“请输入用户账户”)。

(3)其中“用户账号”限制输入内容长度为 16 个字符,“密码”文本框限制输入内容的长度为 10 个字符。

(4)两个按钮分别表示“登录”“退出”,当点击“登录”按钮时用如下代码弹出提示对话框“Msgbox" 正在连接服务器,请稍后……" ”,点击“退出”按钮时,退出界面。

◎实习指导

1. 实习目的

(1)掌握 Visual Basic 的启动方法,熟悉 Visual Basic 的集成开发环境的组成及各部分的显示与隐藏。

(2)掌握向窗体中添加控件及使用属性窗口修改控件属性的方法。

(3)掌握代码窗口的应用及录入、编辑代码的基本方法。

(4)了解 Visual Basic 程序设计的基本步骤,掌握保存 Visual Basic 工程文件及窗体文件的方法。

(5)初步理解事件驱动的机制。

(6)熟练掌握 Visual Basic 语句书写规则。

(7)熟练掌握窗体的主要属性及 Load 事件的应用。

(8)掌握 Print 方法的输出格式控制。

(9)掌握命令按钮和标签的主要属性应用。

(10)掌握文本框的主要属性和事件应用。

(11)了解工程管理概念。

(12)掌握添加、删除窗体文件、设置启动窗体、编译生成 EXE 文件、运行 EXE 文件的方法。

2. 实习内容

(1)Visual Basic 的启动,选择“新建”→“标准 EXE”进入集成开发环境。

(2)关闭工具箱、对象窗口、工程资源管理器窗口、属性窗口、窗体布局窗口及工具栏,结果如图 1-18 所示。

(3)在“视图”菜单中将关闭的各部分重新显示出来。

(4)建立自己的文件夹,为存放程序作好准备。每次实习之前,应建立好自己的文件夹,存放实习中建立的各种文件。为了便于教师指导和交流,建议采用下述约定来命名文件:

每章实习内容建议存放在一个工程中,工程文件名以字符 ex 开头后加实习序号,如第 1

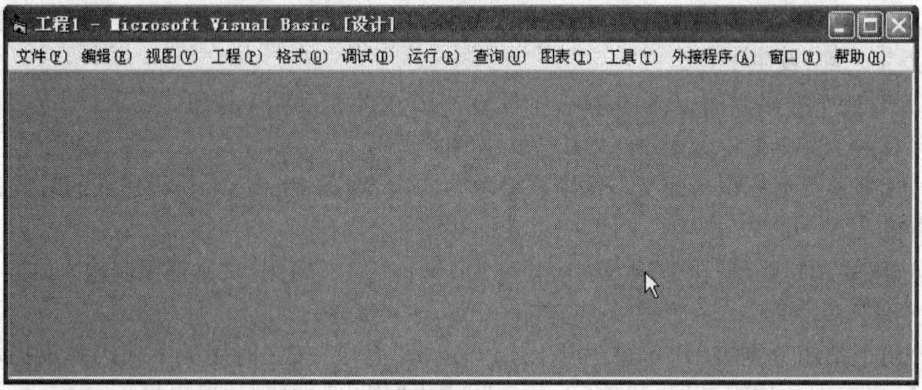

图 1-18　只有标题栏和菜单栏的 Visual Basic 集成开发环境

章实习的工程文件名为 ex01. vbp;窗体文件名约定格式为:XXYY-ZZ-?? . frm

其中:

XX:代表例题(用 LT 表示)、习题(用 XT 表示)、补充练习题(BC)或学生自己发挥的练习题(FH);

YY:代表第几章,如第 1 章用 01 表示,第 11 章用 11 表示;

ZZ:代表第几题,如第 3 题用 03 表示,第 15 题用 15 表示;

??:如果一个应用程序只有一个窗体,则可省略,如果有多个窗体,则“??”代表窗体序号。

(5)按教材步骤完成例 1-1,并保存工程文件为 ex01. vbp,窗体名为 LT01 - 01. frm。运行程序,输入一些数据试运行验证运行结果。

(6)在“工程”菜单中执行“添加窗体”,可以看到对象窗口中出现新的窗体 Form2,同时在工程资源管理器中也可以看到 Form2,如图 1-19 所示。

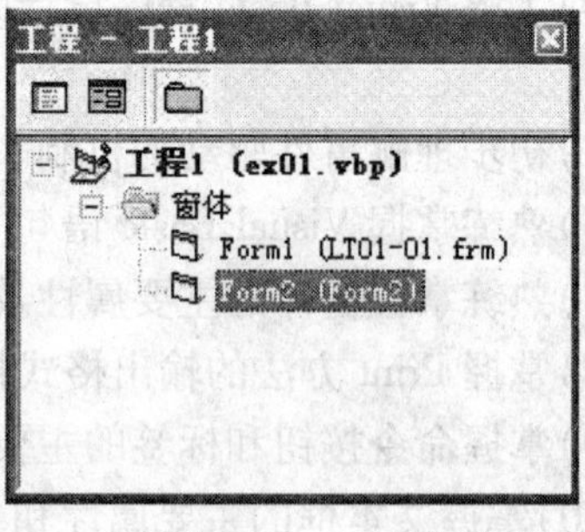

图 1-19　添加窗体 Form2 后的工程资源管理

(7)按要求在窗体 Form2 中完成习题三,并保存窗体名为 XT01-03. frm。

(8)如果一个工程中涉及到两个以上的窗体,这种工程被称为多窗体工程,若不经任何设置,Visual Basic 会将 Form1 作为启动窗体。如果要运行 Form2 时,需要将 Form2 设置为启动窗体,设置步骤如下:

①在“工程”菜单中选择“工程 N 属性...”(注意:N 视具体的工程数变化),弹出如图 1-20 所示的对话框。

②启动对象是一个组合框,单击其右侧下拉按钮可以列出当前工程所包含的所有窗体,选择 Form2。

③单击确定,运行工程,即可运行 Form2。

(9)请按照如下步骤验证课本中的一段话:

“文本框 Text 属性的值为字符串,如果输入的是数字字串,并要在程序中进行数值加法运算或数值比较时,最好用 Val 函数将字符串转化为数值类型”。

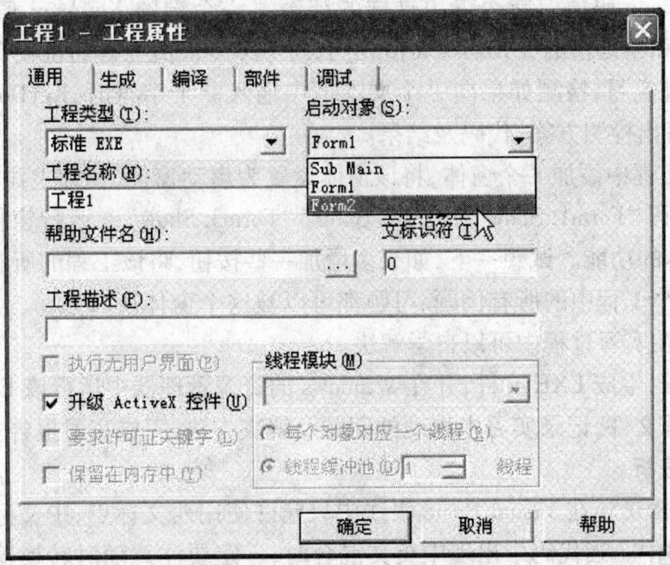

图 1-20　工程属性设置对话框

第一步:添加一个新窗体并设置成启动窗体,在窗体上添加 3 个文本框,4 个命令按钮,界面如图 1-21 所示。

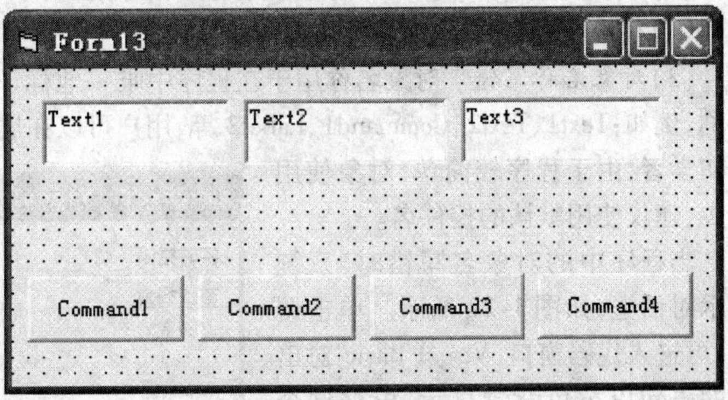

图 1-21　界面布局

第二步:在窗体的 Load 事件中为各控件对象设置属性,文本框 Text 为空,四个命令按钮标题分别为"相加"、"相乘"、"相减"、"相比较"。

第三步:完成按钮代码,各按钮单击事件代码分别是:

```
Text3.Text = Text1.Text + Text2.Text          '相加
Text3.Text = Text1.Text - Text2.Text          '相减
Text3.Text = Text1.Text * Text2.Text          '相乘
Text3.Text = Text1.Text > Text2.Text          '相比较
```

第四步:运行窗体,若在 Text1 中输入 12,Text2 中输入 6,分别单击 4 个按钮,先分析可能出现的结果,再验证。

第五步:修改代码,将 Text1 和 Text2 的值先用 Val 进行类型转换,再重做第四步,分析所得结果并验证。

第六步:修改代码,在 Text1 和 Text2 两个值中,任意只对一个进行类型转换,再次进行第四步,分析结果并验证。

对所得到的结果请从教材中找到理论依据并写出实习小结。

(10)模仿例 1-6,用文本框的 KeyDown 事件测出"A""a""End""5"(主键盘)"5"(数字

键盘)等键的 KeyCode 码值。能否得出这样的结论:"一个键的 KeyAscii 值与键本身字符有关,如主键盘的 5 和小键盘的 5 KeyAscii 值相同,而 KeyCode 值与键的位置有关。"

*(11)自行设计实习,检测如果向一个文本框中输入一个字符时,KeyDown 和 KeyPress 事件谁先被触发。写出检测方案、代码及结果。

(12)在本章工程中添加一个窗体,将该窗体设置为启动窗体,窗体上添加 3 个命令按钮,其中,分别写入代码"Form1. Show""Form2. Show""Form3. Show"。运行窗体,单击各命令按钮。体会这个窗体的功能。试想一下,如果多增加一些按钮,将该工程的所有窗体都放在一个按钮下调用,那这个工程中的所有例题、习题都可以被这个窗体所联系了。当然,还可以用菜单代替按钮,大家在实习过程中可以自学解决。

(13)编译工程,生成 EXE 文件,并在 Windows 的资源管理器中运行该 EXE 文件。

(14)保存工程文件,记录实习中出现的问题及解决方法,完成实习报告。

3. 常见错误分析

(1)标点符号错误　在 Visual Basic 语法中只允许使用西文标点,中文标点只能出现在被引号引住的字符串中。当代码中出现中英文混合时,一定要注意随时转换输入法。特别容易出错的标点有逗号、分号、双引号、叹号等。还有一对容易混淆的标点符号是冒号和分号。

(2)字符因形似而导致录入错误　字母 L 的小写形式"l"与数字"1"很相似,字母 O 与数字"0"也很难区别,在录入时要注意。

(3)对象名称写错　对象名称用于在程序中唯一地标识控件对象。每个对象都有默认的名称,例如:Text1、Text2、Command1、Label2 等,用户可以在属性窗口中修改对象的名称。但对于初学者,由于程序较简单,对象使用较少,建议使用默认的控件名。

当程序中的对象名写错时,系统显示对话框,如图 1-22 所示。单击调试,可进入代码窗口,Visual Basic 对出错的语句以黄色背景显示,根据这个提示,可以很容易找到写错的对象名。

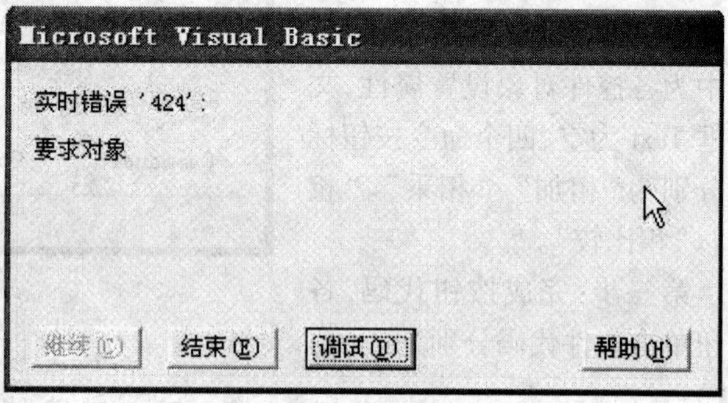

图 1-22　要求对象提示信息

(4)"名称"属性和 Caption 属性混淆　"名称"属性的值在程序中唯一地标识一个控件对象,而 Caption 属性的值是在窗体上显示标题文本。由于 Visual Basic 中有 Caption 属性的控件(如命令按钮、标签等),在创建时,其默认的"名称"属性与 Caption 属性是相同的,所以使得很多初学者将这两个属性混淆。

(5)无意形成控件数组　若要在窗体上创建多个属性相似的命令按钮,很多人会先创建一个命令按钮,设置好属性后再进行复制、粘贴。但如果在系统显示"是否建立控件数组?"时,选择了"是",则会创建控件数组,对控件数组的编程和对普通控件的编程是不同的。初学者一定要注意,在没有学习控件数组之前,如果想复制控件,千万不要复制成控件数组。

(6)打开工程时找不到对应的文件　在 Visual Basic 中,一个最简单的应用程序一般由一个工程文件和一个窗体文件组成,工程文件记录了该工程内所有文件的文件名及存放在磁盘上的路径。打开工程时显示“文件未找到”,可能由以下操作引起：

①文件复制时少复制了文件。例如上机结束后,把文件复制时到软盘或其他文件夹时,少复制了窗体文件,或者少复制了工程文件。

②换名操作。若在 Visual Basic 环境以外,利用 Windows 资源管理器或其他方法将工程中某个文件改名,而工程文件内记录的还是原来的文件名,这样也会导致打开工程时显示“文件未找到”。

(7)运算符自动转换类型问题　文本框获得的数字为字符串型,在使用这些数据时要注意参与的运行符能否具有自动转换类型的功能。

(8)控件对象的相关属性问题　例如文本框的 MultiLine 和 ScrollBars 属性就为相关属性,要设置后者必须对前者有正确的设置。命令按钮的 Style 和 Picture 属性也一样。

(9)设置启动窗体问题　经常由于忘记设置启动窗体,使得新添加的窗体没法运行。

(10)窗体文件与工程文件关系的问题　一定要注意,一个工程文件可以包含多个窗体文件,但这些窗体文件的“名称”属性不能相同。一个窗体文件可以被多个工程所含。

第2章 代码基础

本章内容提示：通过上一章的学习，掌握了可视化编程的基本概念以及使用 Visual Basic 编写应用程序的方法与步骤，也体会到使用 Visual Basic 设计一个漂亮的界面是比较容易的，但为对象编写事件代码就不那么简单了。要正确地编写代码，掌握 Visual Basic 语言基础是非常重要的。本章主要讲述 Visual Basic 的数据类型；Visual Basic 的常量、变量、函数和表达式；Visual Basic 程序书写规则及注意事项等。

教学基本要求：掌握 Visual Basic 的标准数据类型、各种数据类型的存储特点及取值范围；熟练掌握 Visual Basic 常量的表示方法、变量定义的方法、函数类型及其调用格式；掌握表达式的类型及其书写方法，具备根据实际问题书写各种表达式的能力；了解 Visual Basic 代码书写规则及注意事项等。

2.1 数据类型

数据是程序处理的对象，一个数据必定属于某一种数据类型。不同类型的数据有不同的操作，也决定了数据的取值范围以及它们在计算机中的存储形式。Visual Basic 的数据类型如图 2-1 所示，各种数据类型的关键字、类型符、前缀、占字节数如表 2-1 所示。

- 数据类型
  - 标准数据类型
    - 数值型(Numeric)
      - 整型(Integer)
      - 长整型(Long)
      - 单精度型(Single)
      - 双精度型(Double)
      - 货币型(Currency)
      - 字节型(Byte)
    - 字符型(String)
    - 布乐型(Boolean)
    - 日期型(Date)
    - 变体型(Variant)
    - 对象型(Object)
  - 自定义数据类型

图 2-1 Visual Basic 的数据类型

本章仅讲述标准数据类型，自定义数据类型将在第 7 章中讲述。

1. 数值(Numeric)数据类型

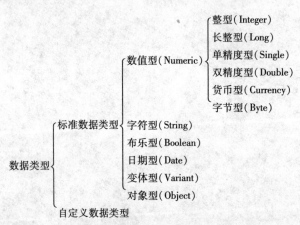

(1) 整型(Integer) 用于保存不带小数的数，数的取值范围为 -32768 ~ 32767。一个整

型数在内存中用2个字节来存储,整型数运算速度快、精确。

(2) 长整型(Long) 用于保存比整型范围更大的整数,数的取值范围为 -2147483648 ~ 2147483647。一个长整型数在内存中用4个字节来存储,长整型数运算速度快、精确。

(3) 单精度型(Single) 用于保存带小数点的数,有效位数为7位。一个单精度型数在内存中用4个字节来存储,单精度型数存储运算有误差,运算速度比整型数慢。

(4) 双精度型(Double) 用于保存比单精度数范围更大的小数,有效位数为15位。一个双精度型数在内存中用8个字节来存储,但双精度型数存储运算有误差,运算速度比整型数慢。

(5) 货币型(Currency) 货币型用于保存精度特别重要的数据,如货币计算与定点计算。一个货币型数最多保留小数点右边4位和小数点左边15位。

(6) 字节型(Byte) 字节型主要用于二进制文件的读写存储无符号整数,范围为0 ~ 255。不能表示负数。

表 2-1 Visual Basic 6.0 的标准数据类型

数据类型	关键字	类型符	前缀	占字节数	范围
整型	Integer	%	Int	2	-32768 ~ 32767
长整型	Long	&	Lng	4	-2,147,483,648 ~ 2,147,483,647
单精度型	Single	!	Sng	4	负数:-3.402823E38 ~ -1.401298E-45 正数:1.401298E-45 ~ 3.402823E38
双精度型	Double	#	Dbl	8	负数:-1.79769313486232D308 ~ -4.94065645841247D-324 正数:4.94065645841247D-324 ~ 1.79769313486232D308
货币型	Currency	@	Cur	8	-922,337,203,685,477.5808 ~ 922,337,203,685,477.5807
字节型	Byte		Byt	1	0 ~ 255
字符型	String	$	Str	与字符串长有关	变长最多大约20亿(2^31)个字符,定长字符串可包含1到大约64K(2^16)个字符
布尔型	Boolean		Bln	2	True 与 False
日期型	Date		Tm	8	100.01.01 ~ 9999.12.31
对象型	Object		Obj	4	任何对象引用
变体型	Variant		Vnt	根据需要分配	Variant 是一种特殊的数据类型,除了定长 String 数据及用户定义类型外,可以包含任何种类的数据

2. 字符(string)数据类型

字符型数据用来存储可打印的ASCII字符或中文汉字。它在内存中占有多少个字节数,与数据类型定义有关。若为定长字符型数据,则占有确定大小的字节数;若为变长字符型数据,则占有的字节数与实际存储的字符个数有关。

注意:在 Visual Basic 中,每个汉字、英文字符均占2个字节。

3. 布尔(Boolean)数据类型

用于表示逻辑判断的结果,只有 True 和 False 两个值,一个布尔型数据用2个字节存储。

布尔型数据可以转换为整型数据,规则是:True 转换为 -1,False 转换为0;其他类型数据也可转换成布尔型数据,规则是:非0转换成 True,0转换成 False。

4. 日期(Date)数据类型

用来存储日期和时间,日期范围为公元100年1月1日 ~ 9999年12月31日,时间范围为00:00:00 ~ 23:59:59。日期型数据按8字节存储,可以看成一种特殊的数值型数据。

5. 对象(Object)数据类型

对象数据类型用于保存应用程序中的对象,如文本框、窗体等。用4个字节存储。

6. 变体(Variant)数据类型

这是一种专门为初学者设计的数据类型,用于存储一些不确定类型的数据,它可以存储除了固定长度字符串类型以及用户自定义类型以外的上述任何一种数据类型。在Visual Basic中所有未定义而直接使用的变量默认的数据类型均为变体型。

2.2 标识符

在编程时需要程序员为程序中用到的符号常量、变量、数组、自定义函数和过程、控件对象等起一个合法的名称,这种名称统称为标识符。

1. 标识符构成规则

(1)必须以字母、汉字开头,后跟字母、汉字、数字或下画线,长度不超过255个字符。

(2)用户定义的标识符不能与Visual Basic的关键字重名,如If、Loop等。

(3)标识符不区分大小写,例如,XYZ、xyz、Xyz、xYz在程序中被认为是相同的。

2. 自定义标识符时的注意事项

(1)尽可能简单明了,见名知义。如用sum(或s)代表求和,用Difference(或d)代表求差等。标识符太长不便于阅读和书写。

(2)标识符中不能出现像句点"."、空格或嵌入"!"、"#"、"@"、"$"、"%"、"&"等字符。因为这些符号在Visual Basic中有特殊的用途,比如"!"就是单精度数据类型说明符。

下面是错误的或不当的标识符:

```
6xy          '不允许以数字开始
y-z          '不允许出现减号
wang ping    '不允许出现空格
Dim          '不允许使用Visual Basic的关键字
Cos          '不允许使用Visual Basic内部函数名
```

2.3 常量

常量是在程序运行过程中不变的量,在Visual Basic中有直接常量、符号常量两种。

1. 直接常量

直接常量指的是程序代码中,以直接明显的形式给出的数据。根据常量的数据类型分为数值常量、字符型常量、日期型常量和布尔型常量。

(1)数值(Numeric)常量　数值(Numeric)常量包括了Integer、Long、Single、Double、Currency和Byte六种类型,除了搞清楚各种数据类型的关键字、类型符、前缀、占字节数、范围(详见表2-1)外,还需清楚数据的表示形式。

一般情况下,数值型数据都使用十进制数表示,也可使用十六进制数(以&H引导)和八进制数(以&或&O引导)表示。如&O123、&H1234等。

整型数的表示形式:±n[%],n是由0~9构成的整数,%是整型的类型符,可省略。

例如:123、-123、+123、123% 均表示为整型数。

长整型数的表示形式:±n&,n 是由 0~9 构成的整数,& 是长整型的类型符。

例如:123&、-123& 均表示为长整型数。

单精度数的表示形式:±n.n、±n!、±nE±m、±n.nE±m,分别以小数形式、整数加单精度类型符、指数形式表示,其中 n 和 m 是由 0~9 构成的整数。

例如:123.45、123.45!、0.12345E+3 等都表示同值的单精度数。

双精度数的表示形式:±n.n#、±n#、±nD±m、±n.nD±m#,分别以小数形式、整数加双精度类型符、指数形式表示,其中 n 和 m 为 0~9 构成的整数。

例如:123.45#、0.12345D+3 都表示为同值的双精度数。

货币型的表示形式:在数字后面加@ 符号。例如:123.45@、1234@。

注意:在 Visual Basic 中,数值型数据均有取值范围,如果超出规定的范围,就会出现"溢出"提示信息。

(2)字符型常量　字符型常量是用双引号引住的一系列可打印的 ASCII 字符或中文汉字,也称为字符串。双引号称为字符串的定界符。如"123","sum="都是字符串常量。当双引号中没有任何字符时称为空字符串;当双引号中字符为空格时,这个字符串称为空格字符串。这两种字符串是有区别的,空字符串的长度为 0,空格字符串的长度为其空格数。

注意:双引号必须是西文中的引号。

(3)日期型常量　日期型常量的表示形式有两种:一种是任何形式上可被认为是日期和时间的字符,只要用"#"括起来。如:

```
#11/18/2012#                  '表示 2012 年 11 月 18 日
#2012-11-18#                  '表示 2012 年 11 月 18 日
#11/18/2012 10:28:56 pm#      '表示 2012 年 11 月 18 日下午 10:28:56
```

另一种是以数字序列表示,在此情况下,整数部分表示天数,小数部分表示时间,0 表示 1899 年 12 月 30 日,正数表示该日期之后的日期,如 2.5 表示 1900 年 1 月 1 日 12:00:00;负数表示该日期之前的日期,如 -2.5 表示 1899 年 12 月 28 日 12:00:00,这种方式用得很少。

(4)布尔型常量　布尔型常量只有 True(真)和 False(假)两个值。

2. 符号常量

在程序中要多次使用同一个常量,例如 π(3.1415926),如果每次用到 π 时都重复录入 3.1415926 是不方便的。Visual Basic 允许用一个符号来代表一个常量,称这个符号为符号常量,其定义格式为:

Const 符号常量名[As〈类型〉]=〈表达式〉

其中:符号常量名的命名规则与标识符定义规则相同;〈类型〉用来声明常量类型,为表2-1 中的任一数据类型;〈表达式〉由数值常量、字符串等常量及运算符组成,可以包含前面定义过的常量,但不能使用函数调用,即表达式中不能出现函数。

例如:
```
Const pi=3.14159               '定义单精度符号常量 pi,值为 3.14159
Const max As Integer=100       '定义整型符号常量 max,值为 100
Const count#=46.9              '定义双精度符号常量 count
```

注意:

(1)常量一旦定义,在程序中只能引用,不得改变其值。

(2)和变量声明一样,符号常量也有作用范围。

除用上述方法自定义符号常量外，Visual Basic 系统和控件还提供了大量可以直接使用的符号常量，称为系统符号常量，如 vbBlue、vbRed，这些常量为程序设计提供了方便。

例如：设置文本框（Text1）的背景颜色为蓝色时，可使用语句：

```
Text1.BackColor = vbBlue        'vbBlue 为 Visual Basic 提供的符号常量
```

也可以使用下面语句中的任一个：

```
Text1.BackColor = RGB(0,0,255)          '调用 RGB 函数
Text1.BackColor = 16711680              '用直接常量
```

可以看出：第一种使用了符号常量，后两种一个使用了 RGB 函数，另一个使用了直接常量。相比较可以看出：使用符号常数要比使用函数或直接常数更便于记忆。

其实，Visual Basic 提供的符号常量还有很多，有些会在以后的学习中逐渐掌握。可借助“对象浏览器”查看 Visual Basic 提供的符号常量。方法是：选择“视图”→“对象浏览器”，打开“对象浏览器”窗口，如图 2-2 所示。在下拉列表框中选择 VB 或 VBA 对象库，然后在“类”列表框中选择常量组，右侧的成员列表中即显示预定义的常量，窗口底端的文本区域中将显示该常量的功能。

图 2-2　Visual Basic 对象浏览器

2.4　变量

在程序中处理数据时，通常将输入的数据、参加运算的数据和运行过程中的临时数据暂时存储在计算机内存中。在机器语言与汇编语言中，通过对内存单元的编号（称为地址）来访问内存中的数据，而在高级语言中，需要对被存放数据的内存单元（区域）命名，被命名的内存单元（区域）称为变量，被命名的内存单元（区域）的名字称为变量名。程序通过变量名访问内存单元（区域）中的数据，存放数据的类型决定了变量类型。

对于常量，在程序运行期间，其内存单元中存放的数据始终不变；对于变量，在程序运行期间，其内存单元中存放的数据可以根据需要随时改变，即在程序运行的不同时刻，存入新的数据后，原来的数据将被覆盖。

在程序中，使用变量前一般应先声明变量名及其数据类型，以便系统为变量分配存储空间。Visual Basic 中用以下方式声明变量及其类型。

1. 显式声明

所谓显式声明，就是用声明语句来定义变量名及类型。通常有两种格式：

(1) 第一种格式

Dim 〈变量名〉 [As〈类型〉]

其中:〈变量名〉是用户命名的变量,遵循变量命名规则。

[As〈类型〉]是定义变量名的数据类型。变量的数据类型可以是表 2-1 中的类型,也可以是用户自定义的类型;省略时,则变量类型为 Variant 型,例如:

```
Dim count As Integer                '声明 count 为整型变量
Dim sum1 As Single,yn As Boolean    '声明 sum1 为单精度变量,yn 为布尔型变量
Dim aa                              '声明变量 aa 是 Variant 类型
```

对于字符串变量,其类型分为变长字符串变量和定长字符串变量两种,声明变量为变长字符串的格式为:

Dim　变量名　As string

该类变量最多可存放约 20 亿个字符。

例如:

```
Dim str1 As String          '声明 str1 为变长字符串变量
```

声明变量为定长字符串的格式为:

Dim　变量名　As　String * 字符数

该类变量存放字符的个数由 String 后字符数确定,最多可以存放约 65536 个字符。

例如:

```
Dim str2 As String * 6          '声明 str2 为字符串变量,可存放 6 个字符
```

对于变量 str2,若赋予的字符数少于 6 个,则右补空格;若赋予的字符超过 6 个,则多余部分被截去。

注意:在 Visual Basic 中,1 个汉字与 1 个西文字符一样都是 1 个字,占 2 个字节。

上述声明的 str2 字符串变量可存放 6 个西文字符或 6 个汉字。

(2)第二种格式

Dim <变量名>尾符

即声明时直接在变量名后加尾符来说明数据类型,适用于有尾符的数据类型定义。

例如:

```
Dim count%          '声明 Count 为整型变量
Dim sum1!           '声明 sum1 为单精度变量
```

无论采用第一种格式还是第二种格式声明变量,请注意以下问题:

①一条 Dim 语句可以同时声明多个变量,但类型声明关键字不能公用,每个变量必须有自己的类型声明,并且用逗号分隔。

例如:`Dim count% ,sum1!` 或 `Dim count as Integer,sum1 as Single`

两种声明格式效果相同,声明 count 为整型变量,sum1 为单精度变量。

若是下面的形式:

`Dim sum1,count%` 或 `Dim sum1,count as integer`

则定义了 count 为整型变量,而 sum1 为变体类型变量。

②变量一旦被声明,Visual Basic 自动对各类变量进行初始化。数值变量为 0,字符型变量为空串,Variant

变量为 Empty，布尔型变量为 False，日期型变量为 00:00:00。

2. 隐式声明

所谓隐式声明是指在程序中直接使用未声明的变量，变量类型默认为 Variant 型。

采用隐式声明似乎很方便，但会遇到因为变量名输入错误，导致程序运行结果不正确的错误，这种错误初学者很难查找；另外，过多使用 Variant 型变量会降低程序效率。因此，使用变量时最好养成先声明后使用的良好习惯。

值得一提的是：Visual Basic 中可以强制规定每个变量都要经过显式声明才可使用，即强制显示声明，当遇到一个未经声明的变量时，会自动发出错误警告。为实现强制显示声明，可在窗体的通用声明段或标准模块的声明段中，加入强制声明语句：

```
Option Explicit
```

强制声明语句也可以执行“工具”菜单中的“选项”功能项，单击“编辑器”选项卡，选择“要求变量声明”复选框，如图 2-3 所示。这样 Visual Basic 系统会在新建的类模块、窗体模块或标准模块的声明段中，自动加入 Option Explicit 语句。

注意：Visual Basic 中的变量按其作用范围分为全局变量、模块级变量和过程级变量，至于一个变量应声明为哪种范围的变量，取决于变量声明语句的位置和声明关键字，这些知识将在本书的第 6 章详细介绍。

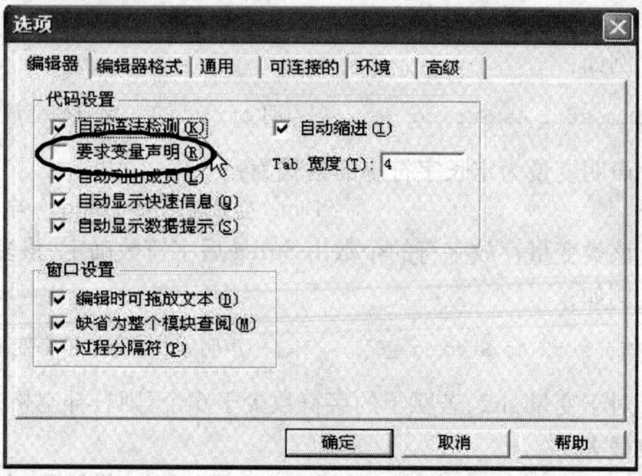

图 2-3　强制显示声明变量窗口

2.5　内部函数

在程序设计中常常要进行一些专门的运算，如数值计算中求 $\sin x$，$\cos x$，$|x|$ 等，Visual Basic 提供了一系列函数来完成这些运算，用户不必编写完成这些功能的程序代码，而只需给出函数名以及参数（自变量），就可以返回一个结果值（函数值），极大地方便了用户，提高了编程的效率。内部函数的调用格式为：

函数名(参数表)

Visual Basic 内部函数非常丰富，常用函数可以分为：数学运算函数、字符串编码及操作函数、随机函数、格式输出函数、转换函数、日期和时间函数等类型。

2.5.1　数学运算函数

数学运算函数用于各种数学运算，常用数学运算函数如表 2-2 所示。

表 2-2　常用数学运算函数

函数名	含　义	调用实例	结　果
Abs(x)	取绝对值	Abs(-6.7)	6.7
Sqr(x)	平方根	Sqr(4.0)	2
Sin(x)	正弦值	Sin(0.5)	0.479
Cos(x)	余弦值	Cos(0.5)	0.876
Tan(x)	正切值	Tan(0.5)	0.546
Exp(x)	以 e 为底的指数函数，即 e^x	Exp(0.5)	1.649
Log(x)	以 e 为底的自然对数	Log(0.5)	-0.693
Rnd[()]	产生随机小数	Rnd()	0~1 之间的小数
Sgn(x)	符号函数	Sgn(-3.5)	-1
Int(x)	取整函数	Int(-3.5)	-4
Fix(x)	截尾函数	Fix(-5.16)	-5
Round(x,n)	四舍五入保留 n 位小数	Round(1.2346,3)	1.235

注：本表中正弦值、余弦值、正切值、指数函数 e^x、自然对数的计算结果只给出三位小数。

为了便于学习，对数学运算函数做如下说明：

(1)函数名是 Visual Basic 的关键字，调用函数时一定要书写正确，"参数"应在函数有意义区间内取值，如平方根函数 Sqr(x)中的 x 不能为负，正切函数 Tan(x)中的 x 不应取 π/2 和 -π/2。否则会出现如图 2-4 所示错误提示。

图 2-4　非法调用函数时的出错提示

(2)三角函数中参数 x 应为弧度，遇到角度必须转换为弧度，如 sin(45°)应写成 sin(3.14/180 * 45)。

(3) Int(x)为取整函数，取不大于 x 的最大的整数，如 Int(-6.7)结果为 -7，Int(6.7)结果为 6；Fix(x)为截尾函数，如 Fix(-6.7)结果为 -6，Fix(6.7)结果为 6。

(4)Rnd()产生 0~1 之间的随机小数，调用时可以为 Rnd()、Rnd 等形式。该函数与取整函数或截尾函数配合，可产生任意范围内的随机整数。如表达式 Int(Rnd * (b - a + 1)) + a 产生[a,b]之间的随机整数。如：

```
Int(100 * Rnd())            '得到[0,99]之间的随机整数
Int(21 * Rnd + 30)          '得到[30,50]之间的随机整数
```

需要强调的是：Rnd()函数的运算结果取决于被称为随机种子(Seed)的初始值。默认的情况下，每次运行时随机种子初始值是相同的，这样 Rnd 函数将产生相同序列的随机数。为使每次运行时产生不同序列的随机数，可先执行 Randomize 语句，改变随机种子初始值。

(5)Sgn(x)为符号函数，当 x 为正数时，函数值为 1；当 x 为负数时，函数值为 -1；当 x 为 0 时，函数值为 0。

2.5.2　字符串编码及操作函数

Visual Basic 具有强大的字符串处理能力，常用的字符串操作函数如表 2-3 所示。

表 2-3 Visual Basic 字符操作函数

函数名	说明	举例	结果
Ltrim(x)	去掉字符串 x 前导空格	Ltrim("□□□123 ")	"123"
Rtrim(x)	去掉字符串 x 后置空格	Rtrim("123□□□")	"123"
Trim(x)	去掉字符串 x 两侧的空格	Trim("□1□23□")	"1□23"
Left(x,n)	取字符串 x 左边 n 个字符	Left("abcd",3)	"abc"
Right(x,m)	取字符串 x 右边 m 个字符	Right("abcd",2)	"cd"
Mid(x,n,m)	从字符串中间第 n 个字符开始向右取 m 个字符	Mid("abcd",2,1)	"b"
Len(x)	返回字符串包含字符的个数	Len("中国□ok")	5
LenB(x)	返回字符串所占的字节数	LenB("中国□ok")	10
Instr([n1],c1,c2)	在字符串 c1 中从 n1 开始找字符串 c2 的位置,若省略 n1 就从头开始找,找不到为 0	Instr(2,"efab","ab")	3
Space(n)	产生 n 个空格的字符串	Space(3)	"□□□"
String(n,c)	产生由 n 个由 c 中第一个字符构成的字符串	String(3,"abcdef")	"aaa"

注:表 2-3 中的"□"表示空格。

2.5.3 转换函数

常用的 Visual Basic 转换函数如表 2-4 所示。

表 2-4 Visual Basic 转换函数

函数名	功能	实例	结果
Lcase(c)	大写字母转换为小写字母	Lcase("Xyz")	"xyz"
Ucase(c)	小写字母转换为大写字母	Ucase("Xyz")	"XYZ"
Str(n)	将数值型数据 n 转换为字符型	Str(123.45)	"□123.45"
		Str(-123.45)	"-123.45"
Val(c)	将字符 c 转换为数值型	Val("123.45")	123.45
Asc(c)	返回字符串 c 中第一个字符的 ASCII 值	Asc("abcd")	97
Chr(n)	返回 ASCII 值为 n 所对应的字符	Chr(65)	"A"

注意:

(1)在使用 Str 函数时,当被转换的数据为正数时,符号"+"显示为一个空格。

(2)Val 函数转换原则是:从左向右转换,直到遇到非数值型数据为止。

以下运算可以在 Visual Basic 立即窗口中执行(Visual Basic 中"?"可以代替 Print,下同):

```
? Val("123.4")        '结果为123.4
? Val("A123")         '结果为0
? Val("12.34e20")     '结果为1.234E+21,e 为单精度类型科学记数表示符
```

2.5.4 格式输出函数

格式输出函数 Format 可以使数值或日期按指定的格式输出,一般格式为:

Format(数值或日期表达式,格式字符串)

该函数的功能是:按"格式字符串"指定的格式输出"数值或日期表达式"。如果省略"格式字符串",则 Foramt 函数的功能与 Str 函数基本相同,但把正数转换成字符串时,Str 函数在字符串前留有一个空格,而 Foramt 函数则不留空格。在 Foramt 函数中"格式字符串"包括的格式说明字符,如表 2-5 所示。

表 2-5 格式说明字符

字 符	作 用
#	数字:不在前面或后面补 0
0	数字:在前面或后面补 0
.	指定小数点位置
,	千位分隔符
%	百分比符号
E+/E-	指数符号
其他字符	原样输出

(1)"#" 表示一个数字位。"#"的个数决定了显示区段的长度,如果要显示的数值位数小于格式字符串指定的区段长度,则该数值靠区段的左端显示,多余的位不补 0。如果要显示的数值位数大于指定的区段长度,则数值照原样显示。

(2)"0" 与"#"功能相同,只是多余的位以"0"补齐。

(3)"." 显示小数点位置,小数部分多余的数字按四舍五入处理,例如:

```
? format(1234.56,"00000.000")          结果:01234.560
? format(1234.56,"#####.###")          结果:1234.56
? format(1234.56,"###.#")              结果:1234.6
```

(4)"," 用于从小数点左边第一位开始,每 3 位用一个逗号分开。逗号可以放在小数点左边除头部和紧靠小数点位以外的任何位置。例如:

```
? format(123456.789,"##,#.##")      结果:123,456.79
? format(123456.789,"#,##.##")      结果:123,456.79
? format(123456.789,",###.##")      结果:,123456.79(逗号原样输出)
? format(123456.789,"###,.##")      结果:123.46(输出错误)
```

(5)"%" 通常放在格式字符串尾部,用来输出百分号,同时对数值乘 100。例如:

```
? format(0.123,"00.00% ")         结果:12.30%
```

(6)"E+/E-" 用于将数值按指数形式输出,两者作用基本相同。例如:

```
? format(12345.678,"0.00e+00")       结果:1.23e+04
? format(12345.678,"0.00e-00")       结果:1.23e04
```

(7)"其他符号" 在格式字符串中被原样输出。例如:

```
? format(02987091234,"000-0000-0000")          结果:029-8709-1234
```

2.5.5 日期和时间函数

常用的日期时间函数,如表 2-6 所示。

表 2-6　日期和时间函数

函数	功　能	示　例	结　果
Now	返回系统日期和时间	Now	2013－4－4 12:04:41
Date	返回当前日期	Date	2013－4－4
Day	返回月中第几天	Day(Now)	4
Weekday	返回一周内的第几天	Weekday(Now)	5(注:从周日算起)
Month	返回日期中的月份	Month(Now)	4
Year	返回年份	Year(Now)	2013
Hour	返回小时	Hour(Now)	12
Minute	返回分钟	Minute(Now)	04
Second	返回秒	Second(Now)	41
Time	返回当前时间	Time	12:04:41
DateDiff	返回两个日期之间的间隔		

注:当天是 2013 年 4 月 4 日。

其中 DateDiff 格式:

Datediff(间隔的日期形式,日期 1,日期 2)

间隔的日期形式可以有以下选择:

yyyy:年　　ww:星期

q:季　　h:小时

m:月　　n:分

d:日　　s:秒

例如:在立即窗口中输入:`? Datediff("d",#03/25/1970#,Now)`可得到今天与 1970 年 3 月 25 日之间间隔的天数。

例 2-1　制作一个电子日历,包括年、月、日、星期及当前时间。

设计界面:

在窗体上添加 Frame 控件(Frame1),并在其中添加 3 个 Label 控件(Label1、Label2、Label3),然后再在窗体上添加 Label 控件(Label4)和 Timer 控件(Timer1)各一个,如图 2-5a 所示。各对象属性设置如表 2-7 所示。

表 2-7　例 2-1 各对象的属性设置

对象名称	属性名	属性值
Form1	Caption	电子日历
4 个 Label	Caption	空
4 个 label	Autosize	True
Label1、Label3、Label4	Font	二号、粗体
Label2	Font	72、加粗
Frame1	Caption	空
Timer1	Interval	1000

编写代码:

```
Private Sub Timer1_Timer()
  cur_year = Year(Date)                    '获取年份
```

```
    cur_month =Month(Date)                                  '获取月份
    cur_day = Day(Date)                                     '获取日
    cur_weekday = "星期"& Choose(Weekday(Date),"日","一","二","三","四","五", "六")
                                                            '获取星期
    Label1.Caption =cur_year & "年" & cur_month & "月"      '显示年月
    Label2.Caption = cur_day                                '显示日
    Label3.Caption = cur_weekday                            '显示星期
    Label4.Caption = Time                                   '显示时间
  End Sub
```

运行结果如图 2-5b 所示。

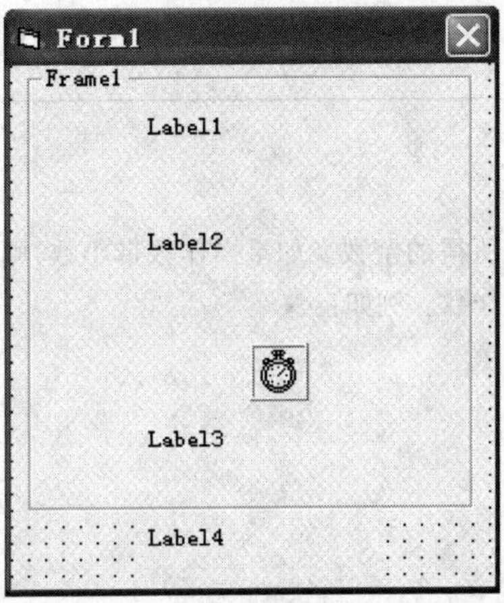

图 2-5a　“电子日历”设计界面

图 2-5b　“电子日历”运行结果

例题中的计时器控件用于在程序运行过程中间隔固定时间产生 Timer 事件，有两个重要的属性：Interval 属性用于设置间隔时间，单位为毫秒，本例中设置为 1000，即要求每隔 1 秒触发一次 Timer 事件，运行一次 Timer 事件代码；Enabled 属性用于设置计时器在程序运行过程中是否起作用，当值为 True 时，控件有效，当值为 False 时，控件不起作用。

2.6　表达式

运算是对数据进行加工的过程，描述各种不同运算的符号称为运算符，参与运算的数据称为操作数。表达式用来表示某个求值规则，它由关键字、运算符、常量、变量、函数和配对的圆括号等要素以合理的形式组合而成。在 Visual Basic 中，有四种类型的表达式，分别为算术表达式、字符串表达式、关系表达式和布尔表达式。关系表达式和布尔表达式也统称为条件表达式。

2.6.1　算术表达式

算术表达式也称为数值型表达式，由算术运算符、数值型常量、变量、函数和圆括号组成，其运算结果为一数值。

1. 算术运算符

Visual Basic 的算术运算符,如表 2-8 所示。

表 2-8　Visual Basic 的算术运算符

运算符	含义	实例	结果
^	乘方	n^2	9
-	负号	-n	-3
*	乘	n * n	9
/	除	10/n	3.3333333333333
\	取整	10\n	3
Mod	取模	10 Mod n	1
+	加	10 + n	13
-	减	10 - n	7

注:表中 n 的值为 3。

注意:

(1)Mod 用于求余数,其结果为第一个操作数整除第二个操作数所得的余数。如果操作数带小数,则首先被四舍五入为整数,然后取余数。运算结果的符号取决于第一个操作数。例如:

```
10 Mod 4           '结果为2
25.68 Mod 6.99     '先四舍五入再求余数,结果为5
11 Mod -4          '结果为3
-11 Mod 5          '结果为-1
-11 Mod -3         '结果为-2
```

(2)运算符"/"表示除法运算;运算符"\"表示整除运算,结果为整数。

例 2-2　设计程序,实现静态图片动画播放效果。

设计界面:

在窗体上添加一个 Image 控件(Image1)、一个 Command 控件(Command1)控件、一个 Timer控件(Timer1),如图 2-6a 所示。各对象属性设置如表 2-9 所示。

表 2-9　例 2-2 各对象的属性设置

对象名称	属性名	属性值
Form1	BackColor	白色
Timer1	Enabled	True
Timer1	Interval	50
Timer1	Tag	0
Command1	Caption	暂停

编写代码:

```
Private Sub Command1_Click()
  If Command1.Caption = "暂停" Then
    Command1.Caption = "开始"
    Timer1.Enabled = False
  Else
```

```
    Command1.Caption = "暂停"
    Timer1.Enabled = True
  End If
End Sub
Private Sub Timer1_Timer()
  Image1.Picture = LoadPicture("D:\动画\bird"& Timer1.Tag&".jpg")
  Timer1.Tag = Timer1.Tag + 1
  Timer1.Tag = Timer1.Tag Mod 14
End Sub
```

运行效果如图2-6b所示。

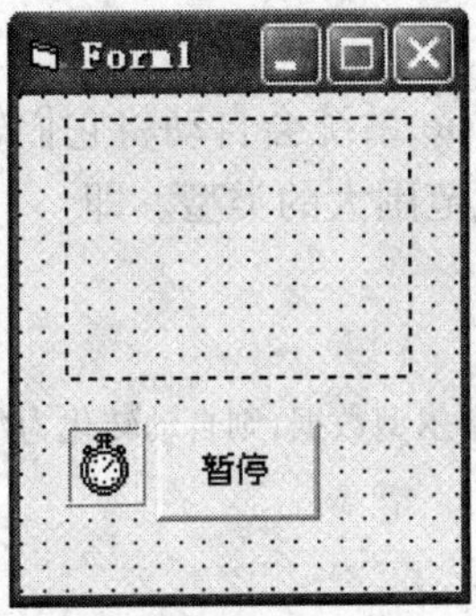

图2-6a　例2-2设计界面

图2-6b　例2-2效果截图

注意:本例中用到的图片请提前存放在D盘下"动画"文件夹中。

本例中用到了计时器控件的Tag属性(见第1章表1－1),初始值存储的是0,每一次触发计时器时,该属性值通过语句"Timer1. Tag = Timer1. Tag + 1"被修改一次,逐次加1,在Tag属性值被修改的同时,通过语句"Timer1. Tag = Timer1. Tag Mod 14"进行对14求余运算,使得Tag属性值在0～13之间变化。再通过语句"Image1. Picture = LoadPicture("D:\动画\bird" & Timer1. Tag & ". jpg")"依次调用存储于D盘文件名分别为bird0. jpg～bird13. jpg的静态图片,由此产生动画效果。

2. 算术表达式书写规则

算术表达式与数学中的代数式写法有所区别,在书写时应特别注意:

(1)所有字符必须写在同一行上,遇到分式写成除法的形式,上标写成乘方或指数形式,下标写成下标变量的形式。例如,2^3要写成2^3,$\frac{x+b}{y+d}$要写成$(x+b)/(y+d)$,分子和分母加括号,目的是不改变运算顺序。

(2)一律用小括号"()",并且必须配对。如代数式$3[x+2(y+z)]$要写成$3*(x+2*(y+z))$。

(3)乘号不能省略,如xy要写成$x*y$,$3\sin(x)$要写成$3*\sin(x)$。

(4)尽量使用标准函数,如$\sqrt{x}$要写成$sqy(x)$,最好不要写成x^(1/2)。

Visual Basic算术表达式书写实例如表2－10所示。

表 2-10 Visual Basic 算术表达式实例

数学表达式	Visual Basic 表达式	
	错误写法	正确写法
$a\times(-b)$	a * -b	a * (-b)
$(a\cdot b)^3$	a * b^3	(a * b)^3
sin6t	Sin(6t)	sin(6 * t)
$a\cdot e^x$	a * e^x	a * exp(x)
$\dfrac{1+3a}{b+\dfrac{c}{d+e}}$	1 +3 * a/b + c(d + e)	(1 +3 * a)/(b + c/(d + e))
sin45°	sin(45 * π/180)	sin(45 * 3.14/180)

3. 不同数据类型的转换

如果参与运算的两个数值型数据为不同类型,Visual Basic 系统会自动将它们转化为同一类型,然后进行运算。转换的规律是将范围小的类型转换成范围大的类型。即

Integer→Long→Single→Double

但当 Long 型与 Single 型数据运算时,结果为 Double 型。

注意:算术运算符一侧为数值型数据,另外一侧为数字字符串或布尔型数据,则自动转化为数值型后再进行运算。

例如:

```
? 30 - True            '结果为31,布尔型 True 转化为数值 -1,False 转化为数值 0
? 10 + "4"             '结果为14,数字字串"4"转化为数值 4
```

4. 算术运算符优先级

在一个表达式中可能包括多个运算符,这就要确定各运算符的优先顺序问题。算术运算符的优先顺序可表示如下:

( ) → 函数 → ^ → *,/ → \ → Mod → +,-

例如:-8 +3 * 5 mod 2^6\5 * (sin(0) -8)的运算顺序和分步运算结果如下:

(1)求函数值 sin(0),得 0。

(2)进行 0 -8 运算,得 -8。

(3)进行 2^6 运算,得 64。

(4)进行 3 * 5 运算,得 15。

(5)进行 5 * (-8)运算,得 -40。

(6)进行 64\(-40)运算,得 -1。

(7)进行 15 Mod -1 运算,得 0。

(8)进行 -8 +0 运算,得 -8。

2.6.2 字符表达式

1. 字符运算符

字符串运算符有" + "和"&"两个,它们均可实现将两个字符串首尾相连。使用"&"时应注意,运算符"&"前后都应加空格。

2. 字符表达式

字符表达式是由字符串运算符连接起来的字符串常量、变量、函数所构成的式子,其运算

结果可能为数值型也可能为字符型。

例如:

```
?"VB" + "很棒"          '结果及其类型为:"VB 很棒",字符型
?"VB"& "很棒"           '结果及其类型为:"VB 很棒",字符型
?"12"&34                '结果及其类型为:"1234",字符型
?"12" +34               '结果及其类型为:46,数值型
```

3. 运算过程中的类型转化

(1)" + "连接符　当两边的操作数均为字符型时,做字符串连接运算;当两边的操作数均为数值型时,做算术运算;当一个为数字字符串,另一个为数值型,则自动将数字字符串转化为数值,然后做算术运算;当一个为非数字字符串,另一个为数值型,则会弹出对话框,提示出错信息为"类型不匹配"。例如:

```
?"123" +321             '先将"123"转化为 123,后作加法运算,结果为 444
?"123" + "321"          '类型一致,结果为"123321"
?"a123" +321            '出错
```

(2)"&"连接符　无论连接符两旁是字符型数据还是数值型,进行连接操作之前,系统先将操作数转换成字符型,然后再连接。

```
?"123" & 321            '运算结果为"123321"
?"123" & "321"          '类型一致,结果为"123321"
?"a123" & 321           '运算结果为"a123321"
? 12000 + "123" & 100   '运算结果为"12123100,前 2 项做加法运算后与第 3 项做字符连接运算"
```

2.6.3　关系表达式

关系表达式用于对两个同类型表达式的值进行比较,比较的结果为布尔值 True(真)或 False(假)。如 a > b,4 > 7,"ab" < "abc"都是合法的关系表达式。由于它常用来描述一个给定条件,故也称为"条件表达式"。

1. 关系运算符

Visual Basic 提供的常用关系运算符有 6 种,如表 2-11 所示。

表 2-11　Visual Basic 中的关系运算符

关系运算符	含义	相当于数学符号
=	等于	=
>	大于	>
<	小于	<
> =	大于或等于	≥
< =	小于或等于	≤
< >	不等于	≠

2. 表达式组成

关系表达式的格式为:

〈表达式 1〉〈关系运算符〉〈表达式 2〉

其中:表达式 1 与表达式 2 为比较对象,二者应该类型相同。如:

```
? 5 * 4<20                         '运算符两边为数值,比较结果为 False
?"a" = "b"                         '运算符两边为字符串,比较结果为 False
? #12/12/1999# > #12/12/1998#      '运算符两边为日期型数据,比较结果为 True
```

3. 比较规则

可以看出,关系运算符都是单独出现的,因此不存在优先级问题。关系表达式的运算顺序为:先计算关系运算符两侧表达式的值,然后进行比较运算,运算的结果为布尔型。数据类型不同,比较的规则也不一样,比较规则如下:

(1)数值型数据按其数值大小进行比较。

(2)日期型数据将日期看成"yyyymmdd"格式的 8 位整数,按数值大小比较。

(3)汉字字符按其机内码的大小比较。

(4)单个字符按其 ASCII 码值大小比较。

(5)字符串是将这两个字符串从左到右逐个字符相比,如果两个字符串长度相等,对应位置的字符也完全相同,则这两个字符串相等;否则,以第一次出现的不同字符的比较结果为准,如"THEN"和"THAT"前两个字符相同,第 3 个字符"E" > "A",所以"THEN"大于"THAT",而与第 4 个字符无关。字符串的大小与字符串的长度无关。

常见字符按由小到大的顺序排列如下:

空格 < "0" < "1" < "2"… < "9" < "A"… < "Z" < "a"… < "z"。

2.6.4 布尔表达式

关系表达式只能表示一个条件,即简单条件,如"$x>0$"代表了数学表达式"$x>0$",但时常会遇到一些比较复杂的条件,如"$0<x<5$",它实际上是"$x>0$"和"$x<5$"两个简单条件的组合,可以把它看作一个"复合"条件。布尔表达式就是用来表示"非…"、"不但…而且…"、"或…或…"等复杂条件的。

1. 布尔运算符

用来对布尔型数据进行各种布尔操作的运算,Visual Basic 中常用的布尔运算符如表 2-12 所示。

表 2-12 Visual Basic 常用的布尔运算符

运算	布尔运算符
非	Not
与	And
或	Or

布尔运算的优先级由高到低顺序为:Not→And→Or。

2. 布尔表达式

布尔表达式一般格式为:

<布尔量> <布尔运算符> <布尔量>

Visual Basic 中的布尔量可为布尔常量、布尔变量、布尔函数和关系表达式四种。布尔表达式的运算结果仍为布尔型数据，即 True 或 False。

设 A 和 B 是两个布尔型数据，布尔运算返回的结果如表 2-13 所示。

表 2-13　布尔运算真值表

A	B	Not A	A And B	A Or B
True	True	False	True	True
True	False	False	False	True
False	True	True	False	True
False	False	True	False	False

布尔运算符最常用的是 Not、And、Or。Not 为单目运算符，用于对布尔值取反；如果有多个条件作 And 运算，只有所有条件均为真，运算结果才为真，只要有一个为假，结果就为假；如果有多个条件作 Or 运算，只要有一个为真，运算结果就为真，只有全部为假时，结果才为假。

例如：写出下面满足条件的布尔表达式。

(1)某单位要选拔年轻干部，必须同时满足年龄小于等于 35 岁、职称为高级工程师、党派为中共党员三个条件，用布尔表达式可表示为：

```
年龄 < =35  And  职称 = "高级工程师"  And  党派 = "中共党员"
```

这里若用“Or”连接三个条件，该单位的选拔条件变化为，只要满足上述条件之一，便是符合条件的人选。

(2)x 是 5 或 7 的倍数　　　　可写成：x Mod 5 = 0 Or x Mod 7 = 0

(3)|x| ≠0　　　　　　　　可写成：Not Abs(x) = 0，也可写成 Abs(x) < > 0

3. 布尔表达式运算顺序

一个布尔表达式中可能包含有算术运算、关系运算和布尔运算，例如：

```
a < 0  And  a + c   >  b + d  Or  Not  True
```

它们的运算次序如下：

(1)先计算算术表达式的值，运算顺序参考本章 2.5.1。

(2)再求关系表达式的值，运算顺序按照从左向右运算的原则。

(3)最后进行布尔运算，运算顺序为 Not→And→Or。

2.7　语句

程序是计算机要执行的一组操作指令的集合，而高级语言源程序的基本组成单位是语句。Visual Basic 中的语句是由关键字、对象属性、运算符、常量、变量、函数以及能够被 Visual Basic 系统识别符号构成。

2.7.1　Visual Basic 语句书写规则

在学习程序设计之前，必须了解 Visual Basic 语句的书写规则，这样写出的程序既能被

Visual Basic 系统正确地识别,又能增加程序的可读性。Visual Basic 语句书写规则如下:

(1)一行可写多条语句,语句间用“:”号隔开。

(2)一条语句可分为若干行书写,但需在行末加续行符“_”(一个空格和一个下画线组成),但不能从一个字符串中间断开。

(3)一个语句最多允许书写 255 个字符。

(4)变量名不区分大小写。

2.7.2 赋值语句

使用赋值语句可以把指定的值赋给某个变量,或修改对象的某个属性值。赋值语句有如下两种格式:

格式 1:**变量名 = 表达式**

格式 2:**对象名.属性名 = 表达式**

其中“=”是赋值号。格式 1 用于给变量赋值,格式 2 用于修改对象的属性值。

赋值语句的执行过程是:先计算右边表达式的值,再赋给左边的变量或对象的属性。使用赋值语句应注意以下问题。

1. 语句格式的问题

(1)赋值号左边只能是变量名,不能是函数或表达式。

以下形式的赋值语句就是错误的:

```
cos(x) = y
5 = y
x + 3 = y
```

(2)“=”为赋值号,而不是数学上的等号。

例如:依次执行 x = 1 和 x = 3 两个语句后,变量 x 的值为 3,最后一次赋值的值就是变量的值,将“=”理解为数学上的等号,结果将是不成立的。

请大家深入理解三个重要模型:

```
n = n + 1        '将当前变量 n 的值加 1 后再赋给变量 n(计数器)
s = s + x        '将当前变量 s 的值加 x 后再赋给变量 s(累加器)
f = f * i        '将当前变量 f 的值乘 i 后再赋给变量 f(累积器)
```

这些形式在数学上都是不成立的,但在程序设计中却是合法且非常重要的语句。

(3)不能在同一个赋值语句中为多个变量赋值。

如要对 x,y,z 三个变量赋初值均为 1,则必须分别赋值,如写成 x = 1:y = 1:z = 1 的形式,不能写成 x = y = z = 1 的形式。

(4)变量之间的赋值与交换变量值不是一回事情。

理解如下程序段的作用与功能:

```
x = 2:y = 3:x = y
Print x,y
```

程序运行后,x 和 y 的值均为 3;若将语句 x = y 换为 y = x,则运行结果为 x 和 y 的值均为

2。x = y 是将变量 y 的值赋给变量 x,y = x 是将变量 x 的值赋给变量 y。

若将变量 x 和 y 交换数据,使用"x = y"和"y = x"是不行的,必须引入第三个变量,方法如下:

```
t = x:x = y:y = t
```

通过第三个变量的"二传"作用,达到变量 x 和 y 交换数据的目的。这就好比将磁带 A 和 B 的歌曲交换,必须借助第三个空白磁带一样。

2. 数据类型的问题

赋值号左边变量类型与右边表达式类型不一致的情况,通常有如下几种情形:

(1)两边均为数值型,而类型不同时,以变量类型为准。例如:语句"a =4.12",如果变量 a 为整型,则运行该语句后变量 a 获得的值为4。

(2)当变量为数值型,而表达式为数字字符串,则自动转换成数值型再赋值。当表达式中有非数字字符或是空字符串时,出现"类型不匹配"的提示信息。

(3)当变量为数值型,而表达式为布尔数据型时,Visual Basic 系统自动将 True 转换成 -1,False 转换成 0,反之,数值型数据赋给布尔型变量时,Visual Basic 系统自动将非 0 转换为 True,0 转换成 False。

(4)任何非字符型赋值给字符型变量,均自动转换为字符型。

2.7.3 结束语句

通常用来结束一个程序的执行,其格式为:

```
End
```

End 语句提供了一种强行中止程序的方法。Visual Basic 程序正常结束应该卸载所有的窗体。只要没有其他程序引用该程序公共类模块创建的对象并无代码执行,程序将立即关闭。

2.7.4 注释语句

使用注释是提高程序可读性很好的方法,通过使用注释语句来说明某段代码的作用或声明某个变量的目的。对语句进行注释的方法是以 Rem 或英文方式下的单引号(')开头,后跟被注释语句。如以下两行功能相同。

```
Rem 显示计算结果          '显示计算结果
```

二者的区别是前者必须单独成一行,而后者可以单独成行,也可以出现在一个语句的末尾。例如:

```
Dim x As Integer          '声明 x 为整型变量
```

注释语句是给程序员之间交流使用的,不会对程序的运行产生任何影响,好的程序应该是有详细注释的程序。

◎教学小结

本章涉及了数据类型、变量及其定义、函数及其使用、表达式及其写法、语句及格式等问题,教师讲授和学生学习都会感到抽象、枯燥,但本章又是 Visual Basic 程序设计的基础,应该引起足够的重视。

(1)Visual Basic 有丰富的数据类型、内部函数和多种形式的表达式,要做到全部熟记并掌握是有一定困难的。建议:对于数据类型先重点掌握数字型、字符型等常用数据类型;对于内部函数以数学运算函数和字符函数为主;对于表达式先掌握算术表达式,关系表达式和布尔表达式还可在控制结构中深入。

(2)赋值语句是最常用的语句之一,改变变量的值、对象属性的值均可通过赋值语句实现;END 语句是程序运行结束的出口语句;注释语句有利于提高程序的可阅读性,初学者一开始就应养成良好的程序书写习惯。

(3)建议可在立即执行窗口中使用 Print 输出函数的值、表达式的运算结果,以便熟记函数的调用格式和表达式的运算等。

◎习题

一、选择题

1. 下面________是合法的变量名。

(A)X_yz　　(B)123abc　　(C)Integer　　(D)X - Y

2. 下面________是合法的字符串常量。

(A)ABC $　　(B)" ABC"　　(C)' ABC '　　(D)ABC

3. 下面________是合法的单精度型变量。

(A)num!　　(B)sum%　　(C)xinte $　　(D)mm#

4. 表达式 16/4 - 2^5 * 8/4Mod 5\2 的值为________。

(A)14　　(B)4　　(C)20　　(D)以上均错

5. 与数学表达式$\frac{ab}{3cd}$对应,Visual Basic 不正确的表达式是________。

(A)a * b/(3 * c * d)　　(B)a/3 * b/c/d

(C)a * b/3/c/d　　(D)a * b/3 * c * d

6. Int(198.555 * 100 + 0.5)/100 的值为________。

(A)198　　(B)199.6　　(C)198.56　　(D)200

7. 已知 A $ = "12345678",则表达式 Val(Left $ (A $,4) + Mid(A $,4,2))的值为________。

(A)123456　　(B)123445　　(C)8　　(D)6

8. 表达式 LenB("123 程序设计 ABC")的值是________________。

(A)10　　(B)14　　(C)20　　(D)17

9. 表达式 123&Mid("123456",3,2)的值是________。

(A)"1234"　　(B)123　　(C)"12334"　　(D)157

10. 设a = 2,b = 3,c = 4,d = 5,表达式3 > 2 * b or a = c and b < > c or c > d的值是________。

(A) -1　　(B)1　　(C)True　　(D)False

11. 如果将布尔常量值True赋给一个整型变量,则整型变量的值为________。

(A)0　　(B) -1　　(C)True　　(D)False

12. 定义变量但未赋值时,数值型变量的值为________,字符串变量的值为________。

(A)0　　(B)空串""　　(C)Null　　(D)没任何值

13. 假设变量boolVar是一个布尔型变量,则下面正确的赋值语句是________。

(A)boolVar = 'True'　　(B)boolVar = "True"

(C)boolVar = #True#　　(D)boolVar = 3 <4

14. 表达式Val("123.4e -2")的值为________。

(A)123.4e -2　　(B)123.4　　(C)1.234　　(D)非法表达式

15. 用十六进制表示Visual Basic的整型常数时,前面要加上的符号是________。

(A)&H　　(B)&O　　(C)H　　(D)O

16. \,/,Mod,*四个算术运算符中,优先级别最低的是________。

(A)\　　(B)/　　(C)Mod　　(D) *

17. 下面逻辑表达式的值为真的是________。

(A)"A" > "a"　　(B)"9" > "a"

(C)"That" > "Thank"　　(D)12 >12.1

18. 条件:1 < X < = 2或10 < = X < 15,在Visual Basic语言中应写成条件表达式________。

(A)X >1 AND X < =2 OR X > =10 AND X <15

(B)X >1 OR X < =2 OR X > =10 OR X <15

(C)X >1 OR X < =2 AND X > =10 OR X <15

(D)X >1 AND X < =2 AND X > =10 AND X <15

19. Print Format ("HELLO", " <") 的输出结果是________。

(A)HELLO　　(B)hello　　(C)He　　(D)he

20. 若Y1 = "welcome!",表达式Left(Y1,Len(Y1) -1)的值是________。

(A) "welcome!"　　(B) "w"　　(C) "welcome"　　(D) ""

21. 表达式Int(5 * Rnd +1) * Int(5 * Rnd -1)值的范围是________。

(A)[0,15]　　(B)[-1,15]　　(C)[-4,15]　　(D)[-5,15]

二、判断题

1. 可获得字符ASCII码值的函数为Chr()。

2. 执行Dim X, Y AS Integer语句后,X和Y的默认值均为0。

3. Len("等级考试")和LenB("等级考试")的结果相同。

4. Len("等级考试")和Len("VB考试")的结果相同。

5. X =3,Y =2,Z =1则表达式X > Y > Z的值为真。

6. 若X为奇数,则Not(X Mod 2) 必然为真。

7. Int(-4.5)和 Fix(-4.5)的结果一样。

8. 任意整数 x 十位上的数字可以表示为(x\10) mod 10。

9. Print InStr("Visual Basic", "I")的结果为 0。

10. Len(Str(123) + "123")的结果为 6。

三、按照要求完成下列问题

1. 将下面数学式子转换成 Visual Basic 的算术表达式。

(1)$\dfrac{3a^2+4b^3}{a-b}$　　(2)$\dfrac{\dfrac{6\sin(x+y^2)}{140}}{3+a}$　　(3)$e^x+\dfrac{\ln 10}{\sqrt{x+y+1}}$

2. 将下面的条件写成 Visual Basic 的布尔表达式。

(1)$x>y$ 且 $x<2$　　(2) x,y 中只有一个小于 z

(3)a 和 b 同号　　(4)a 和 b 之一为零,但不都为零

3. 熟悉各类常用函数,根据条件写出 Visual Basic 表达式。

(1)随机产生一个"C"~"L"范围内的大写字符。

(2)随机产生一个 100 ~200(包括 100 和 200)范围内的正整数。

(3)表示 x 是 5 或 7 的倍数。

(4)将一个两位数 x 的个位数与十位数对换。如:$x=78$,则表达式的值应为 87。

(5)将变量 x 的值按四舍五入保留小数点后两位,例如,x 的值为 123.2389,表达式的值为 123.24。

(6)取字符串变量 S 中,第 5 个字符起的 6 个字符。

四、简答题

1. Visual Basic 中提供了哪些标准数据类型?声明变量时各类变量的类型符分别是什么?

2. 分别写出字符转换成数值、取子字符串、大小写字母转换的函数。

五、程序设计题

1. 如果你可以活 100 岁,请设计一个生命倒计时程序。

2. 设计一个程序,模拟交通红绿信号灯。(提示:红、黄、绿信号灯图片可以从网上获取)

◎实习指导

1. 实习目的

(1)熟悉 Visual Basic 的各种数据类型。

(2)熟练掌握各种运算符的应用和优先顺序。

(3)掌握各种常用函数的功能、参数和返回值。

(4)掌握立即窗口的使用方法。

2. 实习内容

(1)启动 Visual Basic,在"视图"菜单中运行"立即窗口",光标进入如图 2-7 所示的"立即窗口"中,拖动窗口右下角,可以改变窗口到适当大小。

(2)验证教材中的各个表达式举例,自己设计同类表达式并运算后验证。

(3)仿照教材中的函数示例,自己设计表达式对 Abs、Sqr、Int、Fix、Ltrim、Rtrim、Trim、Left、

Right、Mid、Len、LenB、Instr、String、Lcase、Ucase、Asc、Chr、Val、Now、Date、Day、Week、Day、Month、Year、Hour、Minute、Second、Timer、Time、DateDiff 等函数进行验证，并将验证过程记录下来。

(4)对习题中涉及的表达式先计算再验证，如有差异分析原因并记录验证过程。

(5)设计一个程序，在文本框中输入一个角度，用 4 个标签分别输出其正弦、余弦、正切、余切值。设计界面如图 2-8 所示。

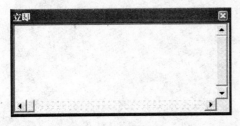

图 2-7　立即窗口

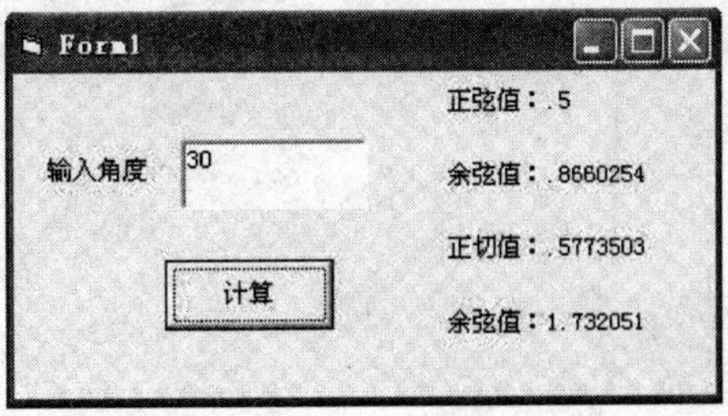

图 2-8　运行效果图

有学生在命令按钮的 Click 事件中写了以下代码，有两类共 7 处错误，请找出并改正。

```
Private Sub Command1_Click()
  Dim x!, a!, b!, c!, d!
  x = Val(Text1.Text)
  Rem 计算
  a = Sinx * 3.1415926 /180
  b = Cosx * 3.1415926 /180
  c = Tanx * 3.1415926 /180
  d = 1 /c
  Rem 显示计算结果
  Label2.Caption = "正弦值:" + a
  Label3.Caption = "余弦值:" + b
  Label4.Caption = "正切值:" + c
  Label5.Caption = "余切值:" + d
End Sub
```

(6)上题代码中多次用到了“3.1415926/180”，是否可以用符号常量代替呢？请改写程序并体会符号常量的作用。

3. 常见错误分析

(1)除函数 Rnd 以外，本章涉及的函数调用都必须加“( )”，将自变量括在“( )”中，例如在前面题目代码中，将 Sin(x * 3.1415926/180)写成 Sinx * 3.1415926/180，由于 Visual Basic 不能识别 Sinx，所以将其认为是一个变量，但前面又没有定义这个变量，所以默认为变体型，进行数值运算时初值为 0，运算结果显示出错。

(2)对运算符功能熟悉，例如前面题目代码中有表达式“"正弦值:" + a”，对于“ + ”运算符，虽然可以进行字符串连接运算，但却不能将非数字字符型常量“"正弦值:"”和单精度变量“a”连结起来，如果必须要连接，可以改写成“"正弦值:" + Str(a)”，即先将单精度变量“a”转换成字符型，再将二者相连。当然，对于这种连接其实不必这么麻烦，可以直接将“ + ”改为

“&”即可，但要注意，在“&”两侧必须有一个以上的空格。

(3)对于布尔表达式的书写，运算符“Not”、“And”、“Or”和与之相连的操作数之间必须要用空格隔开，如“a <0anda + c >0”这种写法 Visual Basic 就不能识别了，正确写法应该是“a <0 and a + c >0”。

第3章 基本控制结构

本章内容提示：使用 Visual Basic 开发应用程序，一般包括界面设计和事件代码设计两个方面的任务。通常用可视化编程技术进行界面设计，用结构化程序设计思想编写事件代码。一个功能相对独立的程序段一般包括三部分，第一部分为变量提供数据（数据输入），第二部分为运算处理，第三部分为结果输出。其中：第一部分是程序运行的基础；第二部分是程序设计的核心，将用到本章所讲述的基本控制结构；第三部分是程序处理结果的"展现"。本章主要介绍基本控制结构：顺序结构、选择结构和循环结构的语法规则、运行过程、注意事项和应用举例。

教学基本要求：掌握三大基本程序控制结构的特点；熟练掌握为变量提供数据和输出数据的基本方法；熟练掌握 If 选择结构、Do While…Loop 和 For…Next 循环结构，并能根据实际需求，正确选择和使用控制结构编写应用程序。

3.1 顺序结构

程序执行的顺序按照语句书写顺序从前向后顺次执行，这种结构称为顺序结构。顺序结构的程序特点是算法简单，只能解决最简单的问题。

例 3-1 已知三角形三边 $a=3,b=4,c=5$，计算三角形的面积。

分析：已经知道三角形三边 a,b,c 的值，可以利用海伦公式来求该三角形的面积。海伦公式为：$S = \sqrt{p(p-a)(p-b)(p-c)}$，其中 $P=(a+b+c)/2$。该任务的算法实现流程如图 3-1 所示，界面及运行结果如图 3-2 所示，程序代码写在命令按钮的 Click 事件中如下：

```
Private Sub Command1_Click()
  Dim a As Integer,b As Integer,c As Integer
  Dim s As Single,p As Single
  a=3:b=4:c=5
  p=(a+b+c)/2                              '求半周长
  s=Sqr(p*(p-a)*(p-b)*(p-c))               '根据海伦公式求面积
  Print  "三角形三边长为:"& a &","& b &","_
  & c &",面积为:"& s
End Sub
```

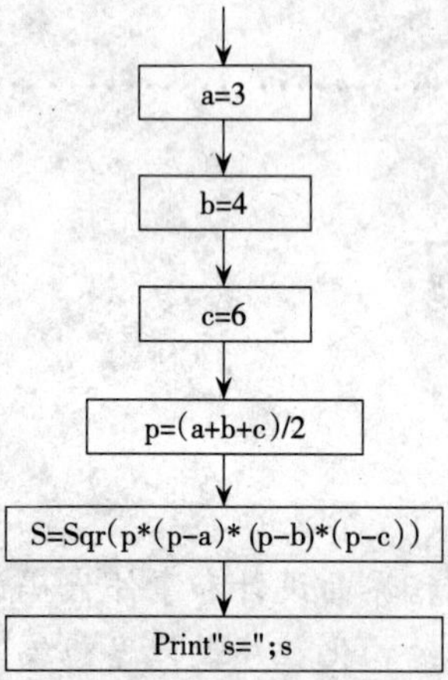

图 3-1　算法实现流程

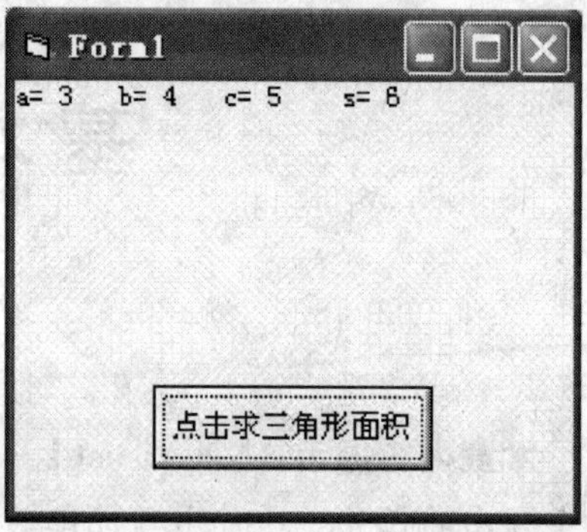

图 3-2　例 3-1 运行结果

3.1.1　输出数据的基本方法

在 Visual Basic 中，输出数据的方法比较多，经常使用的有以下几种方法。

1. 调用窗体或图片框的 Print 方法

前面章节已经介绍了窗体的 Print 方法，图片框控件也支持 Print 方法，其调用格式为：

图片框名 . Print[Tab(n) ;]输出项

如果将例 3-1 的结果输出到图片框控件对象 Picture1 中，仅需要在窗体上添加一个图片框(PictureBox)，在例 3-1 的 Print 方法前加上“Picture1. ”即可，读者可以自己试一下。

2. 利用标签(Label)输出结果

利用标签输出结果是通过标签的 Caption 属性来实现。方法是：将输出内容以字符串的形式，作为标签的 Caption 属性值。当输出信息较多时，还可在输出字符串中加回车 Chr(13)或换行 Chr(10)控制符，使输出效果清晰。

例 3-2　鸡兔同笼问题：笼中饲养鸡和兔子，总头数为 16，总脚数为 40。问笼中鸡和兔子各几只？

分析：设有鸡 x 只，兔 y 只，鸡和兔的总头数为 h，总脚数为 f，根据题意可以写出下面的方程式：

$$\begin{cases} x + y = h \\ 2x + 4y = f \end{cases} \xrightarrow{\text{可推出 } x,y \text{ 的表达式}} \begin{cases} x = \dfrac{4h - f}{2} \\ y = \dfrac{f - 2h}{2} \end{cases}$$

本例中 h 和 f 的值已知，可以使用赋值语句将数据直接写在程序中，输出结果可以通过标签显示出来。

在窗体上添加 1 个标签和 1 个命令按钮，如图 3-3a 所示，标签的 AutoSize 值设置为 True，命令按钮的 Caption 值设置为“计算”，程序代码如下：

```
Private Sub Command1_Click()
  Dim h As Integer,f As Integer,x As Integer,y As Integer
```

```
    f = 40:h = 16
    x = (4 * h - f) / 2
    y = (f - 2 * h) / 2
    Label1.Caption = "若总头数为" & h & ",总脚数为" & f & ",则" & Chr(10) &_
    "鸡有" & x & "只" & "兔有" & y & "只"
End Sub
```

本段代码中，鸡和兔的总头数值预先确定，计算结果（鸡和兔只数）可用具体的表达式表示。结果通过 Label1 输出，输出字符串中加入了一个换行符 Chr(10)实现换行功能，当然也可以用回车符 Chr(13)代替换行符 Chr(10)。运行结果如图 3-3b 所示。

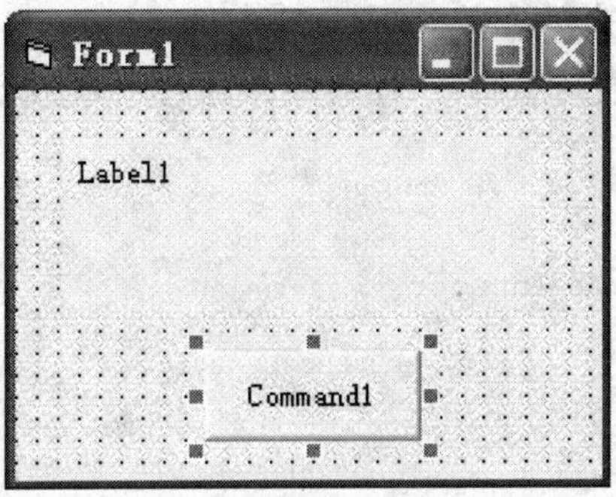

图 3-3a　窗体布局情况

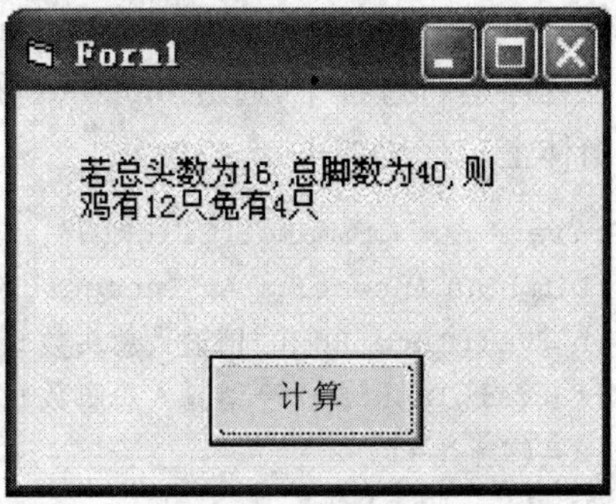

图 3-3b　程序运行结果

同样，利用文本框的 Text 属性和消息对话框 MsgBox 函数等，也可以输出运算结果。

各种应用软件通常把程序处理结果输出到专门的数据文件中，这种方法将在第 7 章介绍。

3.1.2　提供数据的基本方法

在编写程序时，需先定义变量，通过为变量提供数据来保存初始值、中间结果和最终结果。为变量提供数据可能通过赋值语句在写程序时直接赋值、InputBox 函数赋值、从文本框或从文件中读取等四种方法。有关赋值语句的格式、注意事项等问题本书 2.6.2 中已经进行详细说明，在此不再赘述。

如果编写程序之前就已经知道要处理的数据，而且数据量很少，如例 3-1 中的三角形三边和例 3-2 中总头数和总脚数，这样的数据就可以在写代码时直接写到程序中，但一般情况下，程序要处理的数据在编写程序时是无法预先确定的，而是需要在程序运行时通过键盘输入，这种提供数据的方式称为交互式方式。Visual Basic 中交互式提供数据可通过 InputBox 函数、文本框或从文件中读取来实现。

1. 使用 InputBox 函数

InputBox 函数可弹出一个对话框接收用户在程序运行时从键盘输入的值，其常用格式为：

变量 = InputBox(提示信息[,标题][,默认值])

其中：

(1) 变量　用于指定接收输入值的变量。由于该函数接收的是字符型信息，若要接收数值型数据时，可使用 Val( )函数将数字字符串转换成数值型数据。

(2)提示信息　字符串表达式,用于指明在对话框中的提示信息,如果提示信息内容太多需要多行显示时,可在字符串表达式中加回车符 Chr(13)或换行符 Chr(10)控制符。

(3)标题　字符串表达式,指明对话框标题内容,如果没有指明标题,则显示工程名。

(4)默认值　字符串表达式,即当出现对话框时,如果不输入内容而直接回车或单击“确定”按钮时,则将该默认值赋给变量。

使用 InputBox 函数时请注意:

①InputBox 函数的各项参数次序是固定的,除了“提示信息”参数不能省略外,其余参数均可以省略,若要省略中间参数时,必须用逗号将其位置留下。

②InputBox 函数运行后,单击“取消”按钮,变量将得到一个空字符串。

例 3-3　用 InputBox 函数提供数据来求解鸡兔同笼问题。

在程序运行过程中,通过 InputBox 函数接收总头数与总脚数,运算结果通过 Print 方法输出到窗体上。代码如下:

```
Private Sub Command1_Click()
  Dim h As Integer,f As Integer,x As Integer,y As Integer
  h = Val(InputBox("请输入总头数","鸡兔同笼",0))
  f = Val(InputBox("请输入总脚数","鸡兔同笼",0))
  x = (4 * h - f)/2
  y = (f - 2 * h)/2
  Print "若总头数为"& h &";若总脚数为"& f &"则"
  Print "鸡有"& x &"只"
  Print "兔有"& y &"只"
End Sub
```

运行程序,先后出现两个 InputBox 函数对话框,通过键盘分别为 h 和 f 提供数据。由于是在程序运行过程中为变量提供数据,所以比例 3-2 要灵活得多。

2. 使用文本框

在程序运行时为变量提供数据,除了使用 InputBox 函数外,还可以将文本框的 Text 属性值赋给变量,格式为:

变量名 = 对象名 . Text

同 InputBox 函数一样,文本框的值也是字符型数据。在应用中,若要得到数值型数据,可通过 Val 函数将字符型数据转化为数值型数据。

例 3-4　用文本框提供数据来求解鸡兔同笼问题。

设计步骤如下:

(1)界面设计　在窗体上添加 2 个文本框 Text1 和 Text2,3 个标签 Label1、Label2 和 Label3,1 个命令按钮 Command1,如图 3-4a 所示。

(2)属性设置　标签的 AutoSize 值均为 True,文本框的 Text 和 Label3. Caption 为空,Label1. Caption 为"总头数为:",Label2. Caption 为"总脚数为:",Command1. Caption 为"计算"。

程序代码如下:

```
Private Sub Command1_Click()
  Dim f% ,h% ,x% ,y%
```

```
  h = Val(Text1.Text):f = Val(Text2.Text)
  x = (4 * h - f) / 2
  y = (f - 2 * h) / 2
  Label3.Caption = "计算结果:鸡有" & x & "只,兔有" & y & "只"
End Sub
```

程序运行时,Text1 首先获得焦点,等待用户输入总头数,输入完数据后,按 Tab 键或鼠标单击 Text2,使 Text2 获得焦点,输入总脚数,再单击"计算"按钮执行计算程序,计算结果通过 Label3 的 Caption 属性显示出来。运行结果如图 3-4b 所示。

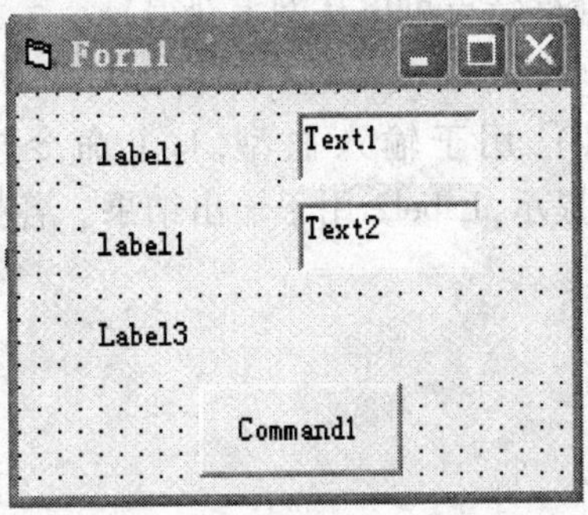

图 3-4a　界面布局

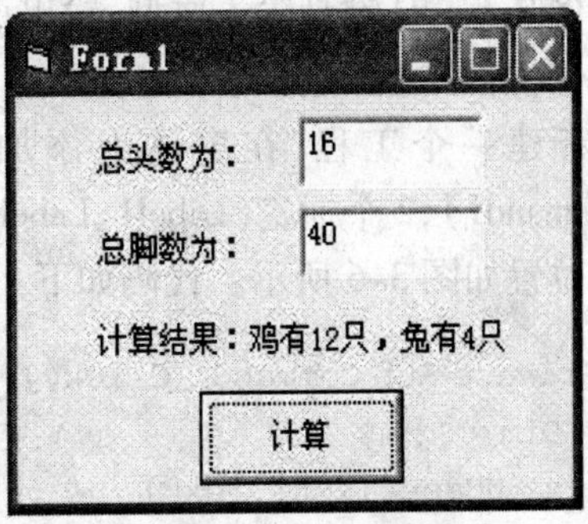

图 3-4b　运行结果

3.2　选择结构

顺序结构执行特点是按语句排列的顺序执行,因此它无法选择或改变程序的执行方向,而选择结构就可以根据条件成立与否,从多个可能的分支中选择执行其中一个分支,并且任何情况下恒有"无论分支多寡,仅能选择其一"的特性。

Visual Basic 中选择结构的形式有 IF 结构和 Select 结构两种。

3.2.1　If 结构

If 结构流程如图 3-5 所示,语法格式如下:

If　<条件 1>　**Then**
　　<语句组 1>
[**ElseIf**　<条件 2>　**Then**
　　<语句组 2>
……
ElseIf　<条件 n>　**Then**
　　<语句组 n>
Else
　　<语句组 n+1>]
End If

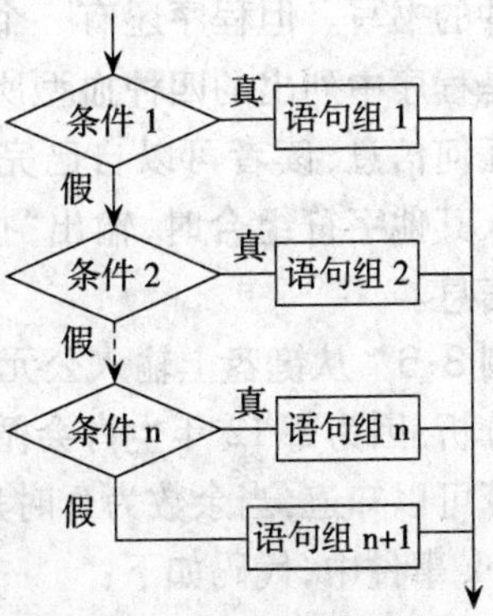

图 3-5　If 多分支结构流程图

执行过程如下:

(1)从上到下依次判断条件,当遇到第一个被满足的条件后,便执行相应的语句组,执行完后执行 End If 的后续语句。也就是说,首先判断第一个条件是否成立,若成立,执行语句组1,再执行 End If 的后续语句;如果条件不成立,判断第二个条件,处理办法同第一个条件,……,依次类推。

(2)若所有条件都不成立,则执行 else 对应的语句组 n+1,最后执行 End If 之后的语句。

注意:

①ElseIf 不能写成 Else If,即 Else 与 If 之间不能有空格。

②当多分支中有多个表达式同时满足时,仅执行第一个满足条件的语句组。

例 3-5 从键盘输入血型,输出该血型的性格特点(性格特点可以从网上获得)。

分析:常规血型分为 A、B、AB、O 型四种,可以建立一个四个分支的选择结构。

新建一个工程,在窗体上添加 1 个文本框(Text1),用于输入血型,1 个命令按钮(Command1),2 个标签(Label1、Label2),Label1 用于输入提示,Label2 用于输出结果。各控件摆放位置如图 3-6 所示。代码如下:

```
Private Sub Command1_Click()
  Dim x $ ,y $
  x = UCase(Text1.Text)
  If x = "O"Then
    y = "O 型血人意志坚强、充满自信、富于理智、思路清晰、遇事冷静、精力充沛、有实干能力"
  ElseIf x = "AB" Then
    y = "AB 型血人的长处是思想敏锐、观察仔细、热心、认真、富于同情心和自我牺牲精神、善于反省"
  ElseIf x = "B" Then
    y = "B 型血人恬淡、快活、积极、敏感、开朗、喜欢交际、热情、乐天、活跃"
  ElseIf x = "A" Then
    y = "A 型血人的优点是温顺、慎重、细心、谦让、自省、感情丰富、有同情心、牺牲精神、融和性、忧郁"
  End If
  Label2.Caption = y
End Sub
```

当输入"a"时,运行结果如图 3-6 所示。

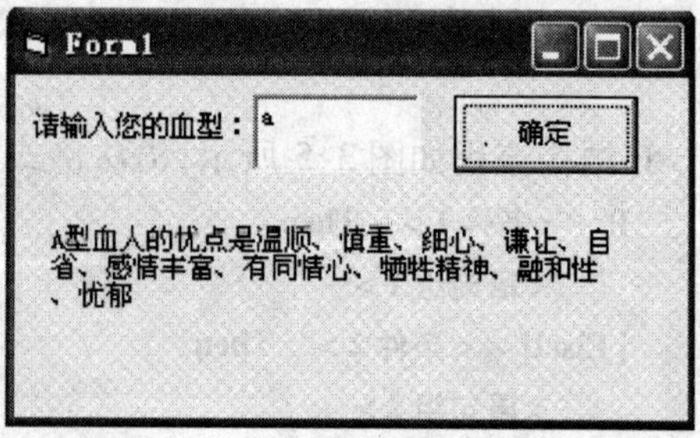

图 3-6 程序运行结果

程序中用到了 UCase 函数,其功能是将输入的小写字母转换为大写字母,以简化后续条件判断语句条件的书写。但程序还有一个缺点,当输入的内容不是程序中列出的四种血型所对应的字符时,会没有任何信息,读者可以自己完善程序:当文本框中输入其他字符组合时,输出"血型输入错误!"的提示信息。

例 3-6 从键盘上输入公元 0 年以后的年份,判断该年的生肖并在窗体上输出。

分析:因为每 12 年生肖会循环出现,所以可以根据"年份 mod 12"来判断生肖。通过简单的推算可以知道,当余数为 0 时是猴年,所以可以用 If 的多分支结构完成任务,程序写在按钮的 Click 事件中,代码如下:

```
Private Sub Command1_Click()
```

```
  Dim nf As Integer,sx As String          'nf 为输入的年份,sx 为该年的生肖
  Dim x As Integer                        'x 存放 nf mod 12 的值,以简化多分支中的条件
  nf = Val(InputBox("请输入年份:"))
  x = nf Mod 12
  If x = 0 Then
    sx = "猴"
  ElseIf x = 1 Then
    sx = "鸡"
  ElseIf x = 2 Then
    sx = "狗"
  ElseIf x = 3 Then
    sx = "猪"
  ElseIf x = 4 Then
    sx = "鼠"
  ElseIf x = 5 Then
    sx = "牛"
  ElseIf x = 6 Then
    sx = "虎"
  ElseIf x = 7 Then
    sx = "兔"
  ElseIf x = 8 Then
    sx = "龙"
  ElseIf x = 9 Then
    sx = "蛇"
  ElseIf x = 10 Then
    sx = "马"
  Else
    sx = "羊"
  End If
  Print nf;"年的生肖是:";sx
End Sub
```

图 3-7　程序运行结果

程序运行结果如图 3-7 所示。

例 3-7　从键盘输入三角形三边边长,先判断三条线段能不能构成三角形,如果能求这个三角形的面积,否则,输出信息"三边构不成三角形!"。

分析:从键盘上输入三角形三边可能会出现两种情况,一种是能构成三角形,另一种是不能构成三角形,用两个分支结构即或解决问题。

程序代码如下:

```
Private Sub Command1_Click()
  Dim a!,b!,c!,p!,s!
  a = InputBox("输入第一边长")
  b = InputBox("输入第二边长")
  c = InputBox("输入第三边长")
  If a + b > c And a + c > b And b + c > a Then          '判断三边能不能构成三角形
```

```
    p = (a + b + c) / 2                                  '求半周长
    s = Sqr(p * (p - a) * (p - b) * (p - c))             '根据海伦公式求面积
    MsgBox"三角形三边长为:" & a &"," & b &"," & c &",面积为:" & s
  ElseIf Not(a + b > c And a + c > b And b + c > a)Then
    MsgBox"三边构不成三角形!"
  End If
End Sub
```

该程序中两个分支的条件互为反条件,可以不使用 ElseIf 而使用 Else,实现选择功能的代码如下:

```
If a + b > c And a + c > b And b + c > a Then
  p = (a + b + c) / 2
  s = Sqr(p * (p - a) * (p - b) * (p - c))
  MsgBox"三角形三边长为:"& a &","& b &","& c &",面积为:"& s
Else
  MsgBox "三边构不成三角形!"
End If
```

这是一种常用的 If 结构,由于它只有两个分支且两个分支的条件互为反条件,所以简称为双分支结构,双分支结构的流程图如图 3-8 所示。

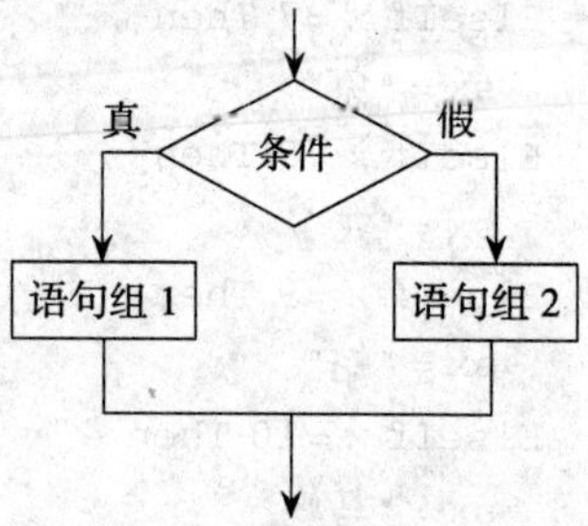

图 3-8　If 双分支结构流程图

例 3-8　设计一个整点报时程序,使其具有整点报时的功能。

分析:程序运行后需要不断获得系统时间,所以需要一个计时器控件,每隔 1 秒钟取一次系统时间。系统时间格式为"HH:MM:SS",只要判断后 5 位为"00:00"即可得到整点时刻。程序判断流程为;取系统时间右 5 位与"00:00"比较,如果相等则报时,否则不做任何操作,程序继续。

界面设计非常简单,在窗体上添加 1 个标签,用于显示系统时间,1 个计时器,将其 Interval 属性设置为 1000 即可。代码如下:

```
Private Sub Timer1_Timer()
  Dim x As Date                                      '声明变量为日期时间型
  x = Time                                           '获取当前时间
  If Right(x,5) = "00:00" Then                       '取右侧 5 位作整点判断
    MsgBox"现在是北京时间"& Hour(x)& "点整!"         '用 Hour 函数取出整点
  Else
  End If
End Sub
```

程序运行结果如图 3-9 所示,该程序运行成功的条件必须是计算机时间快到整点才行。如果将条件改为:

```
Right(x,2) = "00"
```

再将后面的输出信息改动一下,就可以实现整分报时了。

图 3-9　程序运行结果

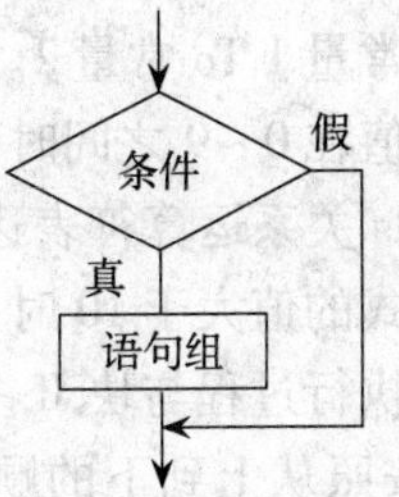

图 3-10　单分支结构流程图

本例中 Else 之后没有任何操作语句,可以将 Else 省去,这种结构常称为单分支结构,其流程如图 3-10 所示。

另外,Visual Basic 还提供如下一种格式:

If　<条件>　Then　<语句组 1>　[else　语句组 2]

执行过程为:当条件成立时,执行语句组 1,否则执行语句组 2。

注意:

①由于这种结构要求将条件和满足条件的语句组或不满足条件的语句组在一行内写完,因此称为行 If 结构。

②如果语句组中包含多条语句,语句之间用":"分隔。

③行 If 语句不能有 End If。

如前面的分支选择结构可以改写成:

```
If Right(x,5) = "00:00" Then MsgBox "现在是北京时间" & Hour(x)&"点整!"
```

3.2.2　Select Case 结构*

在 Visual Basic 中,除了 IF 结构外,还可使用 Select Case 结构完成分支选择,格式如下:

```
Select Case <测试表达式>
        Case    <值列表 1>
            <语句组 1>
        Case    <值列表 2>
            <语句组 2>
            ......
        Case    <值列表 n>
            <语句组 n>
        [Case Else
            <语句组 n+1>]
End Select
```

其中:

(1)测试表达式　可以是数值型或字符串表达式。

(2)值列表　与测试表达式的类型必须相同,可以是下面 4 种形式之一:

①常量。如 Case 8 表示当测试表达式的值等于 8 时执行对应的语句组。

②一组用逗号分隔的常量。如 Case 1,3,4,7,10 表示当测试表达式的值为 1,3,4,7,10 中之一时,执行对应的语句组。

③常量 1 To 常量 2。如 Case 0 to 9。表示当测试表达式的值在 0 ~ 9 之间时,执行对应的语句组。

④Is 关系运算符表达式。如 Case Is > 10 表示当测试表达式的值大于 10 时,执行对应的语句组。

其执行过程与块 If 多分支结构相同,如图 3-11 所示,即按照从上到下的顺序进行条件判断,执行首次条件成立时对应的 Case 语句组中的语句之后,再执行 End Select 的后续语句。

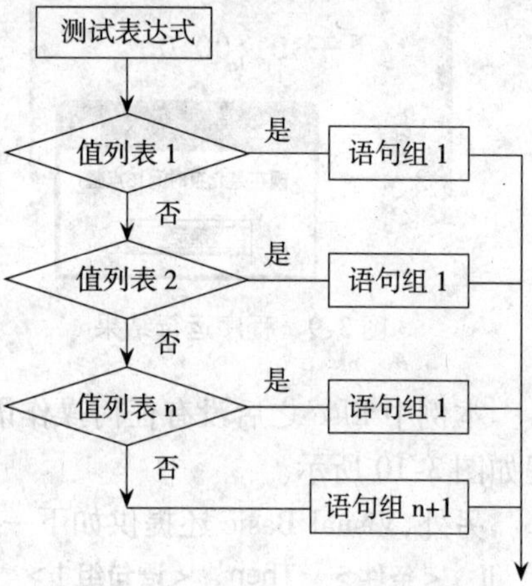

图 3-11　Select 多分支结构流程图

例 3-9　用 Select Case 结构计算分段函数。

$$y=\begin{cases}x^2+1 & x\geqslant 10\\0 & 10>x\geqslant -5\\x^2-1 & x<-5\end{cases}$$

分析:有三个分支,可以用三分支结构解决。

代码如下:

```
Private Sub Command1_Click()
  Dim x As Single,y As Single
  x = Val(InputBox("请输入变量的值"))
  Select Case x
    Case Is > =10                    '情况:x > =10
      y = x^2 +1
    Case Is > = -5                   '情况:x > = -5 and x <10
      y = 0
    Case Is < -5                     '情况:x < -5
      y = x^2 -1
  End Select
  Print "x = ";x,"";"y = ";y
End Sub
```

注意:Is 后只能跟关系表达式表示简单条件,而不能跟布尔表达式表示复合条件。如 Is > = -5 是合法的,而 Is > = -5 and Is <10 是错误的。

还要进一步说明的是:Select Case 结构与块 If 多分支结构均属于“多中选一”的情况,但各有所长,在表示多分支简单条件时两者均可,Select Case 结构似乎更清晰些;当遇到复合条件时,只能使用块 If 结构,而不能使用 Select Case 结构。

3.2.3　条件函数*

IIf( ) 和 Choose( ) 函数为条件函数,根据不同情况返回不同的值。

1. IIf 函数

格式:**IIf(条件,表达式 1,表达式 2)**

说明：当条件成立时，该函数返回表达式 1 的值，否则返回表达式 2 的值。

如求 $y = |x|$ 时，用双分支结构代码为：

```
If x < 0 Then
    y = -x
Else
    y = x
End If
```

使用 IIf 函数改写代码为：

```
y = IIf(x < 0, -x,x)
```

对比可以看出，如果是简单的处理，使用 IIf( ) 函数代替块 If 双分支结构，程序可以更加紧凑。

2. Choose 函数

格式：Choose(整数表达式，选项列表)

说明：根据整数表达式的值，决定函数返回选项列表中的某个值。如果整数表达式的值为 1，则返回选项列表中的第一个选项值，如果为 2，则返回第二个选项值，依此类推。若整数表达式的值小于 1 或大于列出的选项数时，函数返回空值(Null)。

例 3-10　根据系统当前日期，输出今天是星期几。

分析：使用 Date 函数获取系统的当前日期，使用 Weekday(d) 函数返回一周中的第几天(返回值为数字 1 ~ 7)。程序实现时最容易想到的就是使用多分支结构，根据 Weekday(d) 的值输出"星期日"、"星期一"……"星期六"，这样程序会显示的非常冗长。

如果使用 Choose 函数，关键的问题是构造 Choose 函数中的第一个参数"整数表达式"使其取值范围为 1 ~ 7，第二个参数便是"星期日"、"星期一"……"星期六"列表。代码如下：

```
Private Sub Command1_Click()
  Dim d As Date,x As Integer,y As String
  d = Date
  x = Weekday(d)
  y = Choose(x,"日","一","二","三","四","五","六")
  Print "星期" & y
End Sub
```

通过比较可以看出，选择合适的函数可以优化程序结构，减少代码行。例 3 - 8 也可以用这个函数来改写，读者可以自己试一下。

3.3　循环结构

循环结构也是结构化程序设计的三种基本结构之一。在程序中，把重复执行一组指令(程序段)的操作称为循环操作。根据重复操作次数预先确定与否，循环结构分为循环次数确定的 For…Next 结构和循环次数不确定的 Do…Loop 结构，其中，Do…Loop 结构又可以分为前测试和后测试循环两种，每一种结构又对应了两种形式，如图 3-12 所示。

Do…Loop 的这四种形式功能基本一样，在一定条件下可互换。本节重点讲授前测试当型循环,其余三种循环只作简单介绍。

```
Do  While  <条件>
    <循环体>
Loop
```

（a） 前测试当型循环

```
Do
    <循环体>
Loop  While  <条件>
```

（b） 后测试当型循环

```
Do  Until  <条件>
    <循环体>
Loop
```

（c） 前测试直到型循环

```
Do
    <循环体>
Loop  Until  <条件>
```

（d） 后测试直到型循环

图 3-12 循环结构形式

3.3.1 Do While…Loop 循环结构

前测试当型循环 Do While…Loop 结构表示为：

```
Do While  <循环条件>
          <循环体>
Loop
```

其中：

(1)循环条件　为循环测试条件,可以是关系表达式、布尔表达式或数值表达式。如果是数值表达式,则非 0 为真,0 为假。

(2)循环体　为反复执行的一组语句。如果在循环体中加入“Exit Do”语句,程序只要运行到这条语句,循环会立即终止,去执行它所在循环的 Loop 之后的语句。“Exit Do”语句称为强行终止 Do 循环语句。

(3)循环执行过程　当循环条件成立时,进入循环体依次执行其中的语句,当遇到 Loop 语句时,程序流程便转向 Do While 语句,进行下一次循环判断;若循环条件不成立,则循环执行结束,执行 Loop 之后的语句。程序流程如图 3-13 所示。

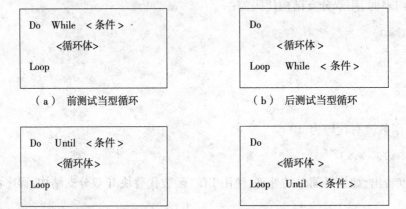

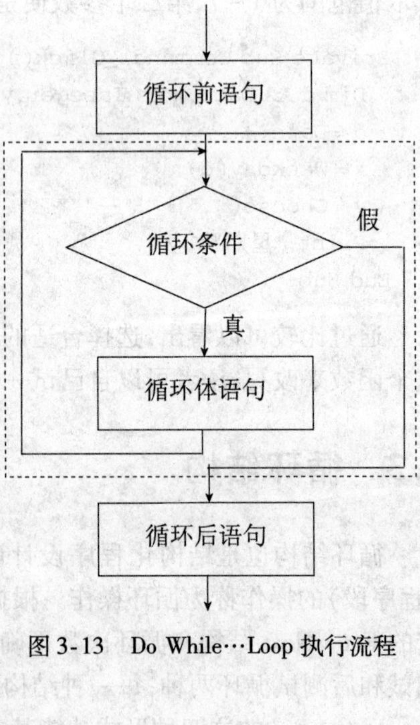

图 3-13 Do While…Loop 执行流程

例 3-11　计算 1 +2 +3 +… +10 的值。

分析:这是一个累加问题。假设变量 n 表示累加数,变量 s 表示累加和,变量 i 表示累加次数,累加模型 s = s + n,其中 n 的第 1 个数为 1,最后一个数为 10,相邻两个数之间相差为 1。算法分析如下:

a. 变量 n、s 和 i 赋初值 0。

b. 一次累加过程如下：

```
n=n+1                       '计算累加数
s=s+n                       '累加
i=i+1                       '计算累加次数
```

c. 重复累加 10 次，操作如下：

```
Do While i<10
  累加操作语句组
Loop
```

d. 输出计算结果。

程序代码如下：

```
Private Sub Command1_Click()
  Dim i%,s%,n%
  i=0:s=0:n=0                  '计数器 i 赋初值 0,累加器 s 赋初值 0,累加数 n 赋初值 0
  Do While i<10                '当型循环
    n=n+1                      '相加数
    s=s+n                      '累加
    i=i+1                      '计数
  Loop
  Print "1+2+3+…+10=";s
End Sub
```

例 3-11 的执行过程可以用表 3-1 说明。

表 3-1　例 3-11 执行过程

Do While 执行次数	i	循环条件 i<10 的值及是否循环	执行语句 n=n+1 后的 n 值	执行语句 s=s+1 后的 s 值	执行语句 i=i+1 后的 i 值
第 1 次	i=0	True,执行循环	n=1	s=1	i=1
第 2 次	i=1	True,执行循环	n=2	s=3	i=2
第 3 次	i=2	True,执行循环	n=3	s=6	i=3
…	…	…	…	…	…
第 9 次	i=8	True,执行循环	n=9	s=35	i=9
第 10 次	i=9	True,执行循环	n=10	s=45	i=10
第 11 次	i=10	False,循环结束			

上例中，在循环执行过程中，累加数 n 与累加次数 i 值总是相同的，程序可以简化为：

```
Dim s%,n%
s=0:n=0                    '累加器 s 赋初值 0,相加数 n(兼作计数器用)赋初值 0
Do While n <10             '循环 10 次
  n=n+1                    '计算累加数
  s=s+n                    '累加
```

```
Loop
Print "1 +2 +3 +…+10 =";s
```

使用 Do While…Loop 循环结构,编写程序时应注意如下问题:

①首先,应保证循环条件成立。若循环条件不可能成立,循环体就没有机会执行,也就失去设置循环结构的意义。

②其次,设计循环体,循环是反复执行循环体的过程,明确循环体由哪些语句构成将很重要。

③最后,循环要能结束。结束循环有两种途径,第一种,正常结束,也就是循环条件不满足便结束循环,这就要求在循环体中要有语句改变循环变量的值,使循环条件从成立到不成立变化;第二种,强行结束,也就是说,循环条件也可能成立,但执行了强行结束语句 Exit Do。在实际编程中,Exit Do 通常置于选择结构中。

观察上例程序执行,循环条件 n<10 首先是成立的;其次,随着 n 值的改变,循环条件从成立到不成立变化,直到 n>=10 时结束循环。

例 3-12 设某工厂当年产值为 13 亿,如果每年以 5% 的平均速度增长,问经过多少年后该工厂的产值达到或超过 18 亿。

分析:设 x 为当年产值,y 为经过 1 年后的产值,则 y=x*(1+0.05),判断 y 值是否达到或超过 18 亿(即判断 y>=18 是否成立),如果不成立,则让 x=y(即年未产值为下年年初值),n=n+1(n 为经过的年数),依次类推,直到 y>=18 成立时结束。

```
Private Sub Command1_Click()
  Dim x!,n%
  x =13
  n =0
  Do while x <18
    y =x *(1 +0.05)                    '经过 1 年后的产值
    n =n +1                            '经过年计数
    x =y                               '经过年底产值 y 作为下一年年初初值 x
  Loop
  MsgBox  "经过"& n &"年以后,产值达到或超过"& x &"亿"
End Sub
```

分析程序运行过程可以看出该问题的实质是一个累乘问题,即在 13 亿的基础上循环累乘(1+0.05),累乘了多少次,就是经过了多少年,当累乘结果大于或等于 18 亿时,结束累乘。应用到累乘模型"f=f*i"。程序如下:

```
Dim x!,n%
x =13
n =0
Do while x <18
   x =x *(1 +0.05)  'x 经过 1 年后的产值,可作为下年年初值
   n =n +1
Loop
MsgBox  "经过"& n &"年以后,产值达到或超过"& x &"亿"
```

其实,有些问题(如例 3-11)循环次数预先是可以计算出来的,当循环次数已知时,用 For…Next结构比 Do while…Loop 会更简单。

3.3.2 For…Next 循环

对于循环次数已知的循环除了可以用 Do while…Loop 结构外，还可用 For…Next 结构。格式如下：

```
For 循环变量 = 初值 To 终值[Step 步长]
    <循环体>
Next[循环变量]
```

执行流程如图 3-14 所示。

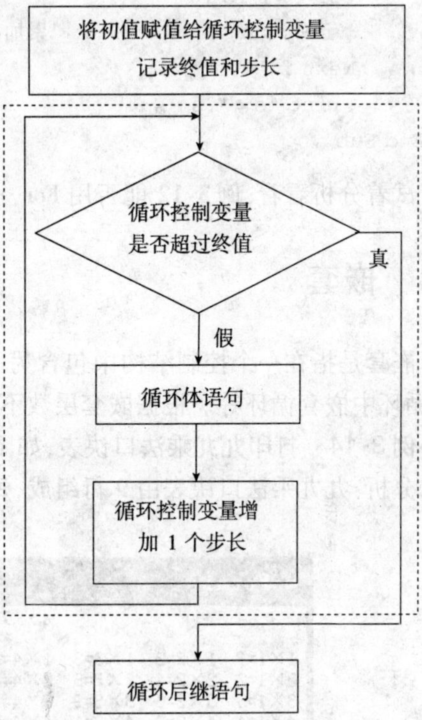

图 3-14　For…Next 循环执行流程

说明：

(1)循环变量必须是数值型，且最好为整型变量。

(2)当步长为正时，初值必须小于终值；当步长为负时，初值必须大于终值，循环才能进行。当步长为 1 时，“Step 1”可以省略。

(3)通常，循环次数可以用公式计算得到：

$$循环次数 = Int(\frac{终值-初值}{步长}+1)。$$

(4)若循环体没有被执行，For…Next 循环作用仅相当于对循环变量赋一次初值。

例如下面程序：

```
For i =5 To 1 Step 1
    Print i;
Next i
Print i
```

由于循环变量的初值大于终值且步长为 1，所以循环体不被执行，最后输出 i 的值为 5。

(5)在 For…Next 结构中，若有“Exit For”语句，程序执行到此语句会跳出循环，执行 Next 语句之后的语句。“Exit For”称为强行终止 For 循环语句，通常放在选择结构中。

(6)实际上 For…Next 结构也是一种前测试当型循环，若用 Do…Loop 结构改写可表示为：

```
循环变量 = 初值
Do While 循环变量 < = 终值
    <循环体>
    循环变量 = 循环变量 + 步长
Loop
```

对比可以看出，如果已知循环次数，For…Next 结构比 Do…Loop 结构要紧凑一些。

例 3-13　用 For…Next 结构实现例 3-11。

分析：用 For…Next 结构控制循环 10 次，循环体实现累加功能，循环控制变量 i 充当被加数，代码如下：

```
Private Sub Command1_Click()
    Dim s As Integer,i As Integer
    s = 0
    For i = 1 To 10
      s = s + i                   '累加
    Next i
    Print "s = ";s
End Sub
```

试着分析看看,例 3-12 能否用 For…Next 结构来写呢?

3.4 嵌套

嵌套是指在一个控制结构中包含另一个控制结构,例如选择中嵌套选择,选择中嵌套循环,循环中嵌套循环等。根据嵌套层数不同,可以有二重嵌套、三重甚至多重嵌套。

例 3-14 打印九九乘法口诀表,如图 3-15 所示。

分析:九九乘法口诀表由 9 行组成,每行有 9 列,在设计算法时,可以这样考虑问题:

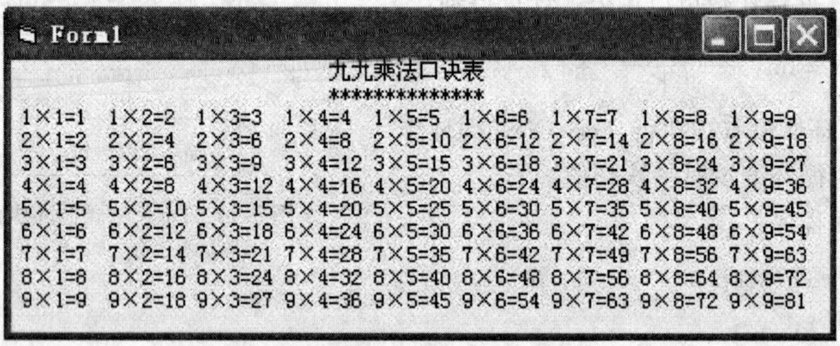

图 3-15 九九乘法表运行结果

(1)外循环控制行,循环变量用 i 表示,循环体执行 9 次,每次输出九九表中的一行,程序框架为:

```
For  i = 1 To 9
    输出一行的操作处理
Next i
```

(2)内循环控制列,循环变量用 j 表示,循环体执行 9 次,每次完成一列的计算和输出,程序框架为:

```
For  j = 1 To 9
    列的计算与输出
Next i
```

(3)组合行处理和列处理,整个程序框架为:

```
For  i = 1 To 9
    For  j = 1 To 9
        输出一列的操作处理
```

```
    Next j
Next i
```

代码如下：

```
Private Sub Form_Click()
  Print Tab(30);"九九乘法口诀表"
  Print Tab(30);String(14,"*")
  For i =1To 9
    For j =1 To 9
      Print Tab((j -1) *8 +2);i&" ×"&j&" ="& i*j;
    Next j
  Next i
End Sub
```

执行结果如图3-15所示。

下面来观察循环的执行过程：外层循环变量i取初值1，内循环就要执行一轮，即内层循环就要执行9次（j依次取1、2、3、…、9），输出"九九乘法口诀表"第1行的各列值；接着，外层循环变量i取2，内循环同样要执行一轮，即循环9次（j再次取1、2、3、…、9），输出"九九乘法口诀表"第2行……，依次类推，直到输出"九九乘法口诀表"第9行，所以内循环的循环体共执行9×9次，即81次。

人们经常看到的"九九乘法口诀表"是一个下三角的形式，其规律是第1行1列、第2行2列、……、第9行9列，即每行打印的列数与所在的行的行数相同，对内循环的次数则可用外循环控制变量i的值，程序修改如下：

```
Print Tab(30);"九九乘法口诀表"
Print Tab(30);String(14,"*")
For i =1 To 9
  For j =1 To i                    '内循环的次数为外循环控制变量 i 次
    Print Tab((j -1) *8 +2);i &" ×"& j &" ="& i*j;
  Next j
Next i
```

对于Tab函数中的j-1，用于当j=1时，保证定位的起点从第2列开始，8用于设置每一次输出项宽度，因为每一次输出最宽占7列，再加上两个输出项之间需要空一列，所以取8，如果将这个数值增加，可以使得输出项之间空隙加宽，如果减小，则可能会出现输出错位；2用于决定当j=1时，每一行第一列输出内容距离左边的距离。读者可以通过分别改变为其他数据来理解其功能。

循环嵌套是学习中的难点，读写程序时往往无从下手，下面的总结对读者的学习会有帮助，请注意仔细思考并积极应用。

①读程序时，循环执行顺序时先外循环后内循环，内循环是外循环的循环体；在编写程序时，先要明确什么样的事情做多少次以及这样的事情如何做，可用外循环控制做多少次，内循环实现这样的事情如何做。

②嵌套时，内层循环必须完全嵌套在外层循环之内，即内外层循环不能交叉，外层要完全包含内层。例如，以下的嵌套是允许的：

```
For i =1 To 10              Do while i < =10            For i =1 To 10
  ……                          ……                          ……
  For j =1 To 10              For j =1 To 10              Do while J < =10
    ……                          ……                          ……
  Next j                      Next j                      Loop
  ……                          ……                          ……
Next i                      Loop                        Next i
```

而以下嵌套则是不允许的,因为内层循环没有完全嵌套在外层循环之内。

```
For i =1 To 10              For i =1 To 10              Do while I < =10
  …..                         …..                         …..
  For j =1 To 20              Do while J < =10            For j =1 To 10
    …..                       …..                           …..
  Next i                      Next i                      Loop
  …..                         …..                         …..
Next j                      Loop                        Next j
```

③在循环嵌套中,内外循环的循环变量不能同名。

④多重循环中如果用 Exit Do 或 Exit For 退出循环,要注意只能退出 Exit Do 或 Exit For 所对应的循环。例如,下列的循环:

```
f =1
For i =1 To 10
  For j =1 To 10
    f = f * i * j
    If f >1000 Then Exit For
  Next j
  Print i;j;f
  f =1
Next i
```

```
f =1:i =1
Do while i < =10
  For j =1 To 10
    f =f * i * j
    If f >1000 Then Exit Do
  Next j
  Print f
  f =1
  i =i +1
Loop
```

左面程序的 Exit For 执行后,程序退出内层 For…Next 循环,执行 Print i;j;f 语句,右面程序的 Exit Do 执行后,程序退出到外层循环 Do while…Loop 循环,执行 Loop 的后续语句 Print f。

⑤采用缩进格式书写代码可以有效地防止嵌套混乱。

3.5 Do 循环的其他结构*

Do…Loop 结构除了上面讲的 Do While…Loop 以外,还有其他几个结构。尽管没有这几种结构完全可以解决各种循环问题,但灵活应用各种不同的循环结构,可以进一步优化程序设计。对 Do 循环的其他结构的学习要求:

(1)掌握各个结构的语法格式。

(2)掌握循环执行过程。

(3)正确区别 Do…Loop 各种结构。

(4)学会使用不同的结构解决同一个问题,比较循环条件和计算循环次数。

1. 无条件循环 Do…Loop

流程如图3-16所示,语法结构为:

```
Do
      循环体
Loop
```

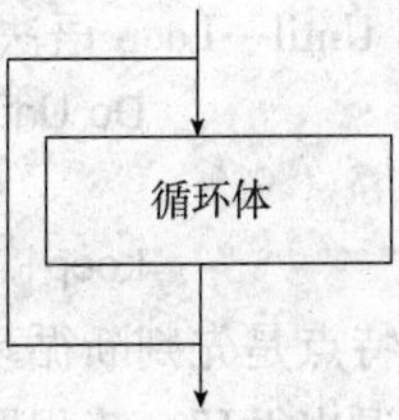

图3-16　无条件循环流程图

从图3-16可以看出,这是一个无条件的循环结构,要退出循环,必须执行Exit Do语句(通常放在选择结构中),否则会造成死循环(调试程序时如遇到死循环,可用Ctrl + Break强行结束)。

例3-15　用Do…Loop结构实现例3-12:设某工厂当年产值为13亿,如果每年以5%的平均速度增长,问经过多少年后该工厂的产值达到或超过18亿。代码如下:

```
Private Sub Command1_Click()
  Dim x As Single,n As Integer
  x =13
  n =0
  Do
    x =x *(1 +0.05)                    'x分别为经过1年后的产值和当年产值
    n =n +1
    If x > =18 Then Exit Do            '结束循环执行
  Loop
  MsgBox  "经过"& n &"年以后,产值达到或超过"& x &"亿"
End Sub
```

2. 后测试当型循环 Do…Loop While

Do…Loop While循环结构为:

```
Do
      循环体
Loop While <条件>
```

Do…Loop While循环特点是先执行一次循环体,再判断循环条件。条件成立继续循环,否则退出循环。流程如图3-17所示。

例3-16　用Do…Loop While结构实现例3-12。代码如下:

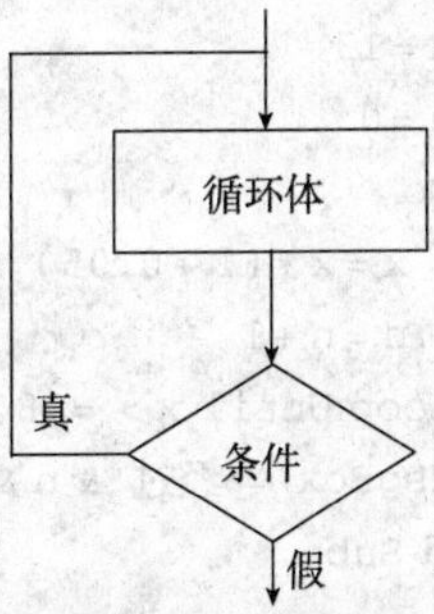

图3-17　Do…Loop While流程图

```
Private Sub Command1_Click()
  Dim x As Single,n As Integer
  x =13
  n =0
  Do
    x =x *(1 +0.05)
    n =n +1
  Loop While  x <18
  MsgBox "经过"& n &"年以后,产值达到或超过"& x &"亿"
End Sub
```

3. 前测试直到型 Do Until…Loop

Do Until…Loop 语法结构为：

```
Do Until  <条件>
    循环体
Loop
```

其特点是先判断循环条件，条件不成立执行循环，条件成立退出循环。流程图如图 3-18 所示。

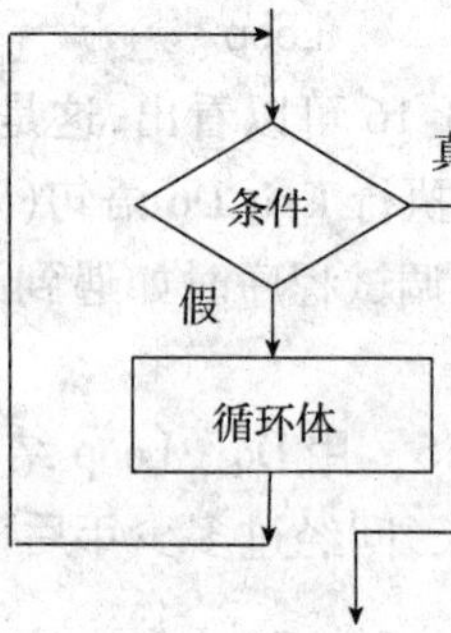

图 3-18　DoUntil…Loop 流程图

例 3-17　用 Do Until…Loop 结构实现例 3-12。代码如下：

```
Private Sub Command1_Click()
  Dim x As Single,n As Integer
  x =13
  n =0
  Do Until x > =18
    x =x *(1 +0.05)
    n =n +1
  Loop
  MsgBox  "经过"& n &"年以后,产值达到或超过"& x &"亿"
End Sub
```

4. 后测试直至型循环 Do…Loop Until

Do…Loop Until 语法结构为：

```
Do
    循环体
Loop Until  <条件>
```

其特点是先执行循环体，后判断循环条件，条件不成立执行循环，条件成立退出循环。流程图如图 3-19 所示。

例 3-18　用 Do…Loop Until 结构实现例 3-12。代码如下：

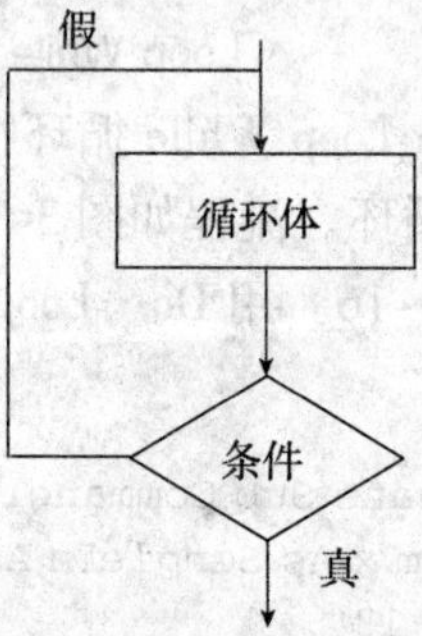

图 3-19　Do Loop…Until 流程图

```
Private Sub Command1_Click()
  Dim x As Single,n As Integer
  x =13
  n =0
  Do
    x =x *(1 +0.05)
    n =n +1
  Loop Until x > =18
  MsgBox  "经过"& n &"年以后,产值达到或超过"& x &"亿"
End Sub
```

5. 前测试当型循环 While…Wend

其功能和执行方式与 Do While…Loop 循环结构完全相同，语法结构为：

```
While  <条件>
```

```
循环体
Wend
```

先判断循环条件,条件成立执行循环体,否则退出循环。

◎教学小结

顺序结构、选择结构和循环结构是程序设计语言的三大基本结构,这部分内容既是学习重点,又是难点,特别是循环结构。编者认为要掌握好本章内容,首先要熟记选择结构和循环结构中具有代表性结构的语法构成,理解其执行过程;其次要培养自己的逻辑思维能力。本书中应用举例涉及了初学者学习程序设计时的基本问题。建议精读典型例题,用人脑来模仿程序的运行过程,这样既能培养、锻炼逻辑思维能力,又能深化对语法结构的理解,还能提高实习效率质量;最后,要敢于动手,面对具体编程问题,按照分析问题、确定算法、设计界面、编写代码等步骤完成。

(1)顺序结构是最简单的结构,本书重点介绍输入输出数据的基本方法。

(2)选择结构相对容易,建议将 IF 结构作为重点掌握内容。

(3)循环结构较难掌握,分为 For…Next 和 Do…Loop 两种结构。本书把 For…Next 和 Do…Loop结构中的 Do While…Loop 结构作为重点。

(4)使用 Visual Basic 编写应用程序,主要包括界面设计和事件代码设计两方面的任务。基本方法是用可视化编程技术进行界面,用结构化程序设计思想编写事件代码。

◎习题

一、选择题

1. 下面正确的赋值语句是＿＿＿＿＿。

(A)x + y = 30　　(B)y = r * r, x = 1

(C)y = x + 30　　(D)3y = x

2. 为了给 x, y, z 三个变量赋初值 1,下面正确的赋值语句是＿＿＿＿＿。

(A)x = 1 : y = 1 : z = 1　　(B)x = 1, y = 1, z = 1

(C)x = y = z = 1　　(D)xyz = 1

3. 阅读下面的程序段:

```
Dim n1% ,n2%
n1 = InputBox("请输入第一个数:")
n2 = InputBox("请输入第二个数:")
Print n1 + n2
```

当输入分别为 111 和 222 时,程序输出为＿＿＿＿＿。

(A)111222　　(B)222　　(C)333　　(D)程序出错

4. 下列哪组语句可以将变量 a, b 的值互换＿＿＿＿＿。

(A)a = b : b = a　　(B)a = a + b : b = a - b : a = a - b

(C)a = c : c = b : b = a　　(D)a = (a + b)/2 : b = (a - b)/2

5. 执行下面程序段：

```
Dim a As Boolean,b As Boolean
a = 2:b = 0
Print a + b
```

输出结果为__________。

(A) -1　　(B)2　　(C)True　　(D)False

6. 为使连续两个 Print 方法的输出项在同一行输出，则应在前一个尾部加__________。

(A)逗号或分号均可　　(B)只能加逗号

(C)只能加分号　　(D)不用加任何符号

7. 下面语句执行后，变量 W 的值是__________。

```
W = Choose(Int(2.6),"Red","Green","Blue","Yellow")
```

(A)Null　　(B)"Red"　　(C)"Green"　　(D)"Yellow"

8. 用 If 结构实现分段函数 $f(x) = \begin{cases} \sqrt{x+1}, x \geqslant 1 \\ x^2 + 3, x < 1 \end{cases}$，下列不正确的程序段是__________。

(A)f = x * x + 3
　　If x > = 1 then f = sqr(x + 1)

(B)If x > = 1then f = sqr(x + 1)
　　If x < 1 then f = x * x + 3

(C)If x > = 1 then f = sqr(x + 1)
　　f = x * x + 3

(D)If x < 1 then f = x * x + 3 else f = sqr(x + 1)

9. 设 a = 4, b = 3, c = 2, d = 1，则表达式 IIf(a < b, a, IIf(c > d, c, d))的结果为__________。

(A)4　　(B)3　　(C)2　　(D)1

10. 下列程序段的执行结果为__________。

```
X = 5
Y = -20
If Not X > 0 Then X = Y - 3 Else Y = X + 3
```

(A) -3 3　　(B)5 -8　　(C)3 -3　　(D)25 -25

11. 下列程序段的执行结果为__________。

```
A = 79
If A > 50 Then I = 5
If A > 60 Then I = 6
If A > 70 Then I = 7
If A > 80 Then I = 8
Print "I = ";I
```

(A)I = 5　　(B)I = 6　　(C)I = 7　　(D)I = 8

12. 若 x = 0，执行语句 If x Then x = 0 Else x = 1 的结果是__________。

(A)实时错误　　(B)编译错误　　(C)x = 1　　(D)x = 0

13. 有如下程序,运行时在输入对话框中输入6,输出的结果是＿＿＿＿＿。

```
Private Sub Command1_Click()
  a = InputBox("Enteer a value of a:")
  Select Case a
    Case Is >2
      b = a +1
    Case Is >3
      b = a +2
    Case Is >5
      b = a +3
    Case Else
      b = a +4
  End Select
  Print a;b
End Sub
```

(A)6　7　　(B)6　8　　(C)6　8　　(D)6　10

14. 下列结构中不属于循环结构的是＿＿＿＿＿。

(A)For/Next　　(B)While/Wend　　(C)With/End With　　(D)Do/Loop

15. 下列循环能正常结束的是＿＿＿＿＿。

(A)
```
i =5
  Do
    i =i +1
  Loop Until i <10
```

(B)
```
i =1
  Do
    i =i +2
  Loop Until i  =10
```

(C)
```
i =10
  Do
    i =i +1
  Loop
```

(D)
```
i =6
  Do
    i =i -2
  Loop
```

16. 下列程序段的执行结果为＿＿＿＿＿。

```
X =5
 For K =2 To 0
   X =X +K
 Next K
 Print K;X
```

(A)0　8　　(B) -1　8　　(C)2　5　　(D)0　5

17. 下面程序段的运行结果为＿＿＿＿＿。

```
For i =3 To 1 Step -1
  Print Spc(5 -i);
  For j =1 To 2 * i -1
    Print"*";
  Next j
  Print
```

```
Next i
```

(A)	(B)	(C)	(D)
*	*****	*****	*****
***	***	***	***
*****	*	*	*

18. 下列哪个程序段不能正确计算 1!、2!、3!、4! 的值________。

(A)
```
For i = 1 To 4
    n = 1
    For j = 1 To i
      N = n * j
    Next j
    Print n
  Next i
```

(B)
```
For i = 1 To 4
    For j = 1 To i
      n = 1
      n = n * j
    Next j
    Print n
  Next i
```

(C)
```
n = 1
    For i = 1 To 4
      n = n * i
      Print n
    Next i
```

(D)
```
n = 1
j = 1
Do While j < = 4
  n = n * j
  print n
  j = j + 1
Loop
```

19. 循环结构 For I = 1 To 10 Step 1.5 的执行次数是________。

(A)7　　(B)8　　(C)9　　(D)10

20. 下面程序段的作用是________。

```
m = 0:n = 0
For i = 1 To 10
  x = Val(InputBox("请输入 x 的值:"))
  If x > 0 Then
    m = m + x
  ElseIf x < 0 Then
    n = n + 1
  End If
Next i
Print m,n
```

(A)计算从键盘输入的数据之和,并统计输入数据的数目

(B)分别计算从键盘输入的正数之和与负数之和

(C)分别计算从键盘输入的正数和负数的个数

(D)计算从键盘输入的正数之和,并统计负数的个数

21. 从键盘输入的数据依次是 1,2,3,4,5,6,7,8,9,10,下面程序运行结果是________。

```
s = 0
```

```
For i =1 To 10
  x = Val(InputBox("请输入 x 的值:"))
  If x/3 = Int(x/3)or x/5 = x\5 Then  s = s + x
Next i
Print "s = ";s
```

(A)s = 27　　(B)s = 20　　(C)s = 33　　(D)s = 55

22. 某林场今年植树 100 亩*,以后每年的植树面积按 5% 的速度增长,能正确计算四年后植树总面积的程序是________。

(A)
```
s =100:r =0.05
  For i =1996 To 1998
    s = s * (1 + r) + s
  Next i
  Print i
  End
```

(B)
```
s0 =100:sum =100:r =0.05
  For i =1996 To 1998
  s = s0 * (1 + r)
  sum = sum + s
 Next i
  Print sum
```

(C)
```
s =100:r =0.05
  For i =1996 To 1998
    s = s * (1 + r)
  Next i
  Print i
  End
```

(D)
```
s =100:sum =100:r =0.05
  For i =1996 To 1998
 s = s * (1 + r)
  sum = sum + s
 Next i
  Print sum
```

23. 以下程序段执行后,变量 s、x 的值分别为________。

```
Dim s As Integer,x As Integer
s =10:x =1
Do While x < 8
  s = s + 2
  x = x + 2
Loop
Print s,x
```

(A)16,7　　(B)18,9　　(C)20,11　　(D)100,10

24. 下列程序中 s = s + j 语句共执行了________次。

```
Dim s As Integer
Dim i As Integer,j As Integer
For i =1 To 10 Step 2
  For j =1 To 5 Step 2
    s = s + j
  Next j
Next i
Print s
```

(A)10　　(B)20　　(C)25　　(D)15

---

* 亩为非法定计量单位,1 亩 = 666.7m^2。

25. 下列程序段的执行结果为__________。

```
A = 0:B = 1
Do
  A = A + B
  B = B + 1
Loop While A < 10
Print A;B
```

(A)10 5　　(B)A B　　(C)0 1　　(D)10 30

二、判断正误

1. 有如下赋值语句:a1% = 34.3432,赋值后变量 a1 中的值为整数。
2. 把常数赋给逻辑变量时,非 0 值转换为 True,0 转换为 False。
3. 任何非字符型的数据赋值给字符型变量时,将被转换成字符型。
4. If x > y Then Max = x Else Max = y 可以求两个数中的较大数。
5. 产生消息对话框的 MsgBox 函数返回的值是数值型。
6. 阅读下面的程序段:

```
x = 1
If IIf(x,0,-1)Then
  x = x + 1
End If
Print x
```

运行后 x 的值是:2。

7. 阅读下面的程序段:

```
x = 6
y = 3
If x > y Then t = x:x = y:y = t
```

该程序的功能是:若 x 大于 y 的值,则交换 x 和 y 的值。

三、根据程序写出运行结果

1.
```
a = " * ":B = " $ "
For i = 1 To 4
  If i Mod 2 = 0 Then
    x = String(Len(a) + i,B)
  Else
    x = String(Len(a) + i,a)
  End If
  Print x;
Next i
```

2.
```
x = 1:y = 4
Do Until x > 4
  x = x * y
  y = y + 1
```

```
  Loop
  Print x
```

3.
```
a = 0
For i = 1 To 2
  For j = 1 To 4
    If j Mod 2 = 0 Then
      a = a + 1
    End If
    a = a + 1
  Next j
Next i
Print a
```

4.
```
Dim k% ,n% ,m%
n = 10:m = 1:k = 1
Do While k < = n
  m = m * 2
  k = k + 1
Loop
Print m
```

5.
```
For i = 3 To 1 Step -1
  Print Tab(5 - i);
  For j = 1 To 2 * i - 1
    Print " * ";
  Next j
  Print
Next i
```

6.
```
x = 5:y = -20
If Not x > 0 Then
  x = y - 3
Else
  y = x + 3
End If
Print x - y,y - x
```

7.
```
a = "abbacddcba"
For i = 6 To 2 Step -2
  X = Mid(a,i,i)
  Y = Left(a,i)
  Z = Right(a,i)
  Z = UCase(X & Y & Z)
Next i
Print Z
```

8.
```
Dim y as Integer
For i = 1 To 10 Step 2
  y = y + i
Next i
```

```
Print i
```

9.
```
x=1
n=1
Do
  x=x+n
  n=n+1
Loop Until n>3
Print x
```

10.
```
Dim I% ,X $ ,Y $
X = "ABCDEFG"
For I =4 To 1 Step -1
  Y =Mid(X,I,I) +Y
Next I
Print Y
```

四、编程题

1. 编程实现用 InputBox 函数输入一个正数,用 Print 方法在窗体上显示以它为半径的圆的周长、圆的面积、球体体积,每个数保留三位小数(π=3. 14)。

2. 输入三个数,输出其中最大的数、最小的数。

3. 编程判断从键盘上输入日期(格式:YYYY-MM-DD)是否合法。例如月份在 1 ~12 就为合法日期,另外还要考虑闰年的情况;为了简化程序,这里也对年份做出规定,要求在 1 900 ~3 000。

4. 税务部门征收所得税,规定如下:

①收入在 300 元以内,免征;

②收入为 300 ~500 元,超过 300 元的部分纳税 2%;

③收入超过 500 元的部分,纳税 3%;

④当收入达5 000元或超过时,超过 500 元的部分纳税 4%。

5. 输出 100 ~200 不能被 3 整除的数,每行输出 6 个,分多行输出。

6. 设计一个猜数字游戏,计算机随机产生一个 0 ~100 的数,给 8 次机会,每猜一次通过键盘输入,计算机可以给出“大了点!”、“小了点!”、“猜中了”三种提示,当出现“猜中了”时,程序结束,如果 8 次都猜不中,用消息框给出正确结果。

7. 下面程序可以将一个从键盘上输入的十进制数转换成二进制数,试根据此题编写将十进制数转换成十六进制数的程序。

```
n=Val(InputBox("输入要转换的十进制数整数"))
m=n
x=""
Do While n< >0
  a=n Mod 2
  n=n\2
  x=a & x
Loop
MsgBox m &"换成二进制数是:"& x
```

8. 求解数学灯谜，有以下算式：

$$
\begin{array}{r}
A\ B\ C\ D \\
-\ \ C\ D\ C \\
\hline
A\ B\ C
\end{array}
$$

求 A、B、C、D 的值。

◎实习指导

一、顺序结构实习

1. 实习目的

(1)熟悉简单 Visual Basic 程序的功能组成，每部分功能实现的具体方法。

(2)掌握提供数据的基本方法和应用。

(3)掌握赋值语句在数据运算中的功能和使用方法。

(4)掌握输出数据的基本方法和应用。

(5)学习顺序结构程序设计方法。

2. 实习内容

(1)调试顺序结构有关例题，掌握有关数据输入输出的方法，熟悉顺序结构程序设计方法。

(2)编程实现两个数和、差、积、商运算。

(3)完成第 3 章习题中有关顺序结构的编程题。

3. 常见错误及分析

(1)算术表达式书写引起的语法错误及逻辑错误。

如鸡兔同笼问题中，书写赋值语句时，初学者常会按数学上的习惯写成：

```
x = (4h - f) /2
y = (f -2h) /2
```

这种错误 Visual Basic 能在录入代码过程中检查出来，并用红色字体显示，这种错误称为语法错误。

而有些错误为逻辑错误，程序运行一切正常，但输出结果不对。由于 Visual Basic 无法报告出来这种错误，初学者一般不易发现，这就要求在学习程序设计语言时，注意培养学习的严谨性。

(2)运算符“&”用法　“&”既可作为字符串连接运算符，也可当作长整型数据的尾符，还可作为非十进制数的前导符号，因此“&”在用于连接字符串时，左右两边必须要用一个以上的空格分隔。

例如：在变量引用时使用“ab&”，其中的“&”用于说明变量 ab 是长整型数；语句“a = &h10”中的“&”则为非十进制数的前导符号，表示将十六进制数 10 赋给变量 a(其实相当于语句“a = 16”)；而对于语句“a = 123&456”，由于 Visual Basic 系统不能判断这个“&”到底是尾符、前导符、还是字符串连接运算符，因此会出现错误。

(3)交换两个变量的值　交换两个变量的值是程序设计中常用到的操作。如要交换变量 x、y 的值，初学者会使用 x = y：y = x，结果会造成了变量 x 值的丢失。正确的做法应是引入中间变量，用语句组 t = x：x = y：y = t 实现。

(4)程序设计应注意的问题　设计程序时,请按程序设计的一般方法步骤进行:分析、设计算法、编写代码、调试运行、验证,这样有利于学习程序设计方法和编写正确的程序。

注意程序结构和语句的书写顺序,应先提供数据,再运算,最后输出,语句书写顺序不正确,将会导致整个程序出错。

二、选择结构实习

1. 实习目的

(1)通过实习掌握选择结构中每种结构的语法格式及执行过程。

(2)掌握条件函数的调用格式和返回值。

(3)学习顺序结构程序设计方法,培养使用选择结构,解决实际问题的基本能力。

(4)掌握提高程序可读性的基本方法(缩进格式书写程序代码、注释等)。

2. 实习内容

(1)调试教材相关例题,学习 If 结构的语法格式和执行过程。注意提高程序可读性的基本方法,如:缩进式书写程序,在程序中增加注释等。

(2)调试教材相关例题,学习 Select Case 结构的语法格式、条件书写方法和执行过程。

(3)完成第 3 章习题中有关选择结构的编程题。

3. 常见错误分析

(1)选择结构格式错误。

①在块 If 结构中缺少 End If。

②行 If 结构中多写了 End If。如:

```
    If 条件 Then 语句 1   Else   语句 2
    ……
End If
```

这是初学者在程序设计中最常出现的错误,造成错误的原因是读者对选择结构的格式记忆混淆。区分行 If 结构和块 If 结构最简单的方法是:如果 Then 单词之后有语句,则系统会将这一个 If 认为是行 If,否则被认为是块 If。

建议先掌握块 If 结构,等到使用熟练后再使用行 If 结构。

③在多分支结构中将“ElseIf”写成“Else If”。

(2)Select Case 结构中的条件书写错误　Select Case 结构中,Case 子句中的测试表达式有多种格式,在应用时,必须严格遵照格式规定。具体格式请查本书中相关内容。下面列举两例常见错误:

①若测试条件的格式为:表达式 1　To 表达式 2。

要求表达式 1 的值应小于表达式 2 的值,当大于的时候,就不会得到结果。如下述代码:

```
x = 5
  Select Case x
    Case 1 To 12
      Print x
  End Select
```

运行时会在窗体下显示 5。

若将 Case 语句改为 Case 12 To 1,尽管 x 的值 5 是 1 和 12 之间的整数,程序运行时不会出现语法错误,但 Print x 没有执行。

②若测试条件的格式为:is 表达式。

既不能写成 x is >0,也不能写成逻辑表达式,如 x is >0 and x is <10 等。

(3)多分支条件书写不当引起逻辑错误。

例如:根据输入的100分制成绩(cj),显示对应五级的评定结构。条件如下:

$$等级=\begin{cases}优 & cj>=90\\ 良 & 90>cj>=80\\ 中 & 80>cj>=70\\ 及格 & 70>cj>=60\\ 不及格 & cj<60\end{cases}$$

以下几种表示方法,在语法上均没有错,但执行结果有所不同,请分析哪些是正确的?哪些是错误的?

方法一

```
If cj > =90 Then
   Print "优"
 ElseIf cj > =80 Then
   Print "良"
 ElseIf cj > =70 Then
   Print "中"
 ElseIf cj > =60 Then
   Print "及格"
 Else
   Print "不及格"
 End If
```

方法二

```
If cj <60 Then
   Print "不及格"
 ElseIf cj <70 Then
   Print "及格"
 ElseIf cj <80 Then
   Print "中"
 ElseIf cj <90 Then
   Print "良"
 Else
   Print "优"
 End If
```

方法三

```
If cj <60 Then
   Print "不及格"
 ElseIf cj > =70 Then
   Print "及格"
 ElseIf cj > =80 Then
   Print "中"
 ElseIf cj > =90 Then
   Print "良"
 Else
   Print "优"
 End If
```

方法四

```
If cj > =90 Then
   Print "优"
 ElseIf 90 > cj > =80 Then
   Print "良"
 ElseIf 80 > cj > =70 Then
   Print "中"
 ElseIf 70 > cj > =60 Then
   Print "及格"
 Else
   Print "不及格"
 End If
```

方法五

```
If cj > =90 Then
   Print "优"
 ElseIf 90 > cj And cj > =80 Then
   Print "良"
 ElseIf 80 > cj And cj > =70 Then
   Print "中"
 ElseIf 70 > cj And cj > =60 Then
   Print "及格"
 Else
   Print "不及格"
 End If
```

三、循环结构实习

1. 实习目的

(1)通过实习掌握循环结构的语法结构及执行过程。

(2)培养阅读程序的能力,掌握使用循环结构编写简单程序的方法。

(3)掌握循环嵌套的语法结构及执行过程。

(4)学习使用循环嵌套分析问题思路和算法设计的方法,培养用循环嵌套解决复杂问题的能力。

2. 实习内容

(1)阅读和调试教材相关例题,理解程序的执行过程,体会用循环结构编程的思路。

(2)理解 For…Next 结构及执行过程,并将用 For 结构完成的例题试着改写成 Do 结构。

(3)理解循环嵌套的结构及执行过程,掌握循环嵌套的执行过程及注意事项,培养用循环嵌套解决复杂问题的能力。

(4)阅读和调试“应用举例”部分有关程序,学习其算法设计和实现方法。

(5)完成第 3 章习题中有关循环结构的编程题。

3. 常见错误及分析

(1)累加(积)器与计数器变量赋初值的问题　在循环中,常用到累加(积)与计数,对累加(积)器与计数器变量赋初值和书写位置,往往是初学者容易搞错的。

例如:求 1! +2! +3! +4! +5!。如果将程序代码写为:

```
Private Sub Command1_Click()
    Dim i As Integer,f As Integer,s As Integer
    s = 0
    f = 0                '此处 f 的值由原来的 1 改为 0
    For i = 1 To 5
      f = f * i          '求累加对象 i 的阶乘 f
      s = s + f          '累加
    Next i
    Print "1! +2! +3! +4! +5! =";s
End Sub
```

运行程序后,发现运算结果 s = 0,原因是由于 f = 0,造成 f = f * i 始终为 0,无法累积。

(2)For 循环体中改变了循环变量的值　在 For 循环体中改变了循环变量的值,从而改变了循环次数,如下述代码中的语句造成了循环次数的减少。

```
For i = 1 To 15
    i = i + 1
    print i
Next i
```

循环次数为 8 次,而不是 15 次。所以在 For 循环中最好不要采用这种格式。

(3)循环体不执行　For 循环中,当步长大于 0,且循环变量的终值小于初值时;或当步长小于 0,且循环变量的终值大于初值时,循环体均不会执行。

(4)死循环问题　引起死循环的原因较多,可用 Ctrl + Break 键强行退出循环。下面举出常见引起死循环的实例。

①Do 循环中缺少改变循环控制变量值的语句。

例如:例 4 - 13 计算 1 +2 +3 + … +10 的值。程序代码为:

```
Private Sub Command1_Click()
    Dim i As Integer,s As Integer,n As Integer
    i = 0:s = 0:n = 1                  '计数器 i 赋初值 0,累加器 s 赋初值 0,相加数 n 赋初值 1
    Do While i < 10                    '当型循环
```

```
    n = n + 1                      '相加数
    s = s + n                      '累加
    i = i + 1                      '计数
  Loop
  Print "1 + 2 + 3 + … + 10 = ";s
End Sub
```

如果将循环体中的语句 i = i + 1 去掉，即循环变量 i 的值保持初值不变，循环条件永远成立，程序运行将会出现死循环。

②循环条件、循环初值、循环终值、循环步长设置存在问题，循环将永远不能正常结束。

在求 s = 1 + 3 + 5 + 7 + 9 时，若用如下代码实现：

```
n = 1:s = 0
Do Until n = 10
  s = s + n
  n = n + 2
Loop
MsgBox s
```

程序运行进入死循环，由于 n 初值为 1，每次循环都加 2，则 n 的变化规律是 1、3、5、7、9、11，不可能出现等于 10 的情况，所以"n = 10"的条件永远不可能满足，循环不就能正常结束。若将条件改为"n > = 10"就可以避免死循环现象。

为了及时跟踪循环变量的变化情况，可以在循环中加入 MsgBox 函数显示循环变量的值。对于以上循环，在 Loop 之前加上"MsgBox n"，则每执行一次循环都会出现一个对话框，显示变量 n 的值。

(5)嵌套结构错误　这是一种常见的错误，且不容易理解。请看以下程序段：

```
s = 0
For i = 1 To 10
    If i \ 2 = i / 2 Then
      Print i;
      s = s + i
Next i
```

看起来好像是 For…Next 结构中嵌套的 If 结构缺少了 End If，但运行时出现的错误不是少 End If，而是如图 3-20 所示的对话框。

为什么会出现这个对话框呢？我们将程序的格式按缩进格式重写一下，也许就能看出其中的问题。

```
s = 0
For i = 1 To 10
    If i \ 2 = i / 2 Then
      Print i;
      s = s + i
      Next i
```

可以看到，对于程序控制结构，Visual Basic 采用后进先出的原则，所谓后进先出，就是按程序代码先后顺序,后出现的控制结构应先结束。由于 If 结构出现在 For 结构之后,所以应先有 End If,才能有 Next i,在没有遇到 End If 之前的所有语句都被认为是属于 If 结构的(除非在 If 结构中又有新的结构出现)。所以本程序中的 Next i 被认为是属于 If 结构中的循环结束语句,但在这个 If 结构中又没有 For 语句,因此会出现如图 3-20 所示对话框。

要解决这个问题,一个比较好的方法是严格按照程序的缩进规范书写程序。以避免漏掉语句,造成结构不完整。

(6)循环嵌套出现交叉　初学者在设计 For 循环嵌套时,容易出现循环嵌套交叉现象,例如:

```
For i =1 To 9
    For j =1 To 9
      Print i * j; "";
    Next i
  Print
Next j
```

运行该程序,会出现图 3-21 所示的错误。循环嵌套应遵循后进先出的原则,最内层循环应该最先结束。

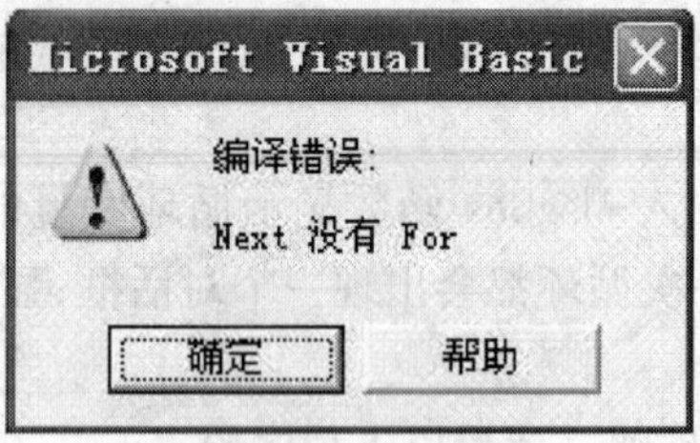

图 3-20　嵌套结构错误

图 3-21　循环嵌套交叉错误

第 4 章

数组与用户自定义数据类型

本章内容提示：前面章节应用的简单变量，常用于解决数据量小且处理简单的问题。对于具有相同数据类型的一组数据，如果数据间存在某种联系，就可以表示为一个数组。利用数组元素有序存放的特点，采用循环结构逐一取出数组中的每一个元素进行处理，可使复杂问题简单化，如果一组数据的类型虽然不一定相同，但存在某种逻辑上的关联，比如一组学生的基本信息，用户可以定义一种数据类型，称为用户自定义数据类型。本章重点讲授数组的概念、作用、声明方法、基本操作和应用；控件数组的应用；介绍用户自定义数据类型的定义及自定义数据类型的应用方法。

教学基本要求：理解数组的概念、分类和特点；掌握数组定义、输入和输出方法，把一维静态数组、一维动态数组作为重点和难点；掌握应用数组编写程序的方法和步骤，掌握用户自定义数据类型的定义方法及简单应用。

4.1 数组的概念

数组是 Visual Basic 提供的一种数据结构。用统一的名称来代表具有相同性质的一组数，该名称为数组名。数组中的每一个元素称为数组元素。为了区分数组中的每一个元素，需要用一个编号区别，该编号称为下标。数组中的每一个元素可以用数组名和下标唯一描述。每个数组元素和一个普通变量一样能存放一个数据。数组具有以下特点：

(1)数组由若干个数组元素组成。数组元素的表示方法为：数组名后跟圆括号和下标，如 a(3)。

(2) 数组元素在内存中有次序地存放，下标代表它在数组中的位置。如数组元素 a(3)表示数组 a 中的第 3 个元素（若下标从 0 开始，则表示第 4 个元素），而数组元素 b(3,4)则表示数组 b 的第 3 行第 4 列位置上的元素（若下标从 0 开始，则表示第 4 行第 5 列位置上的元素）。

(3) 数组中数组元素的数据类型相同，在内存中存储是有规律的，占一段连续的存储单元。例如一个整型数组 a，有 3 个元素 a(1)、a(2)和 a(3)，那么 a(1)、a(2)和 a(3)的数据类型均为整型，若已知 a(1)在内存中的存储单元地址编号为 3001，a(2)在内存中的存储单元地址必然为 3003(因为一个整型数据占两个字节)，a(3)在内存中的存储单元地址为 3005。

总而言之，数组由若干个类型相同的数组元素组成。在表示数组元素时，应注意以下几点：

①用圆括号把下标括起来，不能使用中括号或大括号代替，圆括号也不能省略。

②下标可以是常量、变量或表达式，其值为整数，若常量、变量或表达式的值为小数时，将

自动“四舍五入”。

③下标的最小取值称为下界,下标的最大取值称为上界。在不加任何说明的情况下,数组元素下标的下界默认为0。

数组按照数组元素下标的个数分为一维数组、二维数组和多维数组。三维及以上的数组称为多维数组。一维数组用于描述线性问题,二维数组用于描述平面问题,三维数组用于描述空间问题。

如存储某班30名同学的英语课程成绩,可定义一维数组 s,如果数组元素下标下界为1,那么下标 i 说明是第 i 个同学,数组元素 s(i)描述的是第 i 个同学的英语课程成绩。

再如存储某班30名同学不同学期英语课程成绩,可定义二维数组 a,如果数组元素两个维下标下界都为1,那么,第1个下标 i 说明是第 i 个学生的,第2个下标 j 说明是第 j 个学期的,数组元素 a(i,j)描述的是第 i 个同学第 j 个学期的英语课成绩。

当然第2个问题也可用一维数组 p 描述,其中,数组 p 前30个元素存储第1学期,接着的30个元素存储第2学期,……,最后的30个元素存储最后1学期,看起来问题得到解决,但存在诸多不便,很难直观地找出某个同学某学期的成绩在数组中的位置,或某数组元素代表哪个同学哪个学期的成绩。因此,凡是描述平面问题用二维数组最方便。

另外,在 Visual Basic 中,按照数组声明时元素个数是否确定,又分为静态数组和动态数组两种。静态数组在同一段程序中仅能定义一次,一旦定义,其元素的个数在程序中不能再改变,而动态数组在同一段程序中可以多次定义,使元素的个数发生改变。

4.2 数组的声明

在 Visual Basic 中,“先声明后使用,下标不能越界”是使用数组的基本原则。

4.2.1 一维静态数组

格式:Dim 数组名(下界 To 上界)[As <数据类型>]

作用:声明数组具有“上界 - 下界 +1”个数组元素,这些元素按照下标由小到大的顺序连续存储在内存中。其中:

(1)数组名　命名要符合变量命名规则。

(2)下界 To 上界　称为维说明,确定数组元素下标的取值范围(下标下界最小值为 -32768,上界最大值为32767)。下界默认值为0。下界和上界只能取直接常量或直接常量表达式、符号常量或符号常量表达式,不能为变量或包含变量的表达式。

(3)[As <数据类型>]　指明数组元素的类型,默认为变体数据类型。

如下面的数组声明语句是合法的:

```
Dim x(1 to 6) As Single
```

声明数组 x 具有 x(1)到 x(6)连续的6个数组元素,数组元素的数据类型为单精度型。

```
Dim y(6) As String * 6      '省略了下标下界,取默认值 0
```

声明数组 y 有 y(0)到 y(6)连续的7个数组元素,数组元素的数据类型为定长字符型,且能存储 6 个字符。

```
Const n As Integer =6
Dim a(n)              '维说明为符号常量
Dim b(n+6)            '维说明为符号常量表达式
Dim c(5.4*8)          '维说明为常量表达式,系统会自动四舍五入并取整
```

假设 m 为变量,下面的数组声明是非法的:

```
Dim x(m)              '维说明不能为变量
Dim x(m+1)            '维说明不能为包含变量的表达式
```

4.2.2　二维静态数组

格式:Dim 数组名(下界 1 To 上界 1,下界 2 To 上界 2)[As　<数据类型>]

作用:声明(上界 1 - 下界 1 +1) * (上界 2 - 下界 2 +1)个连续的存储单元。

例如:

```
Dim Larray(0 to 3,0 to 4) As Long 或 Dim Larray(3,4) As Long
```

声明了长整型的二维数组 Larray,第 1 维下标范围为 0 ~3,第 2 维下标范围为 0 ~4,数组元素个数为 4 * 5 个,每个元素占 4 个字节的存储空间,元素排列如表 4-1 所示。

表 4-1　二维数组 Larray 各元素排列

Larray(0,0)	Larray(0,1)	Larray(0,2)	Larray(0,3)	Larray(0,4)
Larray(1,0)	Larray(1,1)	Larray(1,2)	Larray(1,3)	Larray(1,4)
Larray(2,0)	Larray(2,1)	Larray(2,2)	Larray(2,3)	Larray(2,4)
Larray(3,0)	Larray(3,1)	Larray(3,2)	Larray(3,3)	Larray(3,4)

二维数组和一维数组声明时对维说明的要求是相同的,在此不再赘述。

无论是一维数组还是二维数组,声明静态数组要注意如下问题:

(1)用"Option Base 1"可设定数组元素下标下界值为 1,以改变下界默认值为 0。该语句必须放在窗体或模块的通用声明段中,否则会出现"无效内部过程"的错误。

例如:

```
Option Base 1
Dim x(4)
```

声明数组 x 下标下界为 1,因此 x 具有 x(1)、x(2)、x(3)、x(4)4 个数组元素,数组元素为变体类型数据。

(2)静态数组在同一个过程中只能声明一次,否则会出现"当前范围内声明重复"的提示信息。例如:

```
Private Sub Form_Click()
    Dim x(5) As Integer
    .....
```

```
    Dim x(5) As Single
End Sub
```

在该过程中两次声明了静态数组 x。

(3)声明数组和声明变量一样,数组也有作用范围。

如建立公用数组,在标准模块的通用声明段用 Public 语句声明;建立模块级数组,在窗体的声明段用 Private 或 Dim 语句声明;建立过程级数组,在过程中用 Dim 或 Static 声明。详细内容请看第 6 章变量的作用域。

(4)声明数组后,各数组元素的初值与声明普通变量相同(见第 2 章 2.4)。

例 4-1 输入某门课 6 个同学的成绩,将高于平均分的成绩输出。

```
Dim sum!, aver!, i% , x! (1 to 6)
aver =0
For i =1 To 6
    x(i) =Val(InputBox("请输入第" & i & "个学生成绩", "录入窗口", 0))
    Print "第" & i & "个学生成绩为:" & x(i)
    aver = aver + x(i)
Next i
aver =aver /6
Print "平均分为:" & aver
Print "= = = = = = = = = =以下成绩高于平均分= = = = = = = = = ="
For i =1 To 6
    If x(i) > aver Then
        Print "第" & i & "个学生成绩为:" & x(i)
    End If
Next i
```

分析可以看出,把 6 个学生的学习成绩分别存放在数组 x 的数组元素 x(1)、x(2)、x(3)、x(4)、x(5)和 x(6)中,不会造成因为输入下一个学生的成绩而覆盖前一个,因此若需对这 6 个数据进行其他处理(如本例中的再次输出),则不需要重新录入数据,直接引用即可。

4.2.3 动态数组声明

动态数组是指在程序执行过程中,数组元素的个数可以改变的数组。和静态数组类似,也分为一维动态数组、二维动态数组和多维动态数组。

动态数组在用 Dim 语句声明时不给出数组的大小,程序执行到 ReDim 语句时才确定大小。创建动态数组通常分两步:

(1)在标准模块、窗体的通用程序段或过程中,声明一个省略维说明的数组,格式为:

Dim 数组名( )[As <数据类型>]

(2)根据应用需要,用 ReDim 重新确定数组元素的个数,格式为:

ReDim[Preserve] 数组名(维说明)[As <数据类型>]

说明:

①维说明。通常包含变量或表达式,但其中的变量或表达式应有明确的值。

②关键字 Preserve。如果省略，重定义前数组元素的值全部丢失，Visual Basic 系统重新对数组元素进行初始化；如果使用了 Preserve，重定义前数组元素的值不丢失，Visual Basic 系统保留原数组元素的值。

在使用 Redim 语句时请注意：

Redim 语句只能改变数组的大小，不允许改变数组的数据类型。

例如：

```
Private Sub Command1_Click()
    Dim a() As Integer
    n =6
    ReDim a(1 To n) As Integer                  ' 定义 a 具有 6 个元素
    For i =1 To n                               '输入 6 个元素的值
        a(i) =i
    Next i
    For i =1 To n
        Print a(i); "";                         '输出 a 中 6 个元素的值
    Next i
    Print
    m =8
    ReDim a(1 To m) As Integer                  '第 2 次声明数组 a 包含元素的个数
    For i = 1 To n
        Print a(i); "";                         '输出数组 a 前 n 个元素的值
    Next i
    Print
    For i =n + 1 To m                           '输出数组 a 后 m - n 个元素的值
        Print a(i); "";
    Next i
End Sub
```

运行此段程序，结果如下：

```
1 2 3  4  5  6                                  '动态数组第二次定义前的值
0  0  0  0  0  0                                ' 动态数组第二次定义后的值
0  0
```

由于程序中第二次用 ReDim 语句为动态数组 a 重新分配空间时，数组 a 原来的值丢失，因此输出全为 0。

若将 ReDim a(1 To m) As Integer 换为 ReDim Preserve a(1 To m) As Integer，则输出结果为：

```
1  2  3  4  5  6
1  2  3  4  5  6
0  0
```

加入关键字“Preserve”后，可保留数组 a 已有的 6 个元素的值，因此只有扩充的后 2 个元素值为 0。

若将 ReDim a(1 To m) As Integer 换为 ReDim a(1 To m) As String，则 Visual Basic 在运行

时将出现一个“不能改变数组元素的数据类型”的编译错误信息。这也就说明了使用 ReDim 语句只能改变数组的大小而不能改变数组的类型。

例 4-2 输入某门课 n 个同学的成绩,将高于平均分的成绩输出。

分析:由于在编写程序时并不能确定学生人数,用于存储学生成绩的数组元素的多少应根据学生人数的不同而异,所以这种情况用动态数组来处理较方便。代码如下:

```
Dim aver!, i% , x! ()                '这里先声明一个空数组
'下面的一条语句用于从键盘得到要统计的人数,注意不能输入 0
n = Val(InputBox("请输入统计人数", "输入框", 1))
ReDim x(1 to n)                      '根据实际人数声明数组大小
aver = 0
For i =1 To n
    x(i) =Val(InputBox("请输入第" & i & "个学生成绩", "录入窗口", 0))
    Print "第" & i & "个学生成绩为:" & x(i)
    aver = aver + x(i)
Next i
aver =aver /n
Print "平均分为:" & aver
Print "= = = = = = = = =以下成绩高于平均分= = = = = = = = ="
For i = 1 To n
    If x(i) > aver Then
        Print "第" & i & "个学生成绩为:" & x(i)
    End If
Next i
```

比较例 4-1 和例 4-2 可以看出,两个程序的结构相同,但数组形式不同。例 4-1 使用静态数组,声明语句维说明为常数(不能使用变量),例 4-2 使用动态数组,ReDim 语句中维说明含有变量,使得动态数组比静态数组要灵活方便。

当然,例 4-1 也可以采用动态数组的方法完成:将 x! (6)改为 x! () ,然后再用 ReDim 语句声明 x 数组的大小为 6 即可,ReDim x(1 to 6)。

4.2.4 数组元素的遍历

一个数组就是一组同种类型数据的集合,循环访问一个数组各元素的过程称为数组元素的遍历。在 Visual Basic 中,除了用 For…Next 循环结构完成对数组元素的遍历外,还可以使用 For Each…Next 循环遍历数组中的各个元素。格式为:

For Each 集合变量 In 数组名

循环体

Next 集合变量

其中,集合变量必须是变体类型。利用 For Each…Next 循环结构可以不必关心数组元素的个数,也不会出现下标越界的错误,在一维数组元素处理中会被经常用到。

4.3　数组的赋值

4.3.1　静态数组元素赋值

对于静态数组,利用数组元素是有序存储和静态数组元素个数在声明时已经确定的特点,采用循环结构,逐一为数组元素赋值。通常,采用循环次数固定的 For…Next 结构。一维数组可通过单循环实现,二维数组可通过双层循环实现。

以下是给数组 a 的每一个元素均赋值为 0 的程序段:

```
Dim a(1 to 10)as Single
For i =1 to 10
    a(i) =0
Next i
```

注意:对静态数组赋值时,被赋值对象不能是数组名而只能是数组元素。上段程序中将 a(i)改为 a 将是错误的。

再如:给数组 a 下标为奇数的元素赋值 0,下标为偶数的元素赋值 1,可用如下程序段实现:

```
For i =1 To10
    a(i) = IIf(i Mod 2 = 0, 1,0)
Next i
```

以下是给二维数组 w 中的每一个元素赋值 0 的程序段:

```
Dim w(1 To 3, 1 To 2) As Single
For i =1 To 3
    For j =1 To 2
        w(i, j) =0
Next j,i
```

如果数组元素的值在程序设计时无法预先确定,需要在程序运行过程中由键盘输入,可用 InputBox 函数。以下是通过 InputBox 函数给数组 a 的每一个元素赋值的程序段:

```
Dim a(1 to 10)as Single
For i =1 to 10
        a(i) = InputBox("输入 a(" & i &")的值")
Next i
```

对于二维数组,可采用双循环,如:

```
Dim w(1 To 3, 1 To 2) As Single
For i = 1 To 3
    For j =1 To 2
        w(i, j) = InputBox("输入" & i & ", " & j & "的值")
        Next j
Next i
```

由于 InputBox 在程序运行时,通过键盘提供数据,所以程序具有一定的通用性。但也有很多缺陷,如每录入一个数据(且每次只能录入一个数据),程序运行被中断而处于等待输入数据状态;无法对已经录入的数据编辑,不便于处理大量数据。试想一想,若要输入 100 个数据,则会出现 100 个 InputBox 输入框,程序中断 100 次。假设已经输入了 90 个数据后才发现第 80 个数据录入错误,只能重新从第 1 个数据开始录入。

4.3.2 动态数组元素赋值

与静态数组不同的是给动态数组赋值时,既可以将数组元素作为被赋值的对象,也可以将数组名作为被赋值的对象。当以数组元素为被赋值对象时,其赋值方法与静态数组相同,在此不再赘述,仅陈述相同的理由:

尽管动态数组在执行声明(Dim 语句)时,数组大小没有确定,但是当执行 ReDim 语句后,动态数组元素个数和下标的上下界就确定了,即数组元素下标的下界可由 LBound(数组名)函数得到(默认为 0),下标上界可由 UBound(数组名)函数得到,元素的个数可由表达式 UBound(数组名) - LBound(数组名) + 1 确定,因此,所有对静态数组元素的赋值方法同样适合动态数组。

下面主要介绍 Visual Basic 系统将动态数组名作为被赋值对象的两个常用函数,Array()函数和 Split()函数。

1. 使用 Array()函数为动态数组赋值

对于变体类型的一维动态数组,可采用 Array()函数为数组各元素赋值。格式为:

数组名 = Array(<数组元素值表>)

其中:<数组名>可以是已经声明过的变体类型的动态数组,也可以是未声明过的数组。数组元素的个数由<数组元素值表>中数据个数决定,数组元素下标的下界可由 LBound(数组名)函数得到(默认为 0),下标上界可由 UBound(数组名)函数得到。例如,以下程序段可以自动定义两个动态数组 a 和 b,并为各数组元素赋值。

```
a = Array(1,3,4,5, -6)
b = Array("abc","def","67","5","-6")
```

数组 a 共有 5 个元素,分别是 a(0)到 a(4),a(0)的值为 1,a(1)的值为 3,依次类推,a(4)的值为 -6,所有数组元素的数据类型均为整型。

同理,数组 b 元素个数、取值以及数据类型也就很容易得到。

例 4-3 从键盘上输入一个数字 0 ~ 6,显示对应的英文 Sunday ~ Saturday。

分析:星期日 ~ 星期六的英文可以放在一维动态数组中,通过 Array 函数直接赋值。代码如下:

```
Private Sub Command1_Click()
    Dim a(),x%
    a = Array("Sunday","Monday","Tuesday","Wednesday","Thursday","Friday","
Saturday")
    Do            '该循环用于保证输入合法数据
        x = Val(InputBox("请输入一个数字 0 -6"))
```

```
    Loop While x > 6 Or x < 0
    MsgBox a(x)
End Sub
```

读者可以思考一下，如果用多分支结构该如何解决？

注意：Array 函数只能对一维动态数组赋值。若提前声明了数组，类型必须为变体类型。

为了使程序灵活方便，建议使用下列通用结构，实现对一维动态数组中每一个元素的访问（如输出、参与运算等）。

```
For i = LBound(a) To UBound(a)
    Print a(i),                    '本例的作用为输出动态数组的每一个元素
Next i
```

2. 使用 Split( ) 函数为动态数组赋值

Split( ) 函数为数组元素赋值的基本方法是：将要赋值的数据组成字符串，且数据之间用固定的分隔符（如“,”）分隔；再通过 Split( ) 函数将其分离成逐个的数据后，赋给数组各元素，Split( ) 函数格式为：

<数组名> = Split(<字符串表达式>[,分隔符])

其中：<字符串表达式>是一组为数组赋值的数据，数据之间用固定的分隔符分隔，默认为“ ”（一个空格字符）。

注意：Split( ) 函数要求所赋值的数组必须是动态数组，可以不提前声明，如果提前声明则必须声明为字符型。该方法通常和文本框配合使用解决大量数据处理问题。

例 4-4　使用文本框录入大量的数据，将它们保存在一维数组中，并打印输出（每行显示 10 个数据）。

本例用 1 个标签显示提示信息，1 个文本框用于输入和编辑数据，1 个图片框用于输出数组元素的值，1 个“输出”按钮。

“输出”按钮的“单击事件”代码功能是：先将文本框中的数据保存到一维数组中，再在图片框中显示各数据元素的值。界面如图 4-1 所示。程序代码如下：

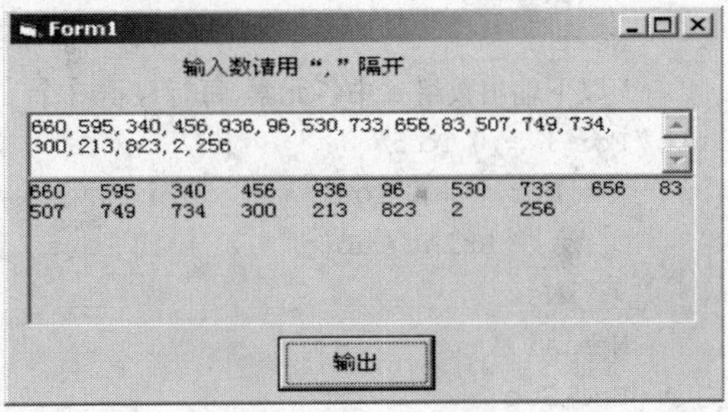

图 4-1　例 4-4 运行界面

```
Private Sub Command1_Click()
    Dim a$(),i%
    a = Split(Text1.Text, ",")          '按“,”分割 Text1 中的数据,并存储在数组 a 中
    For i = 0 To UBound(a)
        Picture1.Print Tab(6 * (i Mod 10) + 1); a(i);
    Next i
End Sub
```

现对 Split 函数和 Array 函数在使用时应注意的问题总结如下：

(1) Split 函数只能给字符型数组赋值；而 Array 函数只能给变体类型数组赋值。

(2) Split 和 Array 函数均只能为一维数组赋值，如果要为二维数组赋值，需要先将数据存

储在一维数组中,再通过程序的方法将一维数组的值赋给二维数组。

(3)用 Array 函数赋值时,数组元素的最小下标受 Option Base 语句影响,当"Option Base 0"或默认情况下,数组元素下标最小值为 0;当"Option Base 1"时,数组元素下标最小值为 1;用 Split 函数为数组赋值时,数组元素的最小下标与 Option Base 语句无关,不管 Option Base 语句设置为 0 还是 1,数组元素的最小下标均从 0 开始。

4.4 数组的输出

在上面的例子中已经看到,数组输出就是分别输出数组中的各元素,采用循环或循环嵌套结构将数组中各元素逐一输出。

通常利用 For 循环或 For 循环嵌套,调用 Print 方法实现将数组元素值输出到窗体或图片框中。输出时可采用 Tab( )函数控制输出格式,使输出的数据清晰。

以下程序功能为将随机函数产生的[0,99]范围内的随机整数,存入到一个二维数组中并输出。

```
Private Sub Form_Click()
    Dim a(5, 5) As Integer
    For i = 0 To 5
        For j - 0 To 5
            a(i, j) = Int(Rnd * 100)
        Next j
    Next i
    '以下输出数组 a 中各元素,每行显示 6 个
    For i = 0 To 5
        For j = 0 To 5
            Print Tab(j * 8 + 1); a(i, j);
        Next j
    Next i
    End Sub
```

在输出数组时注意如下问题:

(1)采用循环控制结构输出数组中各元素的值时,输出方法在循环结构中的位置要合理,避免下标越界现象。

再如将上述程序改为下述之一,是错误的。

```
Private Sub Form_Click()
    Dim a(5, 5) As Integer
    For i = 0 To 5
        For j = 0 To 5
            a(i, j) = Int(Rnd * 100)
        Next j
    Next i
    Print Tab(j * 8 + 1) a(i, j)
End Sub
```

```
Private Sub Form_Click()
    Dim a(5, 5) As Integer
    For i = 0 To 5
        For j = 0 To 5
            a(i, j) = Int(Rnd * 100)
        Next j
        Print Tab(j * 8 + 1); a(i, j)
    Next i
End Sub
```

左段程序 Print 方法位于循环结构之外，右段程序 Print 方法位于内外循环之间，均因为 Print 方法的位置不合适，出现下标超出范围的错误。

(2)可以根据需要单个输出数组元素的值，但下标不能越界 如：输出上例二维数组 a 前三个元素，可使用语句：

```
Print a(0, 0) ; a(0, 1) ; a(0, 2)
```

(3)不能通过数组名来输出数组中各元素的值

如上述程序改为：

```
Private Sub Form_Click()
    Dim a(5, 5) As Integer
    For i = 0 To 5
        For j = 0 To 5
            a(i, j) = Int(Rnd * 100)
        Next j
    Next i
    Print Tab(j * 8 + 1); a;
End Sub
```

通过数组名 a 输出二维数组中的每一个元素的方法，则是错误的。

(4)要注意用 Tab()函数控制输出格式 为了使数组输出层次清晰，要注意使用 Tab()函数或其他方法控制输出格式，实现行定位输出和换行输出。

如上述程序中 Print 方法后使用了 Tab()函数，实现了行定位输出和换行输出，请读者仔细分析程序中 Tab()函数的参数以及分号的作用。

以下再通过三个例题，来说明用数组解决问题的特点。

例 4-5 随机生成 10 个 100 ~ 200 之间的整数，输出这十个数后，找出其中的最大值与第一个数交换位置，再次输出这 10 个数。

分析：

①已知数组元素个数，可以使用静态数组。

②随机生成 10 个数据，用循环遍历为数组赋值，并输出各元素的值。

③假设第一个元素为最大值，在剩下的 9 个元素找到真正的最大值。

④交换最大值与第一个元素。

⑤输出 10 个元素值。

程序代码：

```
Option Base 1
Private Sub Command1_Click()
    Dim a% (10), i% , max% , x, t%
    For i = 1 To 10                              '循环遍历各数组元素
        a(i) = Int(Rnd() * 101 + 100)            '赋值
        Print a(i);                              '输出成一行
    Next i
    Print                                        '分行，为下一次输出作准备
```

```
    max = 1                                       '假设最大元素在第 1 位置
    For i = 2 To 10                               '从第 2 个元素开始遍历剩余元素
        If a(max) < a(i) Then max = i             '找真正最大元素位置
    Next i
    Print "最大值是第" & max & "个元素,与第 1 个元素交换位置后结果为:"
    t = a(1): a(1) = a(max): a(max) = t          '交换位置
    For Each x In a                               '用 For Each 结构遍历输出各元素值
        Print x;
    Next x
End Sub
```

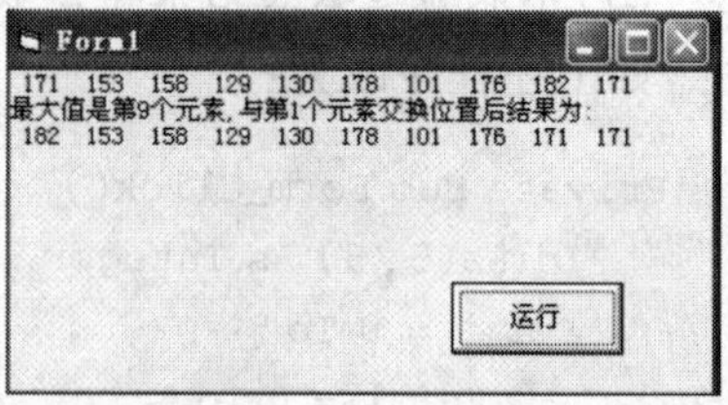

图 4-2　例 4-5 输出结果

程序运行结果如图 4-2 所示。

例 4-6　求一个 N * N 方阵对角线元素之和,N 从键盘输入,数组元素值可以随机生成。

分析:由于数组元素个数未定,所以只能使用动态数组,方阵主对角线元素的特点是行列坐标相同,次对角线元素的特点是行列坐标之和为 N + 1,所以可以利用这个特点在遍历数组元素时完成求和。程序代码如下:

```
Option Base 1
Private Sub Command1_Click()
    Dim a% (), n% , sum% , i% , j%
    n = InputBox("请输入 N 值")
    ReDim a(n, n)                       '根据 N 值动态定义二维数组
    For i = 1 To n                      '遍历数组,为数组元素赋值
        For j = 1 To n
            a(i, j) = Int(Rnd() * 9 + 1)
        Next j
    Next i
    For i = 1 To n                      '遍历数组,输出各数组元素的值
        For j = 1 To n
            Print a(i, j);
        Next j
        Print                           '用于分行,每当 I 值变化一次时换一行输出
    Next i
    For i = 1 To n                      '遍历二维数组,对对角线元素求和
    For j = 1 To n
        If i = j Or i + j =n + 1 Then
            sum =sum + a(i,j)
        End If
    Next j
Next i
Print "对角线元素之和为:" & sum
```

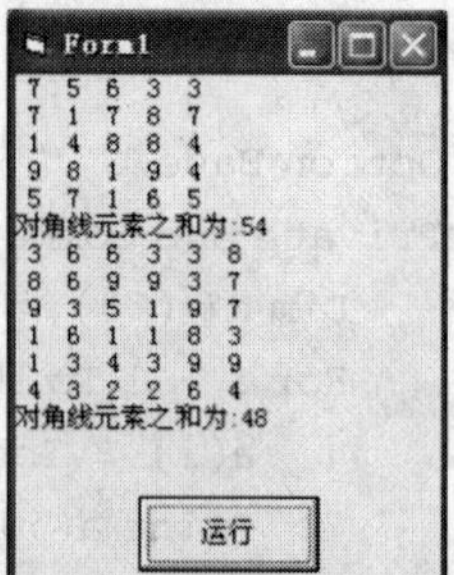

图 4-3　例 4-6 运行结果

本例代码中没有考虑 N 的奇偶性,读者可以修改程序完成。程序运行结果如图 4-3 所示。

例 4-7　杨辉三角形，又称贾宪三角形、帕斯卡三角形，是二项式系数在三角形中的一种几何排列。如下所示为 10 行杨辉三角形：

1									
1	1								
1	2	1							
1	3	3	1						
1	4	6	4	1					
1	5	10	10	5	1				
1	6	15	20	15	6	1			
1	7	21	35	35	21	7	1		
1	8	28	56	70	56	28	8	1	
1	9	36	84	126	126	84	36	9	1

其规律为：

①若将所有数据放在一个 N * N 的二维数组 A(N,N)（行、列均从 1 开始，只放左下半部分）中，则第一列所有元素值均为 1，行标和列标相同的元素值为 1。

②其余各元素值等于其左肩元素与头顶元素之和，即：A(i,j) = A(i-1,j) + A(i-1,j-1)。

编程生成 N 行杨辉三角形，并输出，N 从键盘输入。程序代码如下：

```
Option Base 1
    Private Sub Command1_Click()
    Dim a%(), n%, i%, j%
    n = InputBox("请输入N值")
    ReDim a(n, n)                              '根据N值动态定义二维数组
    For i = 1 To n                             '遍历数组,为数组元素赋值
        For j = 1 To i                         '由于二维数组只用了下半部分,这里循环终值为 i
          If j = 1  Or i = j Then
               a(i, j) = 1                     '对应第一个规律
       Else
          a(i, j) = a(i - 1, j - 1) + a(i - 1, j)    '对应第二个规律
       End If
    Next j
    Next i
    For i = 1 To n                             '遍历数组,输出各数组元素的值
       For j = 1 To i
          Print Tab(6 * j); a(i, j);           '注意 tab 函数对位置的控制
       Next j
       Print
    Next i
End Sub
```

程序运行结果如图 4-4 所示。

4.5　控件数组

在应用程序开发中，往往要使用一些类型相同、功能相似的控件，这些控件需要执行基本

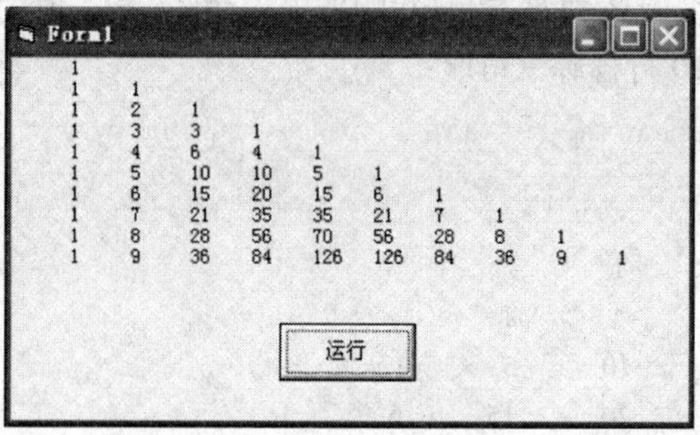

图 4-4　例 4-7 运行结果

相同的操作，如果把事件代码分别写在不同对象的事件过程中，会造成代码重复，给程序维护带来了困难，而应用控件数组则能避免上述问题。

4.5.1　基本概念

控件数组由一组同类控件组成，它们共用一个控件名称为控件数组名，控件各数组元素有不同的索引号(类似于数组元素的下标)，该索引由控件 Index 属性决定，最大索引值为 32767。

控件数组中的各控件元素可以具有不同的属性值，但具有相同的事件过程。例如：若 CmdName 是具有 4 个元素的命令按钮控件数组，不管单击哪个命令按钮，都会调用同一个单击事件过程，格式如下：

```
Private Sub CmdName_Click(Index As Integer)
    .....
End Sub
```

通过过程参数 Index 的值确定用户按的是哪个命令按钮，很显然，该过程体应是多分支结构，常采用 Select Case 结构，代码如下：

```
Private Sub cmdname_Click(Index As Integer)
    .....
    Select Case Index
    case    0
        '执行按了第 1 个命令按钮完成的操作
    case    1
        '执行按了第 2 个命令按钮完成的操作
    .....
    case else
        '执行按了第 m 个命令按钮完成的操作
    End Select
End Sub
```

4.5.2　建立控件数组的方法

控件数组有两种定义方法，一是在设计时建立，二是在运行时添加控件数组元素。

1. 设计时建立

步骤如下:

(1) 在窗体上添加第一个控件,设置好名称和其他属性。

(2) 选中该控件,进行复制和粘贴操作,系统会出现如图 4-5 所示的提示信息。

(3)单击"是"按钮,建立一个控件数组。通过若干次粘贴操作,便可建立所需要的控件数组。

图 4-5　建立控件数组时的提示信息

例如:建立具有 4 个元素的命令按钮名数组 Command1,操作过程如下:

先画出第一个命令按钮→"选中"→"复制"→"粘贴"→单击"是",再重复"粘贴"两次。

在设计时,若将同类控件起相同的名称时,也会出现如图 4-5 所示的对话框。单击"是"按钮,同样可以建立一个控件数组。

2. 在程序运行时建立

建立步骤如下:

(1) 先建立第 1 个控件数组元素:在窗体中添加第 1 个控件,设置其 Index 属性为 0。

(2) 在程序中用 Load 方法添加其余的若干个元素,用 Unload 方法删除某个元素。

(3) 新添的控件数组元素通过 Left 和 Top 属性值,确定它在窗体上的具体位置。

(4) 设置其 Visible 属性为 True,使其显示出来。

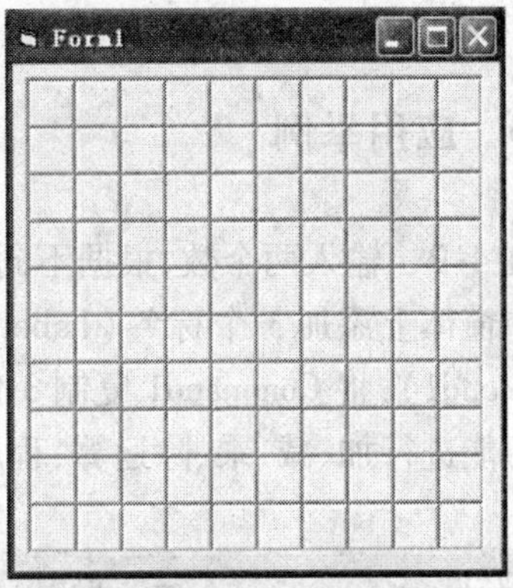

图 4-6　程序生成控件数组

例 4-8　在窗体上建立一个由 100 个命令按钮组成的 10 行 10 列控件数组,如图 4-6 所示。

建立步骤如下:

(1)在窗体上添加一个图片框 Picture1,其大小在窗体的 Load 事件中设置。

(2)在窗体上添加一个命令按钮 Command1,并将其 Index 属性改为 0,这样就创建了控件数组的第一个元素,控件数组的其他元素的创建通过调用 Load 方法实现,代码如下:

```
Private Sub Form_Load()
    Dim i% , size%
    size = 375
    With Command1(0)                        '设置命令按钮大小及位置
        .Width = size
        .Height = size
        .Left = 0
        .Top = 0
        .Caption = ""
    End With
    Me.Height = size * 10 + 800             '设置窗体大小
    Me.Width = size * 10 + 400
    With Picture1                           '设置图片框的大小及位置
```

```
        .Height = size * 10 + 50
        .Width = size * 10 + 50
        .Top = 100
        .Left = 100
    End With
    For i = 1 To 99
        Load Command1(i)               '创建第 i 个控件数组元素
        With Command1(i)
            .Left = (i Mod 10) * size
            .Top = (i \10) * size
            .Caption = ""
            .Visible = True
        End With
    Next i
End Sub
```

4.5.3 应用举例

例 4-9 输入两个数,根据不同的运算符计算相应的运算结果。

在窗体上添加 3 个标签(Label1 ~ label3)、2 个文本框(Text1 ~ Text2)和 1 个命令按钮(Command1),将 Command1 复制 3 份成为控件数组元素,布局如图 4-7a 所示。4 个命令按钮分别可能进行加、减、乘、除运算,程序运行结果如图 4-7b 所示。

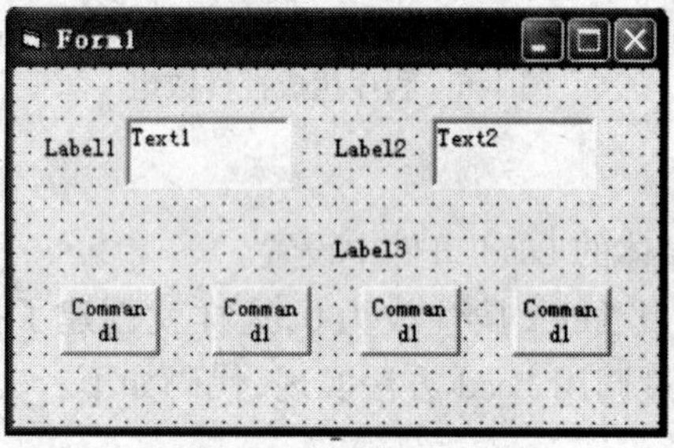

图 4-7a 例 4-9 界面设计

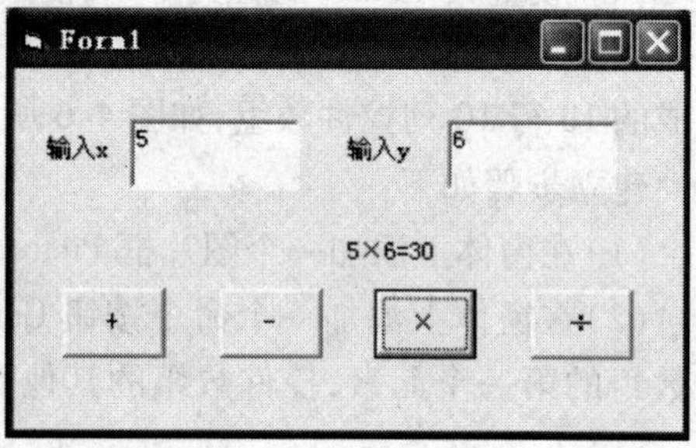

图 4-7b 例 4-9 运行结果

```
Private Sub Command1_Click(Index As Integer)
    Dim x!, y!
    x = Val(Text1.Text)
    y = Val(Text2.Text)
    Select Case Index
        Case 0
            Label3 = x & " + " & y & " = " & x + y
        Case 1
            Label3 = x & " - " & y & " = " & x - y
        Case 2
            Label3 = x & " × " & y & " = " & x * y
```

```
        Case 4
            If y = 0 Then
                Label3 = "除数为 0!"
            Else
                Label3 = x & " ÷ " & y & " = " & x / y
            End If
        End Select
End Sub
```

请读者思考，如果不用控件数组本例应该如何完成？

4.6 自定义数据类型

4.6.1 基本概念

在 Visual Basic 中，利用系统提供的标准数据类型声明变量，可以存储那些相互独立、没有内在联系的数据，借助数组能存储一组类型相同的数据。但在实际应用中，对事物的描述往往需要两个或两个以上的数据项，例如，表 4-2 是学生成绩表，每个学生的信息是学号、姓名、性别、出生日期、语文、数学、总分等 7 个基本数据项的集合，这 7 个基本数据项涉及字符型，数值型和日期型 3 种基本数据类型。若采用数组存储，则需要 3 个字符型数组分别存储学号、姓名和性别，1 个日期型数组存储出生日期，3 个整型数组分别存储语文、数学和总分，这种方法尽管解决了数据的存储问题，但处理起来将会非常麻烦。此类问题用 Visual Basic 提供的自定义数据类型则极为方便。

表 4-2　学生成绩登记表

学号	姓名	性别	出生日期	语文	数学	总分
99310	李小华	男	1985 年 2 月 5 日	85	95	180
99311	张红玉	女	1984 年 12 月 13 日	73	87	160
99312	田　宝	男	1986 年 1 月 5 日	82	79	161

把表 4-2 中的每一个列称为一个字段，列的名称称为字段名，表中的行称为记录，记录的值是同行不同字段值的集合。

自定义数据类型通常用来表示数据记录，记录一般由多个不同数据类型的元素组成。自定义数据类型也称为记录类型，格式如下：

```
Type <自定义数据类型名>
    <字段 1> as <类型名 1>
    <字段 2> as <类型名 2>
    ......
    <字段 n> as <类型名 n>
End Type
```

其中：<自定义数据类型名>是用户欲定义的数据类型名，其命名规则与变量名命名规则相同；<字段 n>是组成自定义数据类型的元素，其命名规则也与变量名命名规则相同；<类

型名 > 可以是任何基本数据类型，包括已经定义过的自定义数据类型。

例如，将表 4-2 学生成绩登记表结构定义为自定义数据类型，代码如下：

```
Type studtype
    xh as string *5
    xm as string *8
    xb as string *2
    csrq as date
    yw as single
    sx as single
    zf as single
End Type
```

也可以把学生各门课程成绩以数组的形式存放，会使自定义数据类型更简练，如果课程数较多，处理起来会更方便。

```
Type studtype
    xh as string *5
    xm as string *8
    xb as string *2
    csrq as date
    cj(1 to 2) as single              'cj(1)存储语文成绩,cj(2)存储数学成绩
    zf as single
End Type
```

定义自定义数据类型时，应注意：自定义数据类型一般放在标准模块中，当放在窗体的通用声明段中时，在 Type 前须加上 Private 关键词。

完成自定义数据类型以后，就可以用自定义数据类型来声明变量，格式如下：

Dim 变量名 as 自定义数据类型名

例如，声明 x 为自定义数据类型 studtypetr 的变量，当输入完“as”后输入数据类型名时，便可以在“成员列表”的下拉列表框中选择“studtype”，如图 4-8 所示。

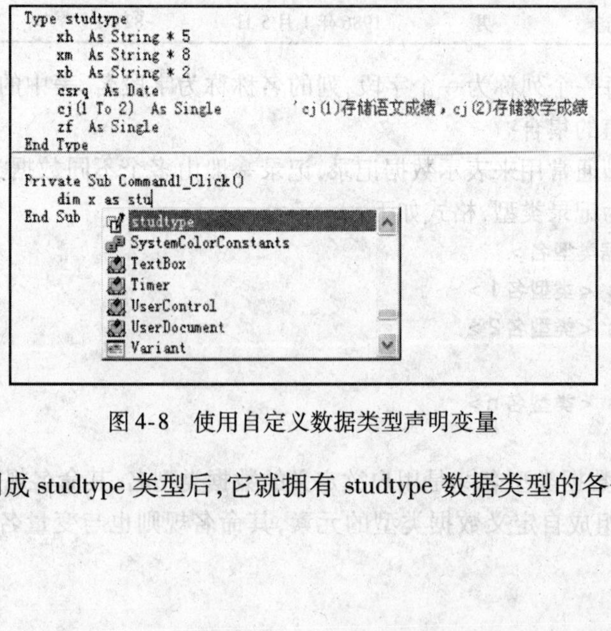

图 4-8　使用自定义数据类型声明变量

当变量 x 被声明成 studtype 类型后，它就拥有 studtype 数据类型的各个字段，访问各字段名的格式为：

变量名.字段名

为各字段赋值的格式为：

变量名.字段名=表达式

如将"张三"赋给变量 x 的 xm 字段，"男"赋给 xb 字段可以用：

```
x.xm = "张三"
x.xb = "男"
```

4.6.2　用户自定义数据类型数组

用户自定义数据类型数组中的每个元素数据类型均为用户自定义数据类型。声明用户自定义数据类型数组的步骤如下：

(1) 使用 Type 语句定义自定义数据类型。

(2) 使用数组声明语句声明自定义数据类型数组。

例如，存储表 4-2 中的数据，可用自定义数据类型数组。

```
Type studtype
    xh as string *5
    xm as string *8
    xb as string *2
    csrq as date
    yw as single
    sx as single
    zf as single
End Type
```

然后，声明一个具有 studtype 类型的数组，例如：

```
Dim score(1 to 40) As studtype      '假设用来保存 40 个学生的信息
```

这样，在程序中表示第 i 个学生的姓名，可以表示成：

```
score(i).xm
```

给 score 数组中的第一个元素赋值，可以由下列语句完成：

```
score(1).xh = "01"
score(1).xm = "张三"
score(1).xb = "男"
score(1).csrq = #1980-04-08#
score(1).yw = 87
score(1).sx = 56
score(1).zf = score(1).yw + score(1).sx
```

也可以用 With 语句简化，格式为：

```
With score(1)
    .xh = "01"
    .xm = "张三"
```

```
    .xb = "男"
    .csrq = #1980 - 04 - 08#
    .yw = 87
    .sx = 56
    .zf = score(1).yw + score(1).sx
End With
```

例4-10 输入三名学生学号、姓名和3门课程考试的成绩(表4-3),要求按平均成绩由高到低排序后输出学生的姓名、3门课程成绩及其平均分。

表4-3 学生成绩登记表

学号	姓名	语文	数学	英语
99310	李小华	85	95	77
99311	张红玉	84	87	96
99312	田 宝	92	79	95

分析问题:由于一个学生的学号、姓名和3门课成绩应该是一组相关数据,学号和姓名可以用字符型变量存放,成绩用整型变量存放,根据3门课成绩计算出来的平均值用单精度变量存放,如果用普通变量或某一种类型的数组,都不方便;排序涉及到数据交换,如何才能方便一行数据的交换也是需要考虑的问题。

如果用自定义数据类型来存储三个学生的数据,可以很方便地解决这些问题。

程序代码如下:

```
Private Type Student
    xh As String * 5                        '定义学号域
    xm As String * 6                        '定义姓名域
    yw As Integer                           '定义语文域
    sx As Integer                           '定义数学域
    yy As Integer                           '定义英语域
    pj As Single                            '定义平均分域
End Type
Private Sub Command1_Click()
    Dim x(1 To 3) As Student, i% , t As Student          '注意变量 t 在后面的应用
    For i = 1 To 3                                        '输入数据并求平均分
        x(i).xh = InputBox("请输入第" & i & "个学生学号")
        x(i).xm = InputBox("请输入第" & i & "个学生姓名")
        x(i).yw = InputBox("请输入第" & i & "个学生语文成绩")
        x(i).sx = InputBox("请输入第" & i & "个学生数学成绩")
        x(i).yy = InputBox("请输入第" & i & "个学生英语成绩")
        x(i).pj = (x(i).yw + x(i).sx + x(i).yy) /3        '根据输入的成绩求平均分
    Next i
    If x(1).pj < x(2).pj Then t = x(1):x(1) = x(2):x(2) = t '对前两个学生排序
    If x(1).pj < x(3).pj Then t = x(1):x(1) = x(3):x(3) = t '对1、3 个学生排序
    If x(2).pj < x(3).pj Then t = x(2):x(2) = x(3):x(3) = t '对2、3 个学生排序
    For i = 1 To 3                                        '输出排序后的结果
```

```
        Print x(i).xh, x(i).xm, x(i).yw, x(i).sx, x(i).yy, x(i).pj
    Next i
End Sub
```

可以看出,本例自定义了 Student 数据类型,并声明了这种数据类型数组 x,把 3 个学生的信息分别存放在每个 x 数组元素的各字段中,这样每个学生的信息就成了一个整体,在排序时既可以通过"变量名. 字段名"使用各字段值(如排序时的比较),也可以通过"变量名"对整体的信息进行处理(如本例中对两个数组元素的交换),如果不用自定义数据类型,交换是非常麻烦的,读者可以自己试一下。

本例只有三个数据排序,当有更多的数据需要排序时,第 5 章会有更好的算法。

自定义数据类型在读写随机文件时有更重要的用途,在第 7 章时会有介绍。

◎ 教学小结

数组是 Visual Basic 提供的一种复合数据结构,数组中各元素类型相同,使得它们成为解决大量数据、复杂问题的理想工具,在应用上具有灵活、形式多样的特点。本章是 Visual Basic 程序设计中的难点和重点,学生容易产生"厌学"情绪,在教学过程中应当注意以下几点:

(1)数组元素与简单变量进行比较,充分理解数组的概念及作用。

(2)掌握数组的定义、输入和输出方法是应用数组编程的基础;掌握使用数组编程的基本步骤,巧妙地应用下标变换是应用数组编程的难点。

(3)控件数组是将一组完成相同或相似功能的控件设计成控件数组元素,使得它们共享相同的事件过程代码,从而简化了代码的编写。

(4)用户自定义数据类型用于处理一组有相互关系但数据类型不一定相同的数据,注意与数组的区别和联系。

◎ 习题

一、选择题

1. 默认情况下,语句 Dim A(-3 to 5,1) As Long 定义的数组元素个数是______。
   (A)7　　(B)18　　(C)9　　(D)10

2. 以下程序运行的结果是________。

```
Dim a
a = Array(1, 3, 4, 5, 6, 7)
For i = LBound(a) To UBound(a)
    a(i) = a(i) * a(i)
Next i
Print a(i)
```

   (A)49　　(B)0　　(C)不确定　　(D)下标越界

3. 在窗体上添加一个命令按钮 Command1,然后编写如下代码:

```
Private Sub Command1_Click()
```

```
    Dim city() As Variant
    city = Array("北京","上海","天津","重庆")
    Print city(1)
End Sub
```

程序运行后,单击命令按钮,输出结果是________。

(A)空白　　(B)错误提示　　(C)北京　　(D)上海

4. 在窗体上画一个命令按钮 Command1,然后编写如下代码:

```
Private Sub Command1_Click()
    Dim arr1(10), arr2(10) As Integer
    n =3
    For i =1 To 5
        arr1(i) =i
        arr2(n) =2 * n +i
    Next i
    Print arr1(n),arr2(n);
End Sub
```

程序运行后,单击命令按钮,输出结果是________。

(A)11　3　　(B)3　11　　(C)13　3　　(D)3　13

5. 在窗体上画一个命令按钮 Command1,然后编写如下代码:

```
Private Sub Command1_Click()
    Dim a,s
    a =Array(1, 2,3,4)
    For i =3 To 0 Step -1
        s = s + Trim(Str(a(i)))
    Next i
    Print s
End Sub
```

程序运行后,单击命令按钮,输出结果是________。

(A) 10　　(B) 4321　　(C) 4 3 2 1　　(D) 1234

6. 执行下面程序后,输出的结果是________。

```
Private Sub Form_Click()
    Dim m(10)
    For k = 1 To 10
        m(k) = 11 - k
    Next k
    x = 6
    Print m(2 + m(x))
End Sub
```

(A)2　　(B)3　　(C)4　　(D)5

7. 在窗体上添加一个命令按钮 Command1,然后编写如下代码:

```
Option Base 1
Private Sub Command1_Click()
    d = 0: c = 10
    x = Array(10, 12, 21, 32, 24)
    For i = 1 To 5
        If x(i) > c Then
            d = d + x(i)
            c = x(i)
        Else
            d = d - c
        End If
    Next i
    Print d
End Sub
```

程序运行后,单击命令按钮,输出结果是________。

(A)89　　(B)99　　(C)23　　(D) 77

8. 以下程序段的运行结果是________。

```
Private Sub Form_Click()
    Dim ary(1 To 4) As Integer, i As Integer, sum As Integer
    sum = 1
    For i = 1 To 4
        ary(i) = i
        sum = sum + ary(i)
    Next i
    Print sum
End Sub
```

(A)8　　(B)9　　(C)10　　(D)11

9. 定义数组 Arr(1 to 5,5)后,下列哪一个数组元素不存在________。

(A) Arr(1,1)　　(B) Arr(0,1)　　(C) Arr(1,0)　　(D) Arr(5,5)

10. 关于 ReDim 语句,错误的是________。

(A) ReDim 语句只能出现在过程中

(B) 与 Dim 语句、Static 语句不同,ReDim 语句是一个可执行语句

(C) ReDim 语句的作用是声明动态数组

(D) ReDim 语句的作用是给动态数组分配实际的元素个数

11. 用于标识控件数组中各个元素的参数是________。

(A) Tag　　(B) Index　　(C) ListIndex　　(D) TabIndex

12. 以下程序段的运行结果是________。

```
Private Sub Form_Click()
    Dim x() As String
    a = " How are you!"
    n = Len(a)
```

```
    ReDim x(1 To n)
    For I = n To 1 Step -1
        x(I) = Mid(a, I, 1)
    Next I
    For I = 1 To n
        Print x(I);
    Next I
End Sub
```

(A)! uoy era woH　　(B)! uoy era woh

(C)How are you!　　(D)how are you!

二、编程题

1. 某校举行英语演讲比赛,共有10位评委给选手打分,去掉最高分与最低分后,求平均分,则是该选手的最终得分。编写程序求某选手的最终得分,其中评委打分可以通过随机数产生10个50~100(包括50,100)的正整数。

2. 用数组完成从键盘上输入一个年份,输出这一年的属相(利用数组完成)。

3. 输入若干个学生的一门课的成绩,统计各分数段的人数。按小于60分、60~69分、70~79分、80~89分、90~100分各为一个分数段。

4. 我国身份证号码的第18位是由前17位通过公式计算出来的,计算过程:

(1)对前17位数字的权求和S,公式为:

S = Sum(Ai * Wi)

其中:i = 0,1,2, ... ,16

Ai:表示第i位置上的身份证号码数字值

Wi:表示第i位置上的加权因子,加权因子对应表为:

I	0	1	2	3	4	5	6	7	8	9	10	11	12	13	14	15	16
Wi	7	9	10	5	8	4	2	1	6	3	7	9	10	5	8	4	2

(2)计算模Y,公式为:

Y = mod(S,11)

即求S除以11后的余数。

(3)通过模Y可得出对应的第18位编码,对应表为:

Y	0	1	2	3	4	5	6	7	8	9	10
校验码	1	0	X	9	8	7	6	5	4	3	2

请编程:要求从键盘上输入其一身份证号码的前17位,求出第18位。

5. 求一个M行N列的矩阵四周元素之和,元素值可以随机产生,M、N从键盘输入。

6. 求N行杨辉三角形,并以如图4-9的形式输出。

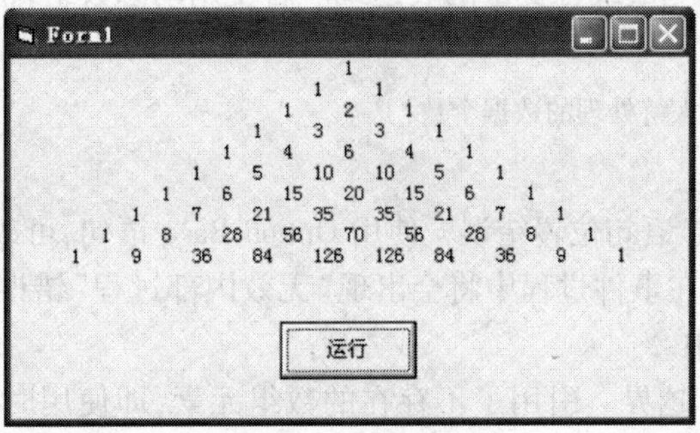

图 4-9　等腰三角形输出杨辉三角形

◎实习指导

1. 实习目的

通过实习理解数组的概念与作用;掌握静态数组与动态数组的定义方法和使用方法;掌握为数组赋值的几种方法及各自特点;掌握一维数组和二维数组的输出方法;掌握控件数组的应用。

2. 实习内容

(1)阅读和调试例 4-1 到例 4-7,体会静态数组和动态数组的区别,理解使用数组编程的步骤和方法。

(2)阅读和调试例 4-8 和例 4-9,掌握控件数组的应用。

(3)阅读和调式例 4-10,掌握自定义数据类型的定义方法及应用。

(4)完成习题中的编程题。

3. 常见错误分析

(1)数组未定义直接使用　可能由于受到使用简单变量的影响,不少读者不定义数组,而直接引用数组元素。

如:下述代码想实现为数组 a 中的元素赋值(此时 a 为未定义数组):

```
For i = 1 To 10
   a(i) = 2 * i - 1
Next i
```

运行该程序,出现图 4-10 所示的对话框。对话框提示信息表明:对于未定义而直接使用的数组 a,Visual Basic 系统把 a(i)当作子程序或函数调用处理,而不是作为数组元素对待。

(2)Dim 语句声明静态数组出错。

例如程序段:

```
n = InputBox("请输入待处理的数据个数")
Dim a(n)
```

图 4-10　过程未定义

程序运行时出现中断,将在 Dim 语句处显示“要求常数表达式”对话框,即 Dim 语句中声明的静态数组上、下界必须是常数或常数表达式，不能是变量或含变量的表达式。若使用动态数组，将以上程序段改为：

```
Dim a()
n = InputBox("请输入待处理的数据个数")
ReDim a(n)
```

(3)使用 Option Base 语句位置错误　使用 Option Base 语句，可改变数组元素下标的最小值。若将 Option Base 放在事件过程中将会出现“无效内部过程”错误。通常是将 Option Base 语句放在程序的声明段中。

(4)使用数组时下标越界　引用了不存在的数组元素，即使用时的下标在数组声明时的下标范围之外。这是初学者常犯的错误。比如：在求斐波那契数列前 20 项时，正确的程序如下：

```
Dim a(1 To 20) As Long, i%
a(1) =1
a(2) =1
For i = 3 To 20
    a(i) =a(i -1) +a(i- 2)
Next i
```

如果将 For i =3 To 20 改成 For i = 1 To 20，程序运行时会显示如图 4-11 所示对话框。这是因为当第一次循环时，i =1，a(i -1)和 a(i -2)分别指的是 a(0)和 a(-1)，而定义数组时的下标范围为 1 ~ 20，所以下标越界。

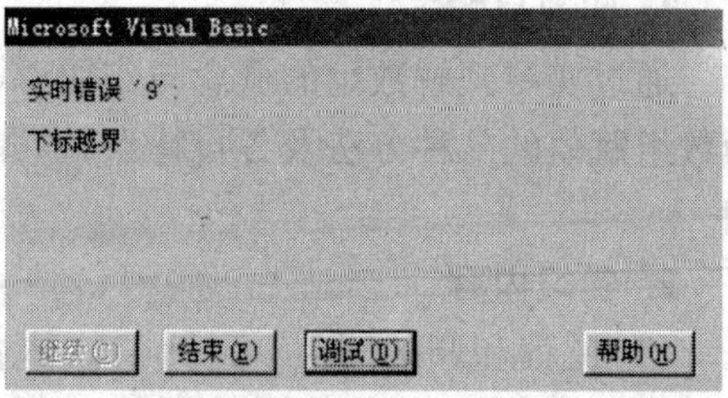

图 4-11　下标越界错误

(5)数组维数错误　数组声明时的维数与引用数组元素时的维数不一致。如下面程序段：

```
Dim a% (4,4)
For i =1 To 4
    For j =1 To 4
        a(i) =i * j
    Next j
Next i
```

程序运行到 a(i) =i * j 时出现“维数错误”，这是因为定义 a 时是二维数组，而引用时却是一维的。

(6)Array 和 Split 函数使用问题　Array 和 Split 函数能够很方便地为数组赋值，但要注意二者的区别。

第 5 章

编程思维与方法训练

本章内容提示：本章以程序设计中常见的典型问题为例，讲解程序设计中问题分析，编程基本思路，基本算法设计描述，代码编程实现和程序算法的优化，说明程序设计的一般思想和方法。本章内容是对前面所学程序设计基础知识的提升，分类介绍常见几类典型问题程序设计的思想、方法和规律，并对同类问题程序设计方法进行总结。

教学基本要求：学会典型问题的分析，理解问题抽象出的本质（模型），掌握问题的求解思路、算法设计和编程方法，通过编程练习、上机调试程序，掌握程序设计的一般思维和实现方法，培养用计算机解决问题的能力。

5.1 程序设计的一般方法

利用计算机处理问题的一般过程是：首先对各类具体问题进行仔细研究和分析，确定解决问题的具体方法和步骤（算法），然后依据方法和步骤，选择某种计算机语言，依据算法编写程序，提交计算机执行，让计算机按照人们指定的步骤有效的工作。

例如：编程求解猴子吃桃问题。猴子第一天摘下若干个桃子，当即吃掉一半，还不过瘾，又多吃了一个，第二天早上又将剩下的桃子吃掉一半，又多吃一个，以后每天早上都吃掉前一天剩下的一半又多一个。直到第 10 天早上，猴子发现只剩一只桃子了，问猴子第一天共摘了多少个桃子？

问题分析：设第一天的桃子数为 $peach_1$，第二天桃子数为 $peach_2$，…，第十天的桃子数为 $peach_{10}$。

已知 $peach_{10}=1$，而 $peach_{10}=peach_9/2-1$，则 $peach_9=2(peach_{10}+1)$，同理可得 $peach_8=2(peach_9+1)$，…依次类推，可得 $peach_1=2(peach_2+1)$。

由此可见，$peach_1$，$peach_2$，…，$peach_{10}$之间存在关系：$peach_i=2(peach_{i+1}+1)$，$i=9,8,\cdots,2,1$，即每项可由它的前一项计算得出。用计算机计算时可用式子 peach = 2 * (peach + 1) 求解，赋初值 peach = 1，运算一次可计算得到 peach = 4 即第 9 天的桃子数，再次运算，代入式子右边的 peach 为第 9 天的桃子数，可求得第 8 天的桃子数，依次计算 9 次，可得第一天的桃子数。

经过分析，可得算法：

S1：使 peach = 1；

S2：使 i = 9；

S3：计算 peach = 2 * (peach + 1)

S4:i = i - 1

S5:如果 i > = 1,返回重新执行步骤 S3;否则,执行 S6。

S6:打印 peach

这样的算法已经可以很方便地转化成相应的程序语句了。

基于算法编写的程序如下:

```
Dim peach% , i%
peach =1
i =9
Do
   peach =2 * (peach + 1)
   i = i - 1
Loop While i > = 1
Print peach
```

对较小的程序,需要养成对所设计的程序或系统进行注释习惯,以便于自己和其他人以后进行阅读和修改。例如程序可注释如下:

```
Rem 本程序设计于 2013.4.28,由张三设计。
Rem 本程序实现的问题是:猴子吃桃问题:猴子第一天摘下若干个桃子,当即吃掉一半,还不过瘾,又多吃了一个,第二天早上又将剩下的桃子吃掉一半,又多吃一个,以后每天早上都吃掉前一天剩下的一半又多一个。直到第 10 天早上,猴子发现只剩一只桃子了,问猴子第一天共摘了多少个桃子?
Dim peach% , i%
peach =1                          '赋初值,第 10 天的桃子数为 1
i =9                              '循环变量赋初值,从第 9 天开始计算。
Do                                '控制循环 9 次,依次计算第 9,8,7,…,1 天数的桃子数
   peach =2 * (peach + 1)         '递推公式
   i =i - 1
Loop While i > = 1
Print peach                       '打印第一天的桃子数
```

程序设计一般步骤如下:

(1)分析问题　对求解问题进行认真的理解,研究所给定的条件,分析最后应达到的目标,找出解决问题的规律,选择解题的方法,达到实际问题求解的要求。

在分析求解问题的基础上,将所研究问题的数据与数据间关系抽象出来,形成程序中数据的类型和数据组织存储形式。

(2)设计算法　算法是对特定问题求解步骤的一种描述,它是指令的有限序列,其中每一条指令表示一个或多个操作。

设计算法即设计出解题的方法和具体步骤。可用流程图等方法描述算法,为编写程序代码做好准备工作。

(3)编写程序　依据算法和流程图,用程序设计语言将整个数据、数据之间的关系和算法表述出来,形成程序代码。

(4)调试运行　将程序输入计算机,进行编辑、调试和运行。

(5)分析结果　对程序执行结果进行验证和分析,发现程序中存在问题并修改完善。

(6)写出程序的文档　程序是提供给用户使用的,如同正式的产品应当提供产品说明书一样,正式提供给用户使用的程序,必须向用户提供程序说明书。内容应包括:程序名称、程序功能、运行环境、程序的装入和启动、需要输入的数据,以及使用注意事项等,为程序的使用、修改做好基础工作。

5.2　一般计算问题

在进行程序设计时,通常会遇到需要通过简单累加、累积、计数或统计等进行求解的问题,这类问题关键是确定每次累加(乘)、统计的操作是什么,通过循环方式实现多次重复操作,从而得到运算结果,这是程序设计中的最基本问题之一。

5.2.1　累加、累积

若求解问题通过分析后,其本质是累加、累积问题,程序设计的基本思路是:首先,确定每次累加(乘)的对象(数据)是什么;其次,这些对象具有何种规律,将其表示成有规律的形式,构造出运算数据对象的表达式(如 x = x + 1);再次,每次运算有何种规律,将其表示成有规律的运算形式,构造出累加(乘)的运算表达式(s = s + x),构成重复操作的内容;最后,确定实现重复运算的控制方法(循环控制)。

在上述思路的基础,设计求解问题算法,依据算法编写程序。

例5-1　求任意数 n 的阶乘。

基于上述的基本思路,阶乘问题分析和求解基本方法是:

(1)n!　=1 * 2 * 3 * … * n,每次相乘的数分别为1,2,3,…,n,每一项相乘的数据有一个变化规律:是一个自然数,如果 i 的初值为0,可以用式子 x = x + 1 构造所有要累乘的数据,一次产生一个自然数 x。

(2)每次累乘的数是 x,可以用 f = f * x 构造累乘运算表达式,每次实现一个数据的累乘。

(3)计算 n 个 x 累乘,则需要循环操作 n 次,构造执行 n 次的循环控制。

本例可参照第3章例3-11问题"1 + 2 + 3 + … + 10"的算法分析,若将问题看做是 1 * 2 * 3 * … * n,只需要将 f 初始值设为1,将 s = s = + x 改为 f = f * x。

流程图如图5-1所示,程序代码如下。

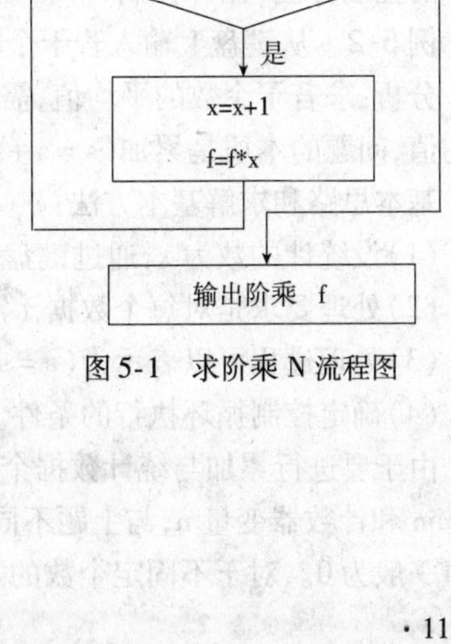

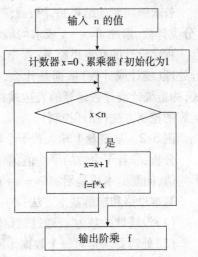

图5-1　求阶乘 N 流程图

```
Private Sub Command1_Click()
    Dim n As Integer, x As Integer, f As Integer
    n = Val(InputBox("请输入 n 的值"))
    x = 0                    '累乘数据变量的初始为值 0
    f = 1                    '累乘结果变量初始值为 1
    Do While x < n           '循环控制,执行 n 次循环
```

```
        x = x + 1          '构造累乘的数据
        f = f * x          '累乘运算
    Loop
    Print "f ="; f
End Sub
```

注意:这里的 n 不能太大,否则会出现“溢出”错误。因为累积器 f 的数据类型为整型,能存放的最大整数为 32767,如果要计算的 n 较大时,可将 f 的数据类型改为长整型、单精度型或双精度型。

以下同类题目与上例算法相同,对累加的数 x 进行适当变换,注意数据类型:

a. $1+\frac{1}{2}+\frac{1}{3}+\cdots\frac{1}{n}$(累加为:f = f + 1/x)或(将 x 变换为:i = i + 1:x = 1/i)

b. $1!+2!+3!+\cdots+n!$(增加累加运算的语句 s = s + f)

c. $\frac{1}{1\times2}+\frac{1}{2\times3}+\cdots+\frac{1}{n\times(n+1)}$(累加为:f = f + 1/(x * (x + 1))

d. 用$\frac{\pi}{4}=1-\frac{1}{3}+\frac{1}{5}-\frac{1}{7}+\cdots$公式求 π 的近似值,直到最后一项的绝对值小于 10^{-6} 为止。

对累加和累乘的题目,总结如下:

(1)用一个或若干个语句(x = x + 1),运算产生要累乘或累加的每一项。

(2)用一个语句,如 f = f * x(或 f = f + x),将产生的项累乘(或累加)起来。

(3)依据题目命题,结合前面两项,构造合适的循环语句和条件。

通过本节分析举例,对同类问题可以达到举一反三的效果。

5.2.2 计数与统计

若求解问题的结果是计数或统计,通过分析后,其本质是计数(简单累加:n = n + 1)、统计(分类计数、累加 s = s + x 或求均值 p = s/n 等)。

程序设计的基本思路是:首先,确定每次计数或统计的处理对象是什么;其次,这些对象进行处理(统计或计数)依据是什么,有哪些处理条件;再次,将其处理过程表示成有规律的形式,构造统计或计数运算的表达式,形成每次重复操作的内容(循环体);最后,确定实现重复运算的控制方法(循环控制)。

例 5-2 从键盘上输入若干个数,求其平均值。

分析:求若干个数的平均值,需要对数据累加求和,并对累加数据进行计数,然后计算得到平均值,问题的本质是累加(s = s + x),计数(n = n + 1)。

基本思路和求解基本方法:

(1)设统计的数为 x,通过键盘输入。

(2)处理要求是对每个数据 x 需要进行累加,同时进行计数。

(3)处理过程可以表示为(s = s + x:n = n + 1)。

(4)确定控制循环执行的条件。

由于要进行累加与统计数据个数,需要设置两个变量 sum、n,可以分别称它们为累加器变量 sum 和计数器变量 n,与上题不同的是累加器变量中累加的是从键盘输入的数据。它们的初值一般为 0。对于不固定个数的数求和,其累加、计数的次数也不固定,应采用 Do 循环。为

了使循环能够结束,需设定一个结束标志,本题可设置 -9999(结束标志应选择远离有效数据为宜)做结束标志。代码如下:

```
Private Sub Command1_Click()
    Dim sum!, n% , x!, aver!
    sum = 0                                  '累加器初值置 0
    n = 0                                    '计数器初值置 0
     x = Val(InputBox("请输入:"))            '输入第 1 个数
    Do While x < > -9999
        sum = sum + x
        n = n + 1
        x = Val(InputBox("请输入:"))         '输入下 1 个数
    Loop
    aver = sum / n
    MsgBox "共输入" & n & "个数,平均值为:" & aver
End Sub
```

从分析可以看出循环体外的 InputBox( ),用来输入求和的第 1 个数,目的是为进入循环;循环体内 InputBox( )函数用来输入除第 1 个数以外的其他数及结束标志 -9999,目的是维持循环并最后能够结束循环。

如果在本题中第 1 次输入数据时就输入 -9999,会出现错误,请读者思考出错的原因?如果将程序修改成:

```
Dim sum!, n% , x!, aver!
sum = 0
n = 0
Do While x < > -9999
    x = Val(InputBox("请输入:"))
    sum = sum + x
    n = n + 1
Loop
aver = sum / n
MsgBox "这些数的平均值为:" & aver
```

程序又会出现什么问题呢?请大家试一试。

本例学习的重点:在循环次数未知的情况下使用输入循环标志结束循环的方法。

例 5-3　输入多名学生的一门课程的考试成绩(假设为整数),统计各分数段学生人数。

在计算机数据处理中,如果需要多个计数器,可以考虑使用一维数组,利用数组元素充当计数器进行多项计数。

问题分析:学生人数无法预先知道,因此应采用动态数组存储学生成绩,输入数据时采用文本框输入,便于数据的编辑。

本例是要统计各分数段(11 段)的人数,所以要使用的计数器变量不止一个(11 个),可以考虑用一维数组的数组元素作为计数器,通过巧妙的使用进行计数和批量处理。

"统计"按钮用于将录入的数据保存在一维数组中,并完成统计处理和结果输出。程序运行界面如图 5-2 所示。

```
Private Sub Command1_Click()
    Dim a $()
    Dim x(0 To 10) As Integer
    '数组元素充当计数器,保存统计结果
    a = Split(Text1, ",")
    For i = 0 To UBound(a)
        If (a(i) < = 100 And a(i) > 0) Then
            k = a(i)\10
            x(k) = x(k) + 1
    End If
    Next i
    Print "统计结果如下:"
Print "100 分的有:" & x(10) & "人"
For i = 9 To 0 Step -1
    Print i * 10 & "分 - "; i * 10 + 9 & "分有:" & x(i) & "人"
Next i
End Sub
Private Sub Command2_Click()
    End
End Sub
```

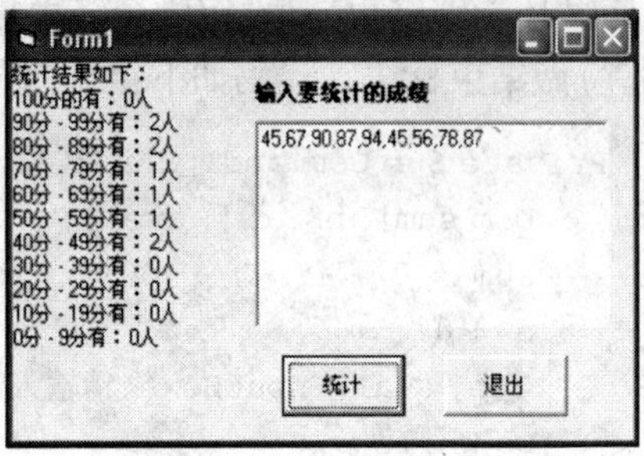

图 5-2　例 5-3 运行结果

请反复录入数据试运行程序,体会成绩分段统计技巧。

读者可以思考,如果用多分支选择结构对各分数段的成绩进行统计,程序代码又该如何编写?

例 5-4　输入一串字符,统计各字母出现的次数(不区分大小写),并输出统计结果,如图 5-3所示。

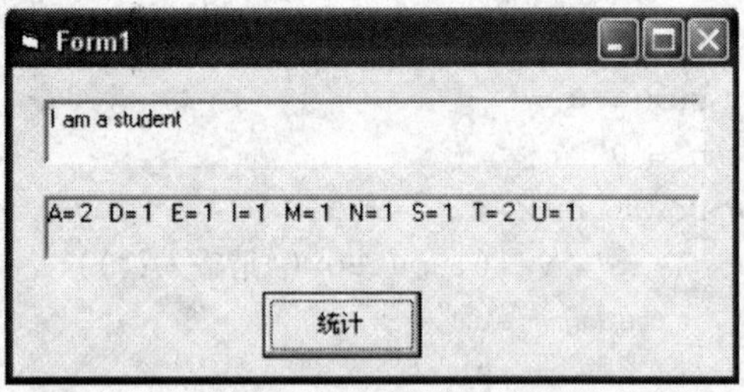

图 5-3　例 5-4 运行结果

分析:统计 26 个字母出现的次数,需要 26 个计数器,可以声明一个具有 26 个元素的一维数组。算法如下:

(1)用取子串函数 Mid(Text1, i, 1)从 Text1 中取出每一个字符,并转换成大写字母。

(2)将 A ~ Z 的大写字母用 Asc()函数转换成 ASCII 码值,再根据 ASCII 码值为相应的数组元素计数。

代码如下:

```
Private Sub Command1_Click()
    Dim a% (65 To 90), c As String * 1
    le = Len(Text1)
    For i =1 To le
        c =UCase(Mid(Text1, i, 1))      '分离出的字母转换成大写字母,方便统计
        If c > = "A" And c < = "Z" Then
            j = Asc(c)
            a(j) = a(j) + 1
```

```
        End If
    Next i
    For j = 65 To 90                              '输出字母及其出现的次数
        If a(j) > 0 Then Picture1.Print ""; Chr(j); " = "; a(j); "";
    Next j
End Sub
```

本例说明 Visual Basic 中数组定义中下标可以从任意整数开始。

5.2.3　计算定积分

例 5-5　求 $\int_a^b \sin(x)\mathrm{d}x$。

求一个函数 $f(x)$ 在 $[a,b]$ 上的定积分 $\int_a^b f(x)\mathrm{d}x$，其几何意义是求 $f(x)$ 曲线和直线 $x=a, y=0, x=b$ 所围成的曲边图形的面积，如图 5-4 所示。

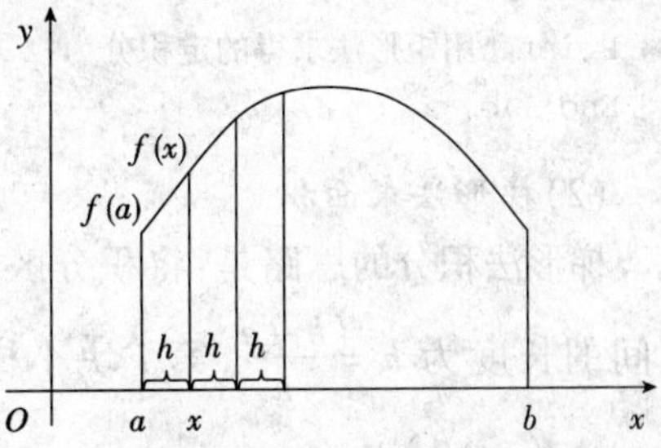

图 5-4　定积分求解几何示意图

问题分析：

为了近似求出此面积，可将 $[a,b]$ 区间分成若干个小区间，用矩形法或梯形法等近似求出每个小的曲边图形的面积，每个区间的宽度为 $h=(b-a)/n$（n 为区间个数）。然后将 n 个小面积加起来，就近似求得总面积，即定积分的近似值。n 越大，计算的结果越接近实际值。

近似求出小曲边图形面积的方法，常用的有以下三种：

①用小矩形代替小曲边图形，求出各小矩形的面积，然后累加。

②用小梯形代替小曲边图形，求出各小梯形的面积，然后累加。

③在小区间范围内，用一条直线代替该区间内的抛物线，然后求出该直线与 $x=a+(i-1)h, y=0, x=a+ih$ 形成的小曲边图形面积。

(1) 矩形法求面积　矩形法求积分值是将积分区间 $[a,b]$ n 等分，小区间的宽度为 $h=\dfrac{b-a}{n}$，第 i 块小矩形的面积是：$s_i = \mathrm{h} * f(a+(i-1)h)$。

程序设计的基本思路：

①设置区间 $[a,b]$，确定区间等分 n 的值，计算区间宽度 h。

②第 1 个区间矩形坐标为 x，则 $x=a$，其对应的函数值 $f(x)$ 为矩形的一边长度。

③计算区间矩形的长度 $f(x)$，则区间矩形面积为 $s_i = f(x) * h$。

④进行一个矩形面积累加：$s = s + s_i$。

⑤在前一 x 的基础上，得到下一矩形坐标 $x = x + h$。

⑥通过②、③、④实现一个矩形面积计算和累加，通过 n 次累加，得到积分值。

程序流程图如图 5-5 所示，代码如下：

```
Private Sub Command1_Click()
    Dim s!, si!, h!, x!, a!, b!, n%
    a = 0:b =1                  '设置区间
    n =100                      '设置区间等分数
```

```
    h = (b - a) /n                '计算宽度为 h
    x = a                         '设置第 1 个区间矩形坐标
    s = 0
    For i = 1 To n
        si = Sin(x) * h           '计算矩形面积
        s = s + si                '面积累加
        x = x + h                 '生成下一个 x
Next i
Print "用矩形法求得的定积分为:"; s
End Sub
```

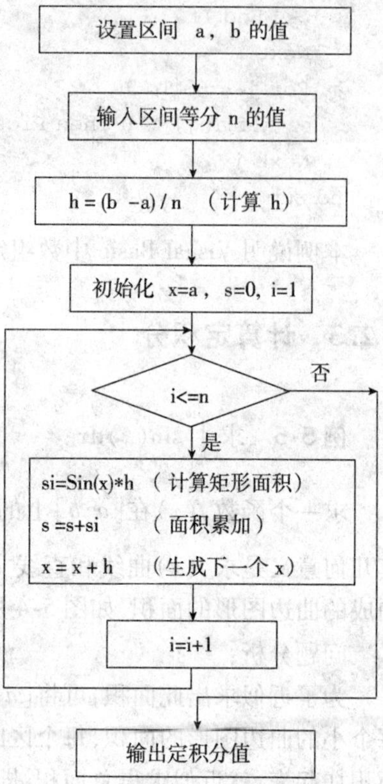

图 5-5 矩形法求定积分值流程图

(2)梯形法求面积

梯形法积分的思路是:将积分区间 $[a,b]$ n 等分,小区间的长度为 $h=\dfrac{b-a}{n}$,第 i 块小梯形的面积是:$s_i=\dfrac{f(x_i)+f(x_i+1)}{2}h$。

方法 1:用循环累加每个小梯形的面积。

```
Private Sub Command2_Click()
    Dim s!, si!, h!, a!, b!, n%
    a = 0:b = 1:n = 100
    h = (b - a) /n
    s = 0
    For i = 1 To n
        si = (Sin((i - 1) * h) + Sin(i * h)) * h /2
        s = s + si
    Next i
    Print "用梯形法 1 求得的定积分为:"; s
End Sub
```

方法 2: 对于梯形法来说,上一个小梯形的下底就是下一个梯形的上底,因此,把求面积的分析转化为求小区间端点函数值的问题,计算公式如下:

$$s=h\{\frac{1}{2}(f(a)+f(b))+\sum_{i=1}^{n-1}f(x_i)\}$$

在方法 1 的基础上修改程序,可提高算法的效率。代码如下:

```
Private Sub Command3_Click()
    Dim s!, si!, h!, x!, a!, b!, n%
    a = 0:b = 1:n = 100
    h = (b - a) /n
    s = (Sin(a) + Sin(b)) /2
    For i = 1 To n - 1
        x = a + i * h
        s = s + Sin(x)
    Next i
```

```
    si = s * h
    Print "用梯形法 2 求得的定积分为:"; si
End Sub
```

此问题参加运算的数据先通过多个步骤运算处理获得,然后进行面积累加计算。因此,求定积分的值算法在本质上是累加问题,只是运算步骤和过程较多而已。

5.3　穷举法求解问题

穷举法也叫枚举法或列举法,基本思想是根据提出的问题,列举出所有的可能情况,并依据问题中给定的条件检验哪些情况是想要的(符合要求的),将符合要求的情况输出。这种方法常用于解决“是否存在”或“有多少种可能”等类型的问题。如判断质数、不定方程求解等。

5.3.1　最大公约数与最小公倍数

例 5-6　给定任意两个整数 m 和 n,求最大公约数和最小公倍数。

问题分析:

若两个整数为 m 和 n,假设 $m>n$,设 x 为最小公倍数,则可能为最小公倍数 x 的取值范围为 $[m, m*n]$,可用穷举法求解。

基本思路:

(1) 列举出可能是 m、n 最小公倍数 x 的情况,则 x 的取值情况为 $[m, m*n]$。

(2) 依据公倍数的定义,判断 x 的每个取值是否满足条件:x 能同时被 m 和 n 整除。

(3) 若能整除,x 取值为最小公倍数,求解结束。

(4) 通过循环操作实现穷举每个 x 取值情况。

基本算法:

(1) 对 x 从 m 开始的每一个可能的取值,判断能否同时被 m、n 整除(即是否是公倍数)。

(2) 若是,x 必定是 m 和 n 的最小公倍数,程序运行结束。

(3) 如果不是,则判断下一个 x。

(4) 依次类推,直到 x 的取值为 $m*n$ 为止。

最大公约数算法与最小公倍数类似,设 y 为最大公约数,y 的范围是 $[1, n]$,程序实现时,y 的取值从 n 开始,判断过程与求最小公倍数类似,流程图如图 5-6 所示,代码如下:

```
Private Sub Command1_Click()
    Dim m% , n%
    m = Val(InputBox("请输入第 1 个数 m:"))
    n = Val(InputBox("请输入第 2 个数 n:"))
    If m < n Then t = m:m = n:n = t     '满足 m > n
    For x = m To m * n     '最小公倍数,x[m,m * n]
        If x Mod m = 0 And x Mod n = 0 Then
            Print "最小公倍数为:"; x
            Exit For                    '结束循环
        End If
```

```
    Next x
    For y = n To 1 Step -1          'y 取值范围为 n~1
        If m Mod y = 0 And n Mod y = 0 Then
            Print "最大公约数为:"; y
            Exit For          '结束循环
        End If
    Next y
End Sub
```

这种方法效率较低,求最大公约数可采用经典的"辗转相除法",并在求出最大公约数后,最小公倍数就等于两个原数的乘积除以最大公约数。算法描述如下:

(1)将 m 除以 n 得余数 r。

(2)若 r = 0,则 n 为求得的最大公约数,循环结束;若 r≠0,则执行(3)。

(3)将 n 赋给 m,将 r 赋给 n,再重执行(1)、(2)步。

代码如下:

```
Private Sub Command1_Click()
    Dim m% , n% , r%
    m = Val(InputBox("请输入第 1 个数 m:"))
    n = Val(InputBox("请输入第 2 个数 n:"))
    mn = m * n
    r = m Mod n
    Do While r < > 0
        m = n
        n = r
        r = m Mod n
    Loop
    MsgBox "两个数的最大公约数为" & n & ",最小公倍数为"
& mn / n
End Sub
```

本例因为在循环过程中改变了 m、n 的值,所以先将 m * n 的值放入变量 mn 中。读者可以比较一下两种算法的循环次数。

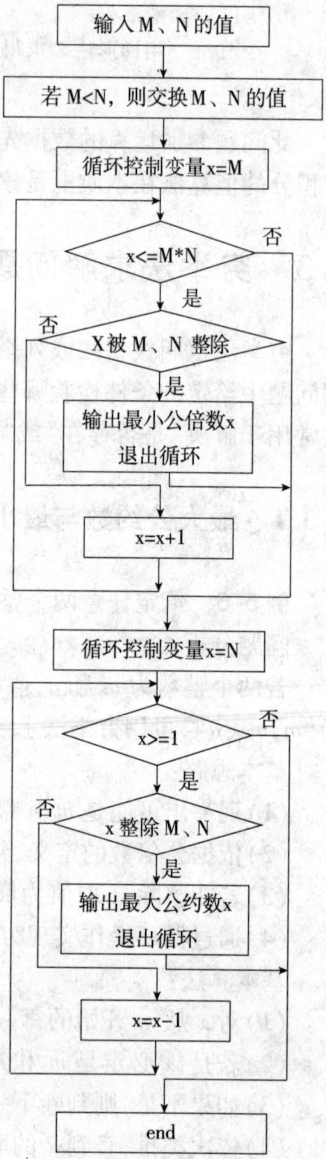

图 5-6 求公倍数、公约数流程图

穷举法是基于计算机特点而进行解题的思维方法,一般是根据问题中的部分条件(约束条件)将所有可能解的情况列举出来,然后通过一一验证是否符合整个问题的求解要求,从而得到问题的解。

穷举法一般解题模式为:

(1)问题解的可能搜索范围:用循环或循环嵌套结构实现;此问题用计算机进行求解时一般使用穷举验证的方法进行。

(2)写出符合问题解的条件。

(3)能使程序优化的语句,以便缩小搜索范围,减少程序运行时间。

5.3.2　质数

质数也叫素数,是指只能被 1 和它本身整除的自然数。最小的质数是 2。

例 5-7　从键盘输入一个数 m,判断是否为质数。

问题分析:

判断一个数 m 是否为质数的方法很多,最基本的是从质数的定义来求解,设 x 为可能整除 m 的数,则 x 取值范围为 $[2, m-1]$,可用穷举法求解。

基本思路:

(1)列举出可能整除 m 的数 x 的情况,则 x 取值情况为 $[2, m-1]$。

(2)判断 x 的每个取值情况:x 是否能整除 m。

(3)若能整除,则 m 不是质数,不再进行判断。

(4)若不能整除,则需要进行下一个 x 判断。

(5)通过循环操作实现穷举每个 x 取值情况。

(6)结果判读,在循环处理过程中,若都不能整除 m,则 m 为素数,只要其中有一个数能整除 m,则 m 不是质数。

基本算法:

(1)输入 m,设置标志 flag = True,默认 m 为质数。

(2)x 从 2 开始取值,判断 x 能否整除 m。

(3)若整除,则 m 不是质数,设置标志位 false,结束判断。

(4)若不整除,则判断下一个 x,即 $x = x + 1$。

(5)依次类推,直到 x 的取值为 $m-1$ 为止。

(6)依据 flag 标志,若 flag 为 True,则 m 为质数,否则 m 不是质数。

流程图如图 5-7 所示,程序代码如下:

```
Private Sub Command1_Click()
    Dim m% , i% , flag As Boolean
    m = Val(InputBox("请输入要判断的整数 m"))
    flag = True      '先假设 m 是质数
    For x = 2 To m - 1
        If m /x = m\x Then
            flag = False     'x 整除 m,则 m 为非质数
            Exit For       'm 不是质数,结束循环判断
        End If
    Next x
    If flag = True Then
        MsgBox m & "是质数"
    Else
        MsgBox m & "不是质数"
    End If
End Sub
```

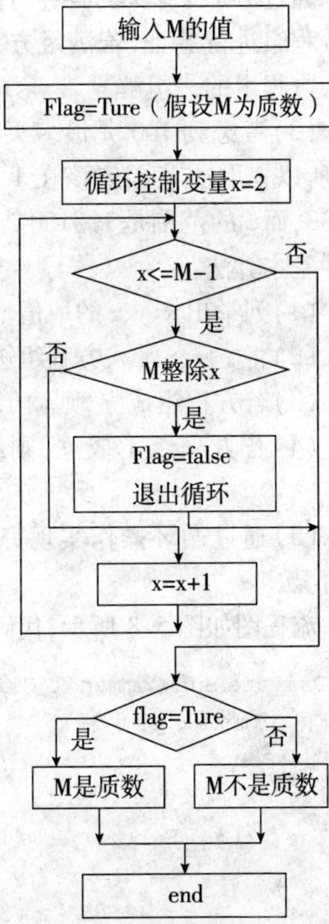

图 5-7　求质数流程图

实际上,依据质数定义可判断一个数 m 是否为质数,x 的取值范围为 $[2, m-1]$, 通过数学知识推导可知,x 的取值范围为$[2, m/2]$,这样,循环次数可以减少为原来一半。

数学已经证明,判断的取值范围可以是$[2, \sqrt{m}]$,这样可进一步减少循环次数,通过优化算法,以便缩小穷举的搜索范围,减少程序运行时间。

5.3.3　不定方程求解

例 5-8　我国古代数学家张丘建在《算经》中提出一个不定方程问题,即"百鸡问题":公鸡每只值 5 元,母鸡每只值 3 元,小鸡 3 只值 1 元,100 元钱买 100 只鸡,三种鸡都要有。问:公鸡、母鸡、小鸡可各买多少只?

问题分析:

(1)设可买公鸡 x 只,母鸡 y 只,小鸡 z 只,根据数学知识可有下面的方程式:

$$\begin{cases} 5x + 3y + \dfrac{z}{3} = 100 \\ x + y + z = 100 \end{cases}$$

(2)这是一个由 3 个未知数、两个方程组成的不定方程组,存在多组可能的解,可用穷举法求解。通过穷举 x、y、z 的各种可能取值情况,将其带入方程组进行验证,若满足方程组,则 x、y、z 的取值为方程组的一组解。

(3)考虑到 100 元最多买 20 只公鸡,33 只母鸡,所以 x 取值范围应该在 1 ~ 20,y 取值范围是 1 ~ 33,而 z 的范围是 1 ~ 100。

基本算法:

(1)列举出 x、y、z 的取值情况。

(2)将 x、y、z 带入方程组进行验证。

(3)若方程组成立,则输出一组解。

(4)若方程组不成立,则继续判断下一个情况。

(5)通过循环操作实现穷举所有 x、y、z 的取值情况。

流程图如图 5-8 所示,代码如下:

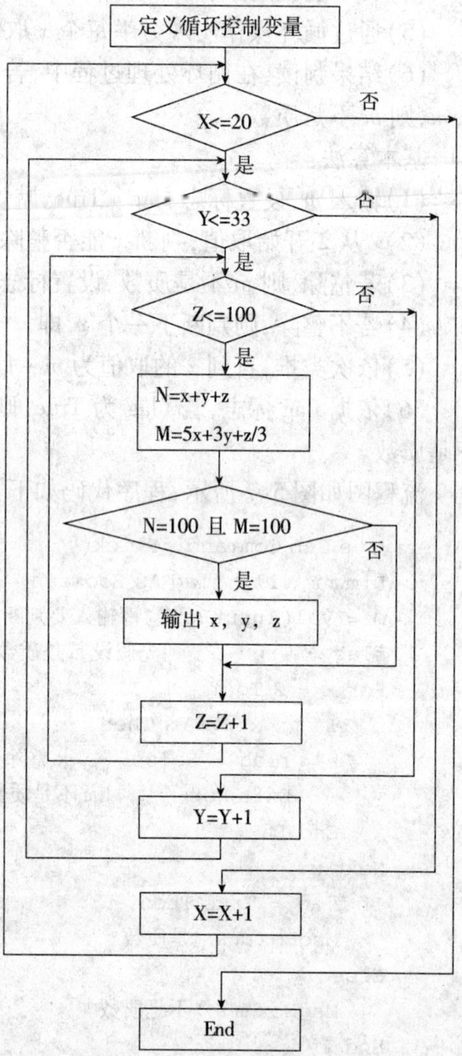

图 5-8　百鸡问题求解流程图

```
Private Sub Command1_Click()
    Dim x% , y% , z%
    For x = 1 To 20
        For y = 1 To 33
            For z = 1 To 100
                N = x + y + z        '总头数
                M = 5 * x + 3 * y + z / 3 '总钱数
                If N = 100 And M = 100 Then
```

```
            Print x, y, z
          End If
        Next z
      Next y
    Next x
End Sub
```

该程序中的判断语句共运行了 20 * 33 * 100 次，实际上，在确定公鸡和母鸡的只数后，小鸡只数可以直接推算出来，即 z = 100 - x - y，不需要再用循环列举 z 的值。因此，程序可以优化为：

```
Private Sub Command1_Click()
    Dim x% , y% , z%
    For x = 1 To 20                        '确定买公鸡只数
        For y = 1 To 33                    '确定买母鸡只数
            z = 100 - x - y                '计算小鸡只数
            s = 5 * x + 3 * y + z/3
            If s = 100 Then                '符合条件的解，即买公鸡、买母鸡和小鸡只数
                Print x,y,z
            End If
        Next y
    Next x
End Sub
```

这样循环次数减少到 20 * 33 次，若在确定公鸡只数 x 的基础上，再确定母鸡的只数 y，读者可以在此基础上考虑进一步优化程序。

5.4　递推和迭代法求解问题

递推(recurence)：从前面的结果计算推出后面的结果。解决递推问题必须具备两个条件：

(1)初始条件。

(2)递推关系(或递推公式)。

迭代(iterate)：不断以计算的新值取代原值的过程。

在进行程序设计时，递推的问题一般可以用迭代方法来处理，但若使用数组进行递推问题求解，则可以不用迭代法处理。

递推和迭代算法是用计算机解决问题的一种基本方法。它利用计算机运算速度快、适合做重复性操作的特点，让计算机对一组指令(或一定步骤)进行重复执行，在每次执行这组指令(或这些步骤)时，都从变量的原值推出它的一个新值，新值(替代原值)又推出下一组新值等，进而实现对复杂问题的求解。

迭代法又分为精确迭代和近似迭代。如例 5-9 求斐波那契数列为精确迭代，“牛顿迭代法”属于近似迭代法。

5.4.1　数列

求数列通常是给出数列初始几项(或最后几项)和递推公式(或规律)，求解出数列中其

他项。

例 5-9 求斐波那契(Fibonaccii)数列。已知数列的前两项均为 1,从第三项开始,每一项为其前两项之和,求该数列的前 20 项。

问题分析:

设 a、b 分别为数列中的前一项和前二项,c 为后一项,则有 c = a + b,第 3 到 20 个数用循环中的语句求出。已知第 1 项和第 2 项,在求出第 3 项后,使 a 和 b 分别代表数列中的第 2、3 项,以便求出第 4 项,如以下过程所示。以后依次类推,求出其他项。

	1	1	2	3	5
第一次计算	a	b	c		
第二次计算		a	b	c	
第三次计算			a	b	c

基本算法:

(1)设置前一项和前二项 a,b 的值。

(2)递推计算下一项 c = a + b。

(3)变量迭代:a = b,b = c。

(4)重复(2)、(3)过程。

流程图如图 5-9 所示,代码如下:

```
Private Sub Command1_Click()
    a = 1:b =1
    Print a; b;
    For i =3 To 20
        c = a +b
        Print c;
        a = b:b = c          '得到下一个前两项 a 和 b
    Next i
End Sub
```

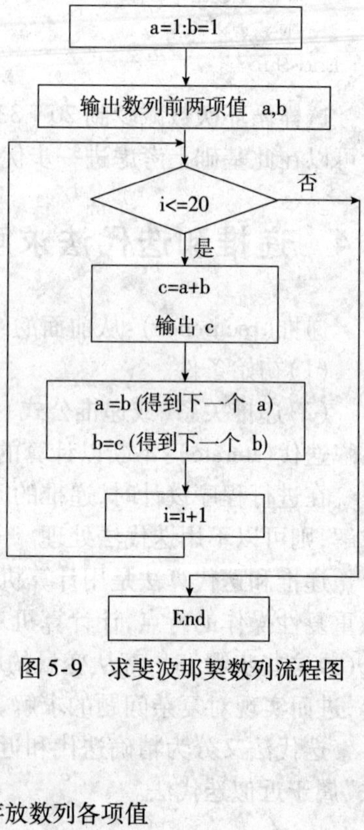

图 5-9 求斐波那契数列流程图

总结:在这个程序中,用 a,b,c 代表三个数,每一次循环中它们代表不同的数。在程序运行过程中,这些变量不断地以新值取代原值,使用了递推和迭代的方法。程序中的 a,b,c 称为迭代变量,它们的值是不断更迭的。

注意:深刻理解和学习递推和迭代方法的应用。同类问题如猴子吃桃、数值转换等。

用数组解决此类问题,程序代码将会更加清晰,只体现递推方法。例 5-9 使用数组方式进行递推求解的代码如下:

```
Private Sub Command1_Click()
    Dim a(1 To 20) As Long                  '定义数组,存放数列各项值
    a(1) = 1:a(2) = 1                       '设置数列第 1、2 项值为 1
    For i = 3 To 20
        a(i) = a(i - 2) + a(i - 1)          '从第 3 项开始,递推计算数列各项值
    Next i
```

```
    For i =1 To 20
        Print a(i);                                   '输出数列各项值
    Next i
End Sub
```

5.4.2　方程求解问题

例5-10　用牛顿迭代法求解方程 $f(x)=x^3-2x^2+4x+1=0$ 在 $x=0$ 附近的根。

有些一元方程式(尤其是一元高次方程)的根是难以用解析法求出来的,只能用近似方法求根,各种近似求根的方法有迭代法、二分法、弦截法等。这里只介绍牛顿迭代法(又称"牛顿切线法"),它比一般迭代法具有更高的收敛速度。

假设函数 $f(x)$ 在某一区间内为单调函数(即在此范围内函数值单调增加或单调减小),而且有一个实根,用牛顿迭代法求 $f(x)$ 根的方法为:

(1)大致估计实根可能的范围,任选一个接近于真实根 x 的近似根 x_0。

(2)通过 x_0 求出 $f(x_0)$ 的值。在几何意义上就是作直线 $x=x_0$ 与曲线 $f(x)$ 交于 $f(x_0)$。

(3)过 $f(x_0)$ 作曲线 $f(x)$ 的切线,交 x 轴于 x_1;

由图5-10可以看出:$f'(x_0)=\dfrac{f(x_0)}{x_0-x_1}$,故:$x_1=x_0-\dfrac{f(x_0)}{f'(x_0)}$。

(4)由 x_1 求出 $f(x_1)$。

(5)再过 $f(x_1)$ 作 $f(x)$ 的切线,交 x 轴于 x_2(x_2 的求法同 x_1)。

(6)通过 x_2 求 $f(x_2)$。

(7)重复以上步骤,求出 $x_3,x_4,x_5,\cdots,x_n$(用公式 $x_n=x_{n-1}-\dfrac{f(x_{n-1})}{f'(x_{n-1})}$),直到前后两次求出的近似根之差的绝对值 $|x_n-x_{n-1}|\leqslant\varepsilon$ 为止(ε 是一个很小的数),此时就认为 x_n 是足够接近于真实根的近似根。

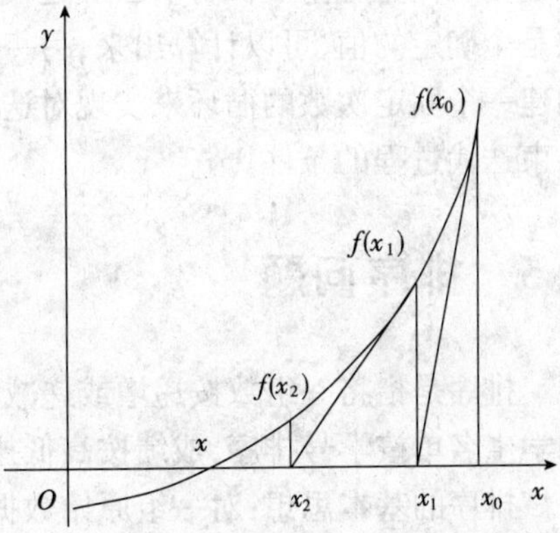

图5-10　牛顿迭代法求根几何示意图

根据以上算法,流程图如图5-11所示,程序如下:

```
Private Sub Command1_Click()
    Dim x1!, x0!, n%
    x0 = 0
    n=0
    Do While n = 0 Or Abs(x0 - x1) >0.000001
        x1 =x0
        f =x1 ^3 - 2 * x1 ^2 + 4 * x1 +1
        f1 =3 * x1 ^2 -4 * x1 +4
        x0 =x1 - f /f1
        Print n, x0
        n=n +1
    Loop
    Print String(20, "*")
```

```
    Print x0
    Print String(20, "*")
End Sub
```

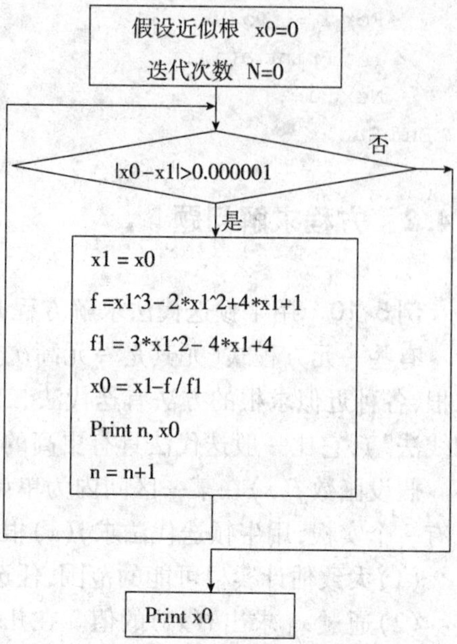

图 5-11　牛顿迭代法求方程根流程图

在此程序中,每次循环 x1 和 x0 代表不同的数,x1 存储原 x 值,用来计算新的 x 值,x0 存储的是计算出的新值。

总结:利用迭代算法解决问题,需做好以下三个方面的工作:

(1)确定迭代变量　在可以用迭代算法解决的问题中,至少存在一个直接或间接地不断由旧值递推出新值的变量,这个变量就是迭代变量。

(2)建立迭代关系式　迭代关系式是指如何从变量的前一个值推出其下一个值的公式(或关系)。迭代关系式的建立是解决迭代问题的关键,通常可以顺推或倒推的方法来完成。

(3)对迭代过程进行控制　在何时结束迭代过程,这是编写迭代程序必须考虑的问题。不能让迭代过程无休止地重复执行下去。迭代过程的控制通常可分为两种情况:一种是所需的迭代次数是个确定的值,可以计算出来;另一种是所需的迭代次数无法确定。对于前一种情况,可以构建一个固定次数的循环来实现对迭代过程的控制;对于后一种情况,需要进一步分析出用来结束迭代过程的条件。

5.5　排序问题

排序是指将一组数按递增或递减的次序排列。在日常生活中,排序问题和应用无处不在,如学生名单按学号排序,成绩按高低排序等,这些都是对数据排序的具体应用。

排序的基本思想:对一组原始数据,按照递增或递减的方式,对数据进行比较,调整其所在整个数据集合中的位置(次序),通过多次比较和调整,使所有的数据在整个集合中保持合适的位置,数据所在的位置表明数据的排列次序。

实现基本方法:

(1)将数据存放在一维数组中,每个数据对应一个数组元素,数组元素的下标代表数据在一组数中的排列位置。

(2)将数组元素值进行比较,交换数组元素值,通过多次比较操作,实现数组元素值按照递增或递减方式按次序存放在数组元素中,达到数据在数组中有序排列。

(3)按次序输出数据元素的值,得到排序结果。

常用排序的方法有比较交换法、选择法、冒泡法、插入法等。这里介绍比较交换法、选择法。

例 5-11　将一组数据 15、8、4、13、6、10、17、1 按照由小到大的顺序递增排列。

方法 1:比较交换法排序。

比较交换法排序算法如下：

(1)将数组的第 1 个元素 a(1)与其后的每一个元素进行比较,若 a(1)大于其后元素值,则将 a(1)与之交换值,通过此轮的多次比较,将最小数交换到 a(1)中。

(2)将 a(2)与其后的每一个元素比较,若 a(2)大于其后元素值,则将 a(2)与之交换,通过此轮比较,将此数交换到 a(2)中。

(3)依次类推到 a(n-1),完成排序,共计需要 n-1 轮比较。

(4)按次序输出数组元素值。

过程如下：

(1)先将第 1 个数与第 2 个数比较,若第 1 个数大于第 2 个数,则互换,再将第 1 个数和第 3 个数比较,若第 1 个数大于第 3 个数,互换,依次将第 1 个数与第 4 到第 n 个数依次比较并互换。这样就将 n 个数中的最小数通过比较互换安排到数组中的第一个位置上。

(2)按步骤(1)对其余 n-1 个数进行比较互换,将最小数换到第 2 个位置。重复步骤(1)共 n-1 次,最后数组中的元素就是按递增顺序排列的。

若以上数字存放在数组 a 中：

a	15	8	4	13	6	10	17	1
	1	2	3	4	5	6	7	8

依照以上步骤,相互比较互换数字的数组元素的下标关系如下：

第一轮		第二轮		第三轮		……	第七轮	
a(1)	a(2)	a(2)	a(3)	a(3)	a(4)		a(7)	a(8)
	a(3)		a(4)		a(5)			
	a(4)		a(5)		a(6)			
	a(5)		a(6)		a(7)			
	a(6)		a(7)		a(8)			
	a(7)		a(8)					
	a(8)							

比较过程中数组下标的变化规律如下：

(1)第一轮将 8 个数中的最小数安排在下标是 1 的数组元素中。

(2)第二轮将剩下的 7 个数中的最小数安排在下标为 2 的数组元素中。

(3)下标的变化为 1,2,3,…,7。

(4)将 8 个数据排好序,需进行 7 轮比较(对 n 个数排序,则进行 n-1 轮)。

用循环 for i=1 to n-1 控制比较的轮数,循环变量 i 用于表示比较的元素 a(i)。

对每一轮比较过程中,a(i)需要和其后的元素比较,则其后元素下标从 i+1 到 8(对 n 个数,则从 i+1 到 n),用循环 for j=i+1 to 8 可控制一轮的比较过程,循环变量 j 表示与 a(i)比较元素的下标;两个循环嵌套,可实现以上过程。流程图如图 5-12 所示,代码如下：

```
Option Base 1
Private Sub Command1_Click()
    Dim a(), i%, n%, j%
    a = Array(15, 8,4,13,6,10,17,1)
```

```
    n = UBound(a)
    Print "排序前:";
    For i =1 To n
       Print a(i);
    Next i
    Print
    For i =1 To n -1
       For j = i + 1 To n
          If a(i) >a(j) Then    '元素值比较
             t =a(i):a(i) =a(j):a(j) = t
          End If
       Next j
    Next i
    Print "排序后:";
    For i =1 To n
       Print a(i);
    Next i
End Sub
```

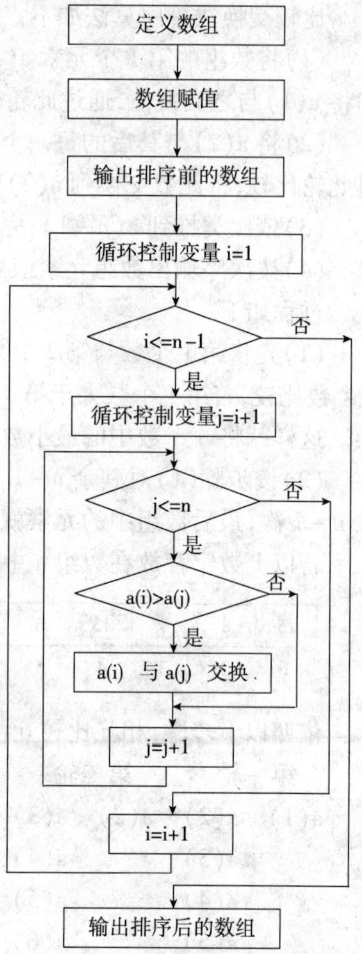

图 5-12 比较排序法流程图

方法 2:选择法排序。

选择排序法是在比较交换排序法的基础上进行了改进,每一次比较时并不立即交换元素的值,而是用一个变量 k 记录极值的下标(位置),当第一轮 a(1)与其他数比较结束后,变量 k 中记录最小数的位置(下标),再将 k 所指向的那个元素与 a(1)交换,这样可减少数据交换次数,提高了排序效率。

选择法排序算法如下:

(1)设置 k =1,代表第一个元素 a(1),默认其为最小数。

(2)将数组元素 a(k)与其后元素进行比较,若 a(k)大于其后元素 a(j),则 k =j,记录当前最小元素下标(最小数的位置),通过多次比较,k 中最后的值为最小元素的下标。

(3)将 a(1)与 a(k)元素值交换,a(1)为最小数,即第 1 轮比较结束。

(4)设置 k =2,重复(2)(3)步骤过程,完成第 2 轮比较。

(5)依次类推到 k =n −1,进行 n −1 轮比较,完成排序。

(6)按次序输出数组元素值。

选择排序法代码如下:

```
Option Base 1
Private Sub Command1_Click()
    Dim a(),i% ,n% ,k% , j%
    a = Array(15, 8, 4, 13, 6, 10, 17, 1)
    n = UBound(a)
    Print "排序前:";
    For i =1 To n
       Print a(i);
```

```
    Next i
    Print
    For i = 1 To n - 1
        k = i                                   '设置最小元素的下标
        For j = i + 1 To n
            If a(k) >a(j) Then k =j             '记录最小元素的下标
        Next j
        t = a(i):a(i) =a(k):a(k) =t             '数据交换
    Next i
    Print "排序后:";
    For i = 1 To n
        Print a(i);
    Next i
End Sub
```

注意:排序一定要用循环嵌套完成,注意两个嵌套循环的循环变量的初值和终值。读者考虑若排序数据个数未确定,程序将如何修改(提示:使用动态数组)。

排序问题一般程序设计模式为:

(1)定义数组　用于存放一组数据,若数据个数未确定,则需要定义动态数组。

(2)数组赋值　通过循环方式,为每个元素赋值。

(3)数组排序　排序时多轮多次的比较过程,无论何种排序方法,需要通过双循环嵌套结构实现。

(4)排序结果输出　通过循环方式,输出每个元素值。

5.6　查找问题

查找是在给定的信息(一组数据)中,依据查找的内容(数据),比较是否存在与其相同的内容。日常生活中各种信息查询和检索都是查询的具体应用。

查找的基本思想:将给定的一组数据存放在数组中,将查找的数据与数组元素值进行比较是否相同。若数组元素值中存在与查找数据相同的值,则得到查找结果;若数组元素值中不存在与查找数据相同的值,则得到无查找结果。

本节介绍顺序查找和二分查找两种查找方法。

1. 顺序查找法

顺序查找是将要查找的数据与数组中的元素逐一比较,若相同,查找成功;若找不到,则查找失败。

查找算法:

(1)首先,将给定的数据存放在一维数组中。

(2)给定查找的数据。

(3)将查找的数据依次与数组元素比较是否相等。

(4)若相等,则查找成功,结束查找;若不相等,则继续查找,直到比较完所有元素。

(5)若查找比较结束后,查找数据与所有元素都不相等,则查找失败。

例 5-12 对给定的一组数 15、8、4、13、6、10、17、1，键盘输入一个数，用顺序查找法找出该数在数组中的位置。

算法设计：

(1)用变量 x 存放想查找的数，用变量 p 来标记是否找到，p 初值为 False。

(2)将 x 与数组中的每一个元素进行比较，如果相等，则使变量 p 的值为 True 并退出循环；循环结束后，如果找不到，则 p 值仍为初值 False。

(3)用变量 p 的值来判断是否找到要找的数。

算法对应的流程图如图 5-13 所示，代码如下：

```
Private Sub Command1_Click()
    Dim x As Single
    Dim p As Boolean
    Dim a()
    a = Array(15,8,4,13,6,10,17,1)
    x = InputBox("请输入要查找的数")
    p = False
    For i = LBound(a) To UBound(a)
        If x = a(i) Then
            p = True
            Exit For
        End If
    Next i
    If p = True Then
        MsgBox "找到了,在数组中的下标为" & i
    Else
        MsgBox "没找到!"
    End If
End Sub
```

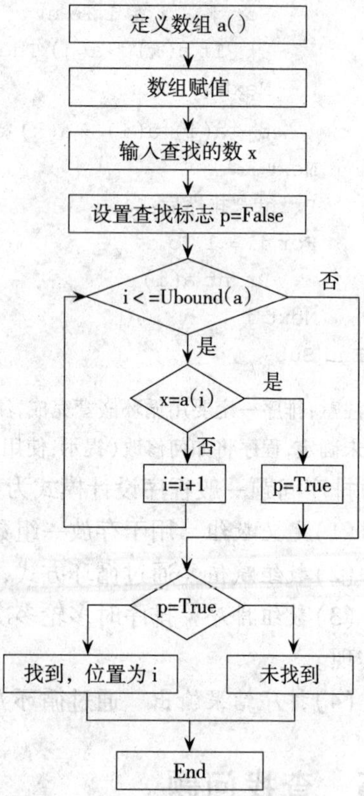

图 5-13 顺序查找法流程图

顺序查找法解决问题的方法简单，但算法效率很低，对于在大量数据中查找时，需要较长的查找时间。

2. 二分法查找法

二分法查找法(又称为折半查找法)，该方法是在一组有序数据的基础上进行查找的方法，折半法可以提高查找效率。

折半查找法的基本思想是：先确定查找的起始位置 T 和结束位置 B，确定待查找数据所在范围(区间[T,B])，每次查找时将查找数据与查找范围的中间位置 M(M=(T+B)/2)数据比较，若相等，则结束查找，若不相等，则将查找范围缩小为原来的一半。这样不断逐步快速缩小查找范围，直到查找结束。

查找算法：

(1)将给定的数据按由小到大次序存放在一维数组 A 中，设置 3 个变量 T、B、M 表示数组元素的下标，T(top)指向查找范围的起始位置(顶部)，B(bottom)指向结束位置(底部)，

M(mid)表示查找范围的中间位置,设 x 为待查找数据。

(2)计算查找范围的中间位置:M=(T+B)/2。

(3)比较 x 与 A(m),进行以下三种判断:

- 若 x=a(m),则结束查找,否则继续下一步。
- 若 x<a(m),则 x 必定落在 T 到 M-1 范围之内,下一步查找只需在这个范围内进行而不必去查找 M 以后的元素,查找范围缩小为原来的一半。因此,设置新的查找结束位置为 B,则 B=M-1,故新的查找范围为[T,B]。
- 若 x>a(m),则 x 必定落在 M+1 到 B 范围之内,因此,设置新的查找起始位置为 T,则 T=M+1,故新的查找范围为[T,B]。

(4)重复查找直到不再 T<B 而结束。

例 5-13　在一组有序的数据 1、3、5、7、9、11、13、15、17 中,从键盘输入一个数,找出该数在数组中的位置。

采用二分法查找代码如下:

```
Private Sub Command1_Click()
    Dim a()
    a = Array(1, 3, 5, 7, 9, 11, 13, 15, 17)
    Dim find As Boolean
    Dim t% , b% , m%
    Dim x As Single
    x = InputBox("请输入要查找的数")
    find = False
    t = LBound(a)
    b = UBound(a)
    Do While (t < = b And find = False)
        m =(t + b) \2                  '计算查找范围的中间位置 m
        If x = a(m) Then               '比较判断,找到 x
            find = True
            Print x & "已找到,"; "位置是:" & m
        ElseIf x < a(m) Then           '比较判断为前一半
            b = m - 1                  '折半,设定 b
        Else
            t = m + 1
        End If
    Loop
    If find = False Then Print x & "未找到"
End Sub
```

使用数组处理问题的一般方法:

(1)如果处理一维数组中每个元素或某段连续的数组元素,需要使用循环控制,用循环变量作数组元素的下标去处理。

(2)如果处理二维数组中的每个数组元素或某块(如 6*6 的二维数组的上半部分),数组元素分布在一个平面上,则一定要用循环嵌套,用内外循环的循环变量作数组的下标,这样可以处理分布在一个平面中二维数组中数组元素；如果要处理的二维数组中的数组元素排成一条线，则用一个循环就够了，如求二维数组对角线元素之和等。

(3)处理数组中的问题，要根据题目要求，找出要处理的数组元素下标之间的变化规律，就可以用相应的循环控制处理了。

◎教学小结

本章通过一般计算问题、穷举法求解问题、递推与迭代法求解、排序与查找等示例，介绍了程序设计的一般方法，其中递推与迭代、排序与查找是本章的难点。要求学生认真理解问题分析与算法设计思想，通过上机验证，培养编程思维掌握编程方法。

◎习题

1. 求自然对数 e 的近似值，当任意项的值小于 10^{-4} 时结束计算，近似公式为：

$$e \approx 1+\frac{1}{1!}+\frac{1}{2!}+\frac{1}{3!}+\cdots+\frac{1}{n!}$$

2. 计算机定积分：求函数 $\int_0^1 e^{-x^2}dx$ 的近似值。

3. 求1 000到1 100之间的所有质数，每行输出 6 个，分多行输出。

4. 一个自然数倒过来读仍是这个数，就叫回文数。如 151。编程求出 100 ~ 999 范围内的回文数。

5. "水仙花数"是指一个 3 位数，其各位数字立方和等于该数本身。例如，153 是一个水仙花数，因为 153 = 13 + 53 + 3。

6. 马克思手稿中有一道趣味数学问题：有 30 个人，其中有男人、女人和小孩，在一家饭馆吃饭花了 50 先令；每个男人花 3 先令，每个女人花 2 先令，每个小孩花 1 先令；问男人、女人和小孩各有几人？

7. 有一分数序列：$\frac{2}{1},\frac{3}{2},\frac{5}{3},\frac{8}{5},\frac{13}{8},\frac{21}{13},\cdots$，求出这个数列的前 20 项之和。

8. 用牛顿迭代法求方程 $2x^3-4x^2+3x-6=0$ 在 1.5 附近的根。

9. 用迭代法求，$x=\sqrt{a}$，求平方根的迭代公式为 $x_{n+1}=\frac{1}{2}(x_n+\frac{a}{x_n})$。

10. 从键盘输入某班学生某门课的成绩（具体人数从键盘输入），试编程将分数按从高到低顺序进行排序输出。

11. 某校召开运动会有 10 人参加男子 100m 短跑决赛，运动员号码和成绩如下表所示，试编制程序，按成绩由高到低排序。

某校运动会成绩表

运动员号码	成绩	运动员号码	成绩
011 号	12.4s	009 号	10.4s
095 号	11.1s	021 号	14.4s

（续）

运动员号码	成绩	运动员号码	成绩
041 号	13.4s	061 号	15.1s
070 号	12.1s	006 号	15.4s
008 号	12.4s	004 号	11.4s

12. 从键盘输入 10 个学生的姓名,再从键盘输入一个姓名,查找这个姓名是否在前面输入的 10 个姓名之中。

13. 从键盘上输入 3 个整数,求这三个整数的最大公约数。

◎实习指导

1. 实习目的

通过例题调试与习题训练,掌握一般计算问题、穷举法求解问题、递推和迭代汉求解问题、排序、查找等问题编程的基本思路、基本算法设计描述和算法优化方法,培养应用计算机解决实际问题的能力。

2. 实习内容

(1)阅读和调试例题 5-1,将变量 f 的类型分别改为长整型、单精度型和双精度型,看看最在允许的 n 值。

(2)阅读和调试例 5-2,体会在循环次数未知的情况下如何设置循环结束条件。

(3)阅读和调试例 5-3 和 5-4,掌握利用数组对统计程序的简化方法。

(4)阅读和调试例 5-5,掌握定积分算法的实现。

(5)阅读和调试例 5-6、5-7、5-8,理解穷举法的一般解题模式。

(6)阅读和调试例 5-9、5-10,理解递推与迭代法求解模式及数组在递推问题中的应用。

(7)阅读和调试例 5-11,再通过网上查阅相关资料,比较比较交换法、选择法、冒泡法排序的效率。

(8)阅读和调试例 5-12,5-13,体会顺序查找和二分法查找的效率。

(9)完成习题中的编程题。

第 6 章

模块化程序设计

本章内容提示：Visual Basic 应用程序是由一系列过程组成的，前面各章所涉及的例题和习题，除了定义一些公共的常量、变量或数组以外，编写的代码都写在事件过程中。而实际应用中，往往要根据问题的复杂程度，按照结构化程序设计的思想，将应用程序按功能划分为若干个模块，每个模块还可以继续细分为子模块，每个子模块完成具体的任务，模块和子模块均是可被重复调用的程序段，由编写人员按照一定的格式建立，称为用户自定义过程（本书简称过程）。Visual Basic 中的过程分为 Function 过程和 Sub 过程。

教学基本要求：了解应用程序设计中引入过程的目的和意义；掌握过程定义、调用方法以及过程调用过程中参数传递的形式和特点；掌握变量、过程作用域及其对程序运行结果的影响；了解过程的递归调用；培养学生模块化程序设计思想。

6.1 模块化程序设计思想概述

所谓模块化设计，是指在程序设计中将一个复杂的算法系统分解成若干相对独立、功能单一的模块，并利用这些模块积木式地组合成所需的全部程序。采用模块化思想设计的程序系统具有以下三个特点：第一，由于模块间是相互独立的，所以每个模块可以独立地被理解、编写、测试、排错和修改，这就使得程序容易设计，也容易理解和阅读；第二，模块的独立性也能有效地防止错误在模块之间扩散蔓延，因而有助于提高软件的可靠性；第三，模块化由于能够分割功能而接口可以简化，因此，可由许多人分工合作开发复杂大型软件，有助于软件开发工程的组织管理。

Visual Basic 中将上述具有独立功能的模块称为过程，分为两类：Sub 过程和 Function 过程。下面将分别进行讨论。

6.2 Sub 过程

Visual Basic 中有两类 Sub 过程：一类是事件过程，每一个事件过程都对应一个 Sub 过程。事件过程由 Visual Basic 系统定义，用户仅编写实现具体功能的代码，当该事件发生后，系统自动调用事件过程，而相应的过程代码被执行。前几章编写的代码基本上都是写在某个事件过程中。另一类就是本节要学习的内容，该类过程由用户定义，实现具体功能的代码也由用户编写，可供事件过程或其他过程调用。

6.2.1　Sub 过程的定义

Sub 过程的建立有两种方法,第一种方法是通过菜单建立,第二种方法是在代码窗口下直接建立。这里介绍后一种方法。

在窗体的通用声明段或标准模块的代码窗口中,直接输入 Sub 过程,格式如下:

[Static][Private|Public]Sub 过程名([参数列表])

语句组

End Sub

其中:

(1)*过程名*　为过程的标识符,其命名规则与变量相同。

(2)([*参数列表*])　表示执行 Sub 过程所需要的参数。该类参数本身没有值,只代表参数的个数、位置和类型,只有在被调用时才有确定的值,因此也称为形式参数(简称形参)。对形参的具体要求是:形参只能是变量(除定长字符型变量外)和数组,不能是常数或表达式;形参可以有多个,参数之间用逗号隔开。

在过程定义时,当省略[参数列表]时,该类过程称为无参过程,但过程名后的圆括号不得省略。

(3)[Private|Public]　用于说明过程的作用域,[Static]用于确定过程变量为静态变量,将在本章第4节中详细介绍。

(4)*语句组*　又称为过程体,用来实现过程功能的代码。如果过程体中含有 Exit Sub 语句,表示强行退出过程。

6.2.2　Sub 过程的调用

Sub 过程调用有两种格式:

第1种格式:**Call　过程名[(参数列表)]**

第2种格式:**过程名　参数列表**

其中:

(1)*参数列表*　代表要传送给 Sub 过程的实际值,称为实际参数(简称实参),可以为常量、变量、数组元素、数组名或表达式等形式。与形参类似,参数之间用逗号分隔。

(2)在调用 Sub 过程时,实参和形参按它们的位置建立一一对应关系,实参的值或地址传给对应位置上的形参后,执行过程体,当遇到 End Sub 或 Exit Sub 语句时,结束 Sub 过程,并返回主程序(调用过程语句所在的程序称为主程序)。

例 6-1　求组合数 $C_n^m = \dfrac{n!}{m!\ (n-m)!}$的值,设 $m=6, n=10$。

分析:本题需要计算不同数的阶乘3次,可以编写一个 Sub 过程,求任意整型数 x 的阶乘,以供主程序中多次调用。定义过程时需要设置2个形参,一个用于传入 x 值,另一个用于存放计算结果。程序代码如下:

```
Sub fact(x As Integer, f As Double)
```

```
    Dim i As Integer
    f =1                                    'B
    Fori =1 To x
      f =f * i
    Next i
  End Sub                                   'C
  Private Sub Command1_Click()
    Dim m As Integer, n As Integer, s As Double, y As Double
    n =10: Call fact(n, y)                  'A
    s =y                                    'D
    m =6: Call fact(m, y)                   'E
    s =s/y                                  'F
    Call fact(n -m,y)                       'G
    s =s/y                                  'H
    Print "CMN ="&s
  End Sub
```

为了便于描述程序的运行过程,程序中注释字符用于标记程序执行的位置。

程序执行过程描述如下:

(1)当单击窗体上命令按钮(Command1),程序运行 Command1_Click 事件,声明变量后,变量获得初值为0。

(2)程序运行到 A 处,调用 fact 过程,通过参数传递将实参 n、y 的地址传给过程形参 x、f,使得 n 与 x、y 与 f 分别共用同一存储区域,在过程中对形参 x、f 的操作也就是对实参 n、y 的操作。

(3)程序运行到 B 处,f 获得值为 1,开始进行阶乘运算。

(4)程序运行到 C 处,f 中保存的就是 n(本次 n = 10)的阶乘值,返回主程序 D 处。

(5)程序运行到 D 处,此时的 y 就是 10!,转存到变量 s 中。

(6)程序运行到 E 处,再次调用 fact 过程,将实参 m、y 的地址传给过程形参 x、f(注意,这时 m 的值为 6,f 的值仍为 10!)。

(7)程序再次运行到 B 处,f 原来的值被 1 取代,开始进行 6 的阶乘运算。

(8)程序运行到 F 处,将 6! 计算到变量 s 中。

(9)程序运行到 G 处,第三次调用 fact 过程,计算(10 -6)!。

(10)程序运行到 H 处,将 4! 计算到变量 s 中,最后输出结果。

通过上例,初步了解了 Sub 过程的定义、调用方法、程序执行流程。过程调用时实参与形参之间的数据传递是如何完成的,下一节将会详细介绍。

6.2.3 Sub 过程调用中的参数传递

形参与实参之间的数据传递作用可以简单理解为:为过程传递运算对象和将过程执行结果返回给主程序的“桥梁”。在过程被调用之前,所有形参只是起到标识运算对象“模板”的作用,当程序流程转去执行过程时,实参按一定方式将数据传给形参后过程体被执行,过程的运算结果还可通过形参将数据传给实参返回到主程序。过程调用中参数传递有两种方式:传值和传地址，默认为传地址。

1. 传地址方式

传地址是 Visual Basic 默认的参数传递方式。在这种方式下，实参传给形参的是存储地址，使得形参与实参共用同一存储单元，因此，在过程中对形参的任何操作实质都是对相应实参的操作。

在程序设计中，利用传地址方式可以获得过程处理的结果。要实现传地址方式可在过程定义时对形参作标识或在过程调用时对实参作限制，具体办法是：

(1)在过程定义时，形参前加 ByRef 显式说明(省略也可以)。

(2)在过程调用时，与形参对应位置的实参必须是相同类型的变量或数组名，实参为常数或表达式是无法实现地址传递的。参数传递时，当实参为变量时，把实参的地址传递给形参，使实参与形参共享同一存储单元段；当实参为数组时，把实参数组的存储地址传递给形参数组，使实参数组与形参数组共享同一存储区域。

注意：编写过程定义时，形参中数组名只须带括号，不指定元素个数；调用过程时，实参数组名既无括号，也不能指定元素个数。

对于例6-1而言，过程的两个参数 x 和 f 均为地址传递。

例6-2 一个数组有10个整数元素，将第一个元素与最后一个元素对调，第二个与倒数第二个对调……，输出对调前后数组各元素的值。

根据题意可知，需要两次输出数组各元素的值，可以定义一个过程供主程序中调用，其作用为输出任意一个一维整型数组。过程定义和过程调用实现方法如下：

新建一个工程，在窗体的通用声明段中，定义过程 parray：

```
Option Base 1
Sub parray(a() As Integer)
  Dim p
  For each p in a
    Print p;
  Next p
  Print
End Sub
```

在窗体上添加一个命令按钮，Command1 的单击事件下调用上述过程，代码如下：

```
Private Sub Command1_Click()
  Dim x(1 To 10) As Integer, i% , t%
  For i =1 To 10
    x(i) =Int(Rnd*100)
  Next i
  Print "交换前各元素值:";
  Call parray(x)        '调用过程,将数组 x 作为参数传给形参,输出数组
  For i =1 To 5
    t =x(i): x(i) =x(10 -i +1):x(10 -i +1) =t
  Next i
  Print "交换后各元素值:";
  Call parray(x)   '再次调用过程,将数组 x 作为参数传给形参,输出数组
```

```
End Sub
```

运行程序后,单击 Command1,Command1_Click()事件过程代码被执行,首先定义数组并为数组元素赋值后,执行调用过程语句 Call parray(x),第 1 次调用 parray 过程,输出交换前数组各元素的值;程序流程返回到 Command1_Click()中 Call parray(x)的后续语句 FOR 语句,执行循环,完成数组元素的交换后,执行 Next i 的后续语句 Call parray(x),第 2 次调用 parray 过程,输出交换后数组各元素的值;程序流程返回到 Command1_Click()中 Call parray(x)的后续语句 End Sub。

需要说明的是:过程 parray 中的形参数组 a 是任何一个一维、整型数组的"模板",本身没有实际值。Command1_Click()中定义的数组 x 是具有 10 个元素的一维整型数组;它为主程序并使用 Call parray(x)调用 Sub 过程;调用时将 x 数组的存储地址传给形参数组 a,过程中对形参数组 a 进行输出,实际上就是对实参数组 x 输出。

例 6-3 编写求两个整数的最大公约数过程,在主程序中调用该过程求两个数的最大公约数,并根据最大公约数求最小公倍数。

分析:要求两个整数的最大公约数,需要在过程定义中设置 2 个形参用于接收这两个整数,再设置 1 个参数用于存放过程中得到的最大公约数。代码如下:

```
Sub gys(m As Integer, n As Integer, t As Integer)
  Dim r As Integer
  Do
    r = m Mod n
    If r = 0 Then Exit Do
    m = n
    n = r
  Loop
  t = n
End Sub
```

在 Command1_Click 单击调用 gys,代码如下:

```
Private Sub Command1_Click()
  Dim a As Integer, b As Integer, x As Integer, y As Integer
  a = 16:b = 12
  Call gys(a,b,x)
  y = a * b/x
  Print "最大公约数为:" & x
  Print "最小公倍数为:" & y
End Sub
```

运行结果"最大公约数为:4","最小公倍数为:12"。

这个结果显然不对,为什么呢?下面进行分析:

在本例中,过程 gys 定义时形参个数为 3 个,其中前 2 个形参用于接受运算对象,第 3 个形参用于返回运算结果,所有的形参前均省略了关键字 ByRef;过程调用时实参为变量,因此在过程调用时,参数传递方式为传地址方式,过程中对形参 m、n 和 t 的处理,实际上就是对实参 a、b 和 x 的处理。过程中 m、n 的值发生了变化,就造成了调用过程前 a 和 b 的值与调用过程后 a 和 b 的值是不相同的。根据最大公约数和调用过程结束后的 a、b 值，计算得到的最小公倍数是错误的。

如何使形参改变了的值不会影响对应位置的实参呢？Visual Basic 提供了另一种传递参数的方式——传值方式。

2. 传值方式

当以传值方式调用一个过程时，实参将其值复制给形参后，就失去与形参的“联系”，此时形参拥有独立的存储单元，过程执行中如果形参的值发生变化，对应位置的实参值不会受任何影响。当过程调用结束时，形参所占用的存储单元也同时被释放。

实现传值方式也可体现在过程调用和过程声明中。

(1)在过程调用时，如果实参为常量、表达式或为带括号的变量，参数传递是按传值方式进行的。

在例 6-3 中，如果将调用过程语句改为 Call gys((a),(b),x)，就可以得到正确的结果。这是因为在过程调用时，实参 a、b 与形参 m、n 之间的传递方式是传值，只有实参 x 与形参 t 传递方式是传地址。过程 gys 中，对 a 和 b 的改变不会影响对应位置的实参 a、b，而只有对 t 的改变会传递给对应位置的实参 x。

(2)定义过程时，如果形参前加 ByVal 关键字。调用过程时，不管实参以何种形式，参数传递均采用传值方式。

在例 6-3 中，只要将过程定义的第一行改为：

```
Sub gys(ByVal m As Integer, ByVal n As Integer, t As Integer)
```

调用该过程时，无论实参是何种形式，形参 m 和 n 接受的是实参的值，过程调用时参数传递方式为传值方式，过程中 m 和 n 值的改变都不会影响相应位置的实参。

例 6-4　分别用传地址方式和传值方式编写交换两个整数的过程并调用。

```
Sub swap1(ByVal x As Integer, ByVal y As Integer)
  Dim t As Integer
  t = x: x = y: y = t
End Sub
Sub swap2(x As Integer, y As Integer)
  Dim t As Integer
  t = x: x = y: y = t
End Sub
  Private Sub Command1_Click()
    Dim a As Integer, b As Integer
    a = 3: b = 4
    swap1 a, b              '调用传值方式过程
    Print "a = " & a & ",b = " & b
    a = 5: b = 6
    swap2 a, b              '调用传地址方式过程
    Print "a = " & a & ",b = " & b
  End Sub
```

运行程序可以看到，过程 swap1 不能实现变量值的交换，这是因为它采用的是传值方式，

过程中交换的是形参 x 和 y 的值,交换的结果不会影响实参 a 和 b;而过程 swap2 采用的是传地址方式,形参与实参共用同一存储单元,过程中对形参的交换实际上就是在交换实参,所以可以完成对两个变量值的交换。

使用过程编写程序时,初学者往往思想比较混乱,总觉得无从下手,为此,建议如下:

首先,定义过程时,应根据处理问题的需要,确定形参的个数及其作用,明确参数传递方式,以确定对形参与实参具体要求。在形参前加 ByVal 和 ByRef(或省略 ByRef),确定形参的类型和作用。

其次,调用过程时,要根据形参个数、数据类型及参数传递方式,确定实参个数与类型。

在选择参数传递方式时,遵照如下原则:

(1)过程中处理的对象是数组时,只能采用传地址方式。

(2)过程的运算结果需要通过参数返回时,必须采用传地址方式。

应用上述思想,将求两个数的最大公约数 gys 过程定义为:

```
Sub gys(ByVal m As Integer, ByVal n As Integer, t As Integer)
```

有如下优点:

第一,过程中各参数作用明确,形参 m 和 n 接受的是实参的值,形参 t 可以返回过程运算结果,参数传递方式分别是传值和传地址。

第二,调用过程时,格式简单,实参不需要加括号。如,调用 gys 过程语句 Call gys(a, b, x),无论实参 a、b 带括号与否,均不会出现错误的。

第三,调用过程时,对实参的数据类型可稍宽松。在传值方式下,实参与形参数据类型只要相容即可。比如,若形参为双精度时,实参可以是任何数值型数据。而在传地址方式时,实参的类型必须与形参一致,否则会出现如图 6-1 所示错误。

图 6-1　实参与形参类型不一致时的出错信息

例 6-5　编写求一组整数平均值的过程,并在主程序中调用。

分析:编写过程代码时,首先考虑形参个数及参数传递方式。因为要处理的是一组整数,个数并没有确定,所以设置一个整型形参数组接受处理对象。而运算结果只有一个平均值,所以设置 1 个普通变量返回(平均值),参数传递方式均为传地址方式。过程调用时,实参的个数应与形参个数一样,第一个实参应为数组,第二个实参只能为变量。

实现求一组整数平均值的过程如下:

```
Sub Tj(x() As Integer, aver As Single)
  Dim m As Integer, n As Integer, i As Integer, s As Integer
  m = LBound(x)
  n = UBound(x)
  For i = m To n
    s = s + x(i)
  Next i
  aver = s /(n - m + 1)
```

```
End Sub
```

调用上述过程的代码为：

```
Private Sub Command1_Click()
  Dim a% (1 To 10), i% , aver!
  For i =1 To 10
    a(i) = Int(Rnd() * 10)'数组元素值随机产生,以方便读者调试程序
    Print a(i);
  Next i
  Print
  Call Tj(a, aver) '调用过程,获得平均值
  Print "这些数的平均值为:" & aver
End Sub
```

如果需要从过程中获得多个处理结果，则需要设置多个参数。如下题所示。

例 6-6　编写能获得一组整数的平均值、最大值和最小值的过程并调用。代码如下：

```
Sub Tj(x% (), max% , min% , aver!)
  Dim m% , n% , i% , s%
  m = LBound(x)
  n = UBound(x)
  max = x(m):min = x(m):s = x(m)
  For i =m +1To n
    If max < x(i)Then max = x(i)
    If min >x(i) Then min = x(i)
    s = s + x(i)
  Next i
  aver = s /(n - m +1)
End Sub
Private Sub Command1_Click()
  Dim a% (1 To 10),i% ,x% ,y% ,z!
  For i =1 To 10
    a(i) = Int(Rnd() *10)
    Print a(i);
  Next i
  Print
  Call Tj(a,x,y,z)              '用 x,y,z 分别去对应形参的 max,min,aver
  Print "这组数的最大值为:" & x
  Print "这组数的最小值为:" & y
  Print "这组数的平均值为:" & z
End Sub
```

6.3 Function 过程

如果过程只需要返回一个值，如计算 N！或求一组数的平均值，使用 Visual Basic 提供了

Function(函数)过程,可以使定义和调用都更加简便。Function 过程不仅可以和 Sub 过程一样通过参数传递返回过程处理结果,还可以通过过程名返回一个处理结果。

6.3.1 Function 过程的定义

定义 Fucntion 过程格式为:

[Static][Private|Public] Function 过程名([参数列表])[As 数据类型]

  语句组

End Function

说明:

(1)与 Sub 过程相比,Function 过程的过程名不仅标识函数过程,还有返回函数运算结果的功能,所以比 Sub 过程多了数据类型声明。

(2)语句组中一般应有一条语句将过程的运算结果赋给过程名。格式为:

  过程名 = 表达式

(3)如果在过程体中含有 Exit Function 语句时,表示强行退出过程。

6.3.2 Function 过程的调用

Function 过程一经定义,调用方式就与系统提供的内部函数完全相同。

例 6-7 求组合数 $C_n^m = \dfrac{n!}{m!\ (n-m)!}$的值,设 m = 6, n = 10。函数过程及调用代码如下:

```
Function fact(ByVal n As Integer) As Double
  Dim i As Integer, f As Double
  f =1
  For i =1 To n
     f = f * i
  Next i
  fact = f                                  '将处理结果通过函数名返回
End Function
Private Sub Command1_Click()
  Dim s As Double
  s = fact(10) /fact(6) /fact(4)            '注意调用方式
  Print "CMN = " & s
End Sub
```

比较例 6-1 可以看出,使用函数过程中,定义时因为函数名可以返回一个值,所以就可以少一个形式参数;调用时因为函数名就带着处理结果,所以可以像使用内部函数一样直接写入表达式中。

实际上,将过程定义为 Sub 过程还是 Function 过程没有必然的界限。可以这样考虑:使用 Sub 过程能实现的功能,也一定能使用 Funtion 过程实现,反之亦然。但一般情况下,如果不需要过程返回处理结果,或者需要返回多个处理结果,则选择 Sub 过程;如果需要返回的运算结果只有一个,则选择 Funtion 过程会更方便些。

如将例 6-6 中的 Sub 过程中的关键字“Sub”换成“Function”，程序其他部分不作任何变动，同样可以得到正确结果。

6.4　过程和变量的作用域

前面所述的过程代码均写在某一个窗体中，保存在它所在的窗体文件中。Visual Basic 还允许将用户自己编写的过程代码单独保存成一个文件（扩展名默认为 bas），这类文件叫标准模块文件。一个 Visual Basic 的应用程序一般是由若干个窗体和标准模块文件组成，每一个窗体可由若干个事件过程和自定义过程组成，每一个标准模块也可由若干个自定义过程组成。

过程在工程中所处的位置及声明方式不同，调用的范围也不同。过程可被调用的范围称为过程的作用域。

同样，变量是过程代码中必不可少的数据载体，变量声明的方式及位置不同，可被访问的范围也不一样，变量可被访问的范围称为变量的作用域。

6.4.1　过程的作用域

过程的作用域分为模块级和全局级两种。

1. 模块级过程

模块级过程是指在窗体或标准模块通用声明段定义的、用 Private 关键字限制的过程，这类过程只能被它所属的窗体或标准模块中的其他过程调用。

例如：在窗体 1 的通用声明段定义一个模块级过程 fact，分别被窗体 1 下的 Command1_Click( ) 和 Form_Click( ) 所调用是允许的。若在窗体 2 下调用窗体 1 中定义的过程“fact”，会出现如图 6-2 所示的提示信息。

图 6-2　调用无效过程时的提示信息

```
Private Function fact(ByVal n As Integer) As Double
  Dim p!, i%
  p = 1
  For i = 1 To n
    p = p * i
  Next i
  fact = p
End Function
```

在 Command1_Click( ) 下调用 fact 函数过程：

```
Private Sub Command1_Click()
  Dim s!, i%
  s = 0
  For i = 1 To 4
    s = s + fact((i))
  Next i
```

```
    Print s
  End Sub
```

在 Form_Click( )下调用 fact 函数过程：

```
  Private Sub Form_Click()
    Dim i% ,s!
    s = 0
    For i = 3 To 6
      s = s + fact(i)
    Next i
    Print s
  End Sub
```

2. 全局级过程

在窗体或标准模块中定义的过程默认是全局的,也可用 Pub1ic 关键字显式声明。全局级过程可供该应用程序中所有窗体和所有标准模块中的过程调用,但根据过程所处的位置不同,其调用方式有所区别:

(1)在窗体中定义的全局级过程,该窗体之外的其他过程要调用,必须在过程名前加该过程所在的窗体名。

例如:定义在 Form1 通用段的函数过程 fact。

```
  Public Function fact(ByVal n As Integer) As Double
    Dim p!, i%
    p = 1
    For i = 1 To n
      p = p * i
    Next i
    fact = p
  End Function
```

该函数可以被 Form1 的所有过程调用,也可以被同工程的任何窗体的任何过程调用。但在其他窗体中调用窗体 1 的“fact”过程,计算 5 的阶乘,调用格式为:Form1. fact(5)。

(2)在标准模块中定义的全局级过程,该工程的任何过程都可以直接调用。

例如:在标准模块中定义函数过程“fact1”。

```
  Public Function fact1(ByVal n As Integer) As Double
    Dim p!,i%
    p = 1
    Fori = 1 To n
       p = p * i
    Next i
    Fact1 = p
  End Function
```

在 Form1 的 Command1_Click( )下调用 fact1 函数过程:

```
  Private Sub Command1_Click()
```

```
  s = 0
  For i = 1 To 4
    s = s + fact1(i)
  Next i
  Print s
End Sub
```

在 Form2 中的 Form_Click( )下调用 fact1 函数过程：

```
Private Sub Form_Click()
    s = fact1(5)
    Print s
End Sub
```

若一个工程包含多个标准模块，且其中过程名不唯一，在调用时为了区分不同的过程，应在过程名前加标准模块名。下面将模块级过程和全局级过程在定义方式、调用方式等方面的不同进行总结，如表 6-1 所示。

表 6-1 过程的作用域

过程作用域	模块级（私有）		全局级（公用）	
	窗体模块	标准模块	窗体模块	标准模块
定义方式	子过程名前加 Private		子过程名前加 Public	
能否被本模块的其他过程调用	能	能	能	能
能够被本应用程序的其他模块调用	不能	不能	能，但必须在过程名前加窗体名	能，但过程名必须唯一，否则要加标准模块名

6.4.2 变量的作用域

变量的作用域可分为过程级、模块级和全局级。过程级和模块级常被称为私有级变量，而全局级也常被称为公有级变量。

1. 过程级变量

过程级变量的作用范围限制在声明它的过程内部，只有该过程内部的代码才能访问或改变变量的值。该类变量通常用来存储过程中的临时数据，在过程内部使用 Dim 或 Static 关键字来声明变量。例如：

```
Dim a As integer,b As Single
Static a As String
```

如果在过程中未说明而直接使用了某个变量，则该变量被默认为局部于该过程的过程级变量。

用 Static 声明的变量称为静态变量，该类变量在过程执行结束后一直存在，直到窗体关闭。而用 Dim 声明的变量只在过程执行时存在，退出过程后这类变量就会消失。请看下面的代码段：

```
Private Sub Form_Click()
  Dim i As Integer
  i = i + 1
  Print i
End Sub
```

每次单击窗体,窗体上均显示相同的数“1”。这是因为,过程每次运行时,为变量 i 分配存储空间,过程运行结束后,变量 i 所占用的存储空间被释放,再次运行时变量 i 重新被分配内存空间。

再看下面的代码段:

```
Private Sub Form_Click()
  Static i As Integer
  i = i + 1
  Print i
End Sub
```

每单击一次窗体,过程变量 i 累加 1 次,第 n 次运行 i 的值为“n”。原因是用 Static 定义的变量为静态变量,过程第一次运行时,为变量 i 分配存储空间,运行结束后,i 所占用的存储空间被保护起来,其值也被保留下来,再次运行时,变量 i 还使用原来的存储空间,其值也是上一次保留下来的值,所以之后的运算也就是在上一次值的基础上进行的。

2. 窗体(模块)级变量

窗体(模块)级变量的作用域限制在声明它的窗体(模块)中,该窗体(模块)中的所有过程均可访问该变量,其他窗体(模块)则不能。该类变量在窗体(模块)的通用段中用 Private 或 Dim 关键字声明。

例 6-8 窗体级变量的作用范围示例,结果如图 6-3 所示。

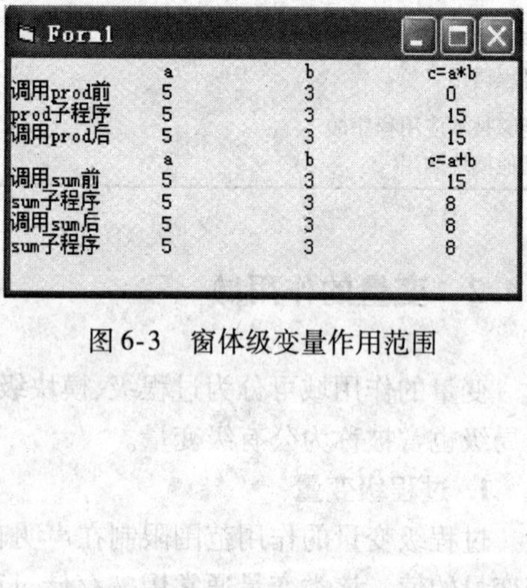

图 6-3 窗体级变量作用范围

```
Dim a As Integer, b As Integer, c As Integer
  Sub prod()
  c = a * b
  Print "prod 子程序",a,b,c
End Sub
Sub sum()
  c = a + b
  Print "sum 子程序", a,b,c
End Sub
Private Sub Form_Click()
  a = 5:b = 3
  Print Tab(16); "a"; Tab(30); "b"; Tab(42); "c = a * b"
  Print "调用 prod 前", a,b,c
  Call prod
  Print "调用 prod 后",a,b,c
```

```
    Print Tab(16); "a"; Tab(30); "b"; Tab(42); "c = a + b"
    Print "调用 sum 前",a,b,c
    Call sum
    Print "调用 sum 后",a,b,c
    Call sum
  End Sub
```

3. 全局级变量

全局级变量在所有模块的所有过程都能访问,它的作用范围是整个应用程序,该类变量在模块的通用段中使用 Public 关键字声明。

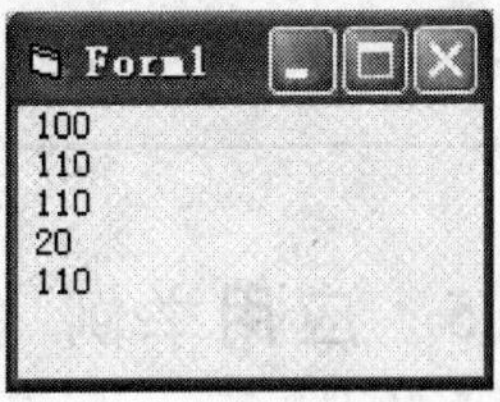

图 6-4　变量作用范围示例

例 6-9　变量的作用范围综合示例,结果如图 6-4 所示。

```
Public tt As Integer                ' 声名全局变量 tt
Private Sub test1()
  tt = tt + 10                      '全局变量 tt
  Print tt                          '显示 110
End Sub
Private Sub test2()
  Dim tt As Integer                 ' 声名局部变量 tt
  tt = tt + 20                      '局部变量 tt,本过程无法访问全局变量 tt
  Print tt                          '显示 20
End Sub
Private Sub Form_Click()
  tt = 100                          '全局变量 tt
  Print tt                          '显示 100
  Call test1
  Print tt                          '显示 110
  Call test2
  Print tt                          '显示 110
End Sub
```

从运行结果可以看出:当变量名相同而作用域不同时,将优先访问作用域小的变量。

在定义变量时应将变量声明为哪一个级别呢? 这主要取决于变量要在什么范围内使用。

(1) 如果变量只在某一个过程中使用,它的运算结果也不被其他过程再次使用,则可以声明为过程级变量。如本书中的大部分例题,采用的都是这种级别的变量。

(2) 如果变量将在同一窗体的多个过程中被用到,且彼此之间还有相互关系,则可以声明为窗体(模块)级变量。

(3) 如果变量将在多个窗体被用到,且彼此之间还有相互关系,则可以声明为全局变量。

建议除非必需,尽量使用作用域小的变量,因为大型程序的开发一般由多人合作完成,分工编写不同的模块。变量的局部化使合作者不必担心各模块中使用的变量是否同名而相互影响。

下面将不同作用域变量之间的区别总结如表 6-2 所示。

表 6-2 变量的作用域

变量作用域	声明方式	声明位置	被本模块访问	被其他模块访问
局部变量	Dim 或 Static	在过程中	不能	不能
模块级变量	Dim 或 Private	模块的通用声明段	能	不能
全局变量	Public	模块的通用声明段	能	能,如果是在窗体模块中定义,调用时必须加上声明窗体对象的名称

6.5 应用举例

例 6-10 编程对键盘上输入的任意个数排序。

分析:排序算法在第 5 章已经介绍过,这里回顾一下算法过程。

(1)定义数组。

(2)为数组元素赋值。

(3)输出排序前的数组元素值。

(4)选择一种排序算法对数组各元素排序。

(5)输出排序后的数组元素值。

(6)结束。

在这个算法中输出数组元素值的程序段被执行了两次,不需要返回值,可以将其写成一个 Sub 过程。排序是对数组中元素进行了重新排列,因为数组是传地址的,在过程中对形参数组排好序实际上会直接反映在实参中,没有其他结果需要返回,所以也用 Sub 过程。

在窗体上添加 1 个文本框,用于输入待排序的数据,数据之间用逗号分隔,1 个图片框用于显示排序前的数组及排序后的数组,1 个 Option1 控件数组,元素分别为 Option1(0)、Option1(1),用于选择是按升序还是降序排序,它们被置于框架 Frame1 中,窗体界面如图 6-5 所示,各控件属性设置放在 Form_Load 事件中,排序代码放在 Option1 控件数组的 DblClick 事件中,程序运行结果如图 6-6 所示。

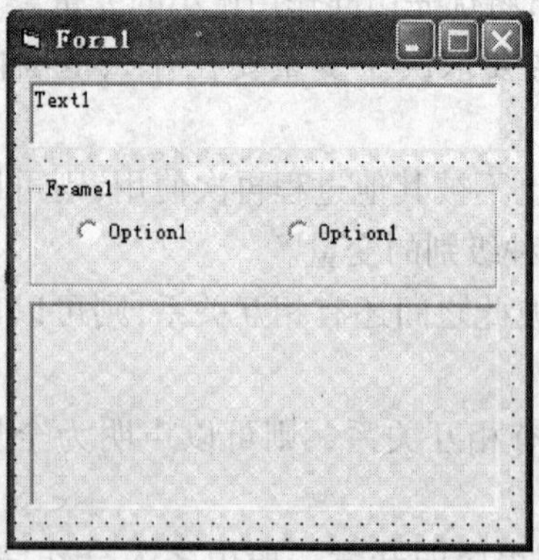

图 6-5 窗体界面

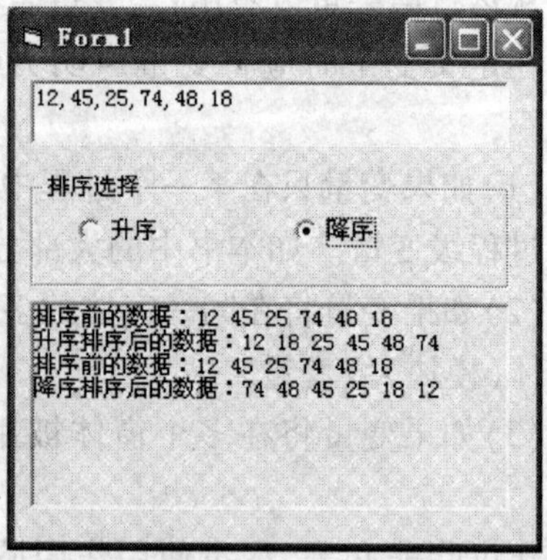

图 6-6 程序运行结果

代码如下：

```
'输出一维数组的过程,因为过程不需要返回值,所以定义为 Sub 过程
Sub parray(x$())          '因为数组是通过 split 函数赋值的,数组必须是字符型
  Dim i%
  For i = LBound(x) To UBound(x)
     Picture1.Print x(i); " ";
  Next i
  Picture1.Print
End Sub
Sub sort(y$(), Byval p% )
  '排序过程,参数 P 用于判断是升序还是降序
  Dim i% , j% , k% , t%
  For i = LBound(y) To UBound(y) -1
    k = i
    For j = i +1 To UBound(y)
      If p = 0 Then
        If Val(y(k)) > Val(y(j)) Then k = j
      Else
        If Val(y(k)) < Val(y(j))Then k = j
      End If
      Next j
      t = y(k):y(k) = y(i):y(i) = t
      Next i
End Sub
Private Sub Form_Load()
  '设置控件属性
  Text1 = ""
  Frame1.Caption = "排序选择"
  Option1(0).Caption = "升序"
  Option1(0).Value = True
  Option1(1).Caption = "降序"
End Sub
Private Sub Option1_DblClick(Index As Integer)
    '对 Option1 控件数组的双击事件编程,由 Index 来决定是升序还是降序
    Dim a() As String
    a = Split(Text1.Text, ",")
    Picture1.Print "排序前的数据:"
    Call parray(a())                    '调用一维数组输出过程
    Call sort(a(), Index)               '调用排序过程
    Picture1.Print Option1(Index).Caption & "排序后的数据:"
    Call parray(a())
End Sub
```

本例中定义了两个 Sub 过程，一个用于输出一维数组，一个用于排序，前者有一个数组参数，后者除了一个数组参数外，还有一个决定升降序的参数。

例 6-11 判断一个整数是否是回文数。(回文数是指将这个数从左向右读和从右向左读值相等。如 121 是回文数,345 不是回文数)

分析:判断回文数可以有很多方法,由于 Visual Basic 中可以自动进行数值与数字字符串的类型互换,所以这里可以将输入的数当成字符串来处理。

```
Function hw(ByVal x As String) As Boolean '只需判断是与非,因此定义为布尔型
  Dim n% , i%
  n = Len(x)
  For i = 1 To n \2
     If Mid(x,i,1) < >Mid(x,n - i +1,1) Then
         hw = False
         Exit Function
     End If
  Next i
  hw = True
End Function
Private Sub Command1_Click()
  Dim x $
  x = InputBox("请输入一个整数")
  If hw(x) Then
     MsgBox x & "是回文数"
  Else
     MsgBox x & "非回文数"
  End If
End Sub
```

例 6-12 设计一个数值转换函数,能够将十进制整数转换成 16 进制以内的任意进制数。

分析:十进制数转换成 n 进制,常采用的方法是“除 n 取余,余数倒写”,当 n 大于 9 时,需要把大于 9 的余数转换成字母。为了方便转换,可以将余数 0 ~ 9、A ~ F 分别放在一个字符串数组中。

转换函数过程名为 DecToN 有两个参数,一个是待转换的十进制整数,一个是需要转换的进制。转换结果是一个字符串(即函数值为一个字符型),程序代码如下:

```
Function DecToN(ByVal x% , ByVal n% ) As String
  Dim p() As String, y $ , r%
  p = Split("0,1,2,3,4,5,6,7,8,9,A,B,C,D,E,F", ",")
  If n >16 Then
    DecToN = ""
    Exit Function
  End If
  y = ""
  Do
    r = x Mod n
    x = x \n
    y = p(r) & y
```

```
  Loop Until x = 0
  DecToN = y
End Function
Private Sub Command1_Click()
  Dim x% , n% , y $
  x = InputBox("请输入待转换的十进制整数!","数值转换",0)
  n = InputBox("请输入需要的进制,注意不要大于16","数值转换",2)
  y = DecToN(x,n)
  If y < > "" Then
        MsgBox "转换结果:" & DecToN(x, n)
  Else
        MsgBox "对不起! 本程序不能转换超过16的进制!"
  End if
End Sub
```

6.6　过程的递归调用

简单地说,递归就是一个过程调用自己本身。Visual Basic 的过程具有递归调用功能,许多问题都具有递归的特性,用递归调用来解决会非常方便。

例6-13　利用递归调用计算 n!。

分析:根据阶乘的定义,求 n 的阶乘可以转换为求 n*(n-1)!,利用过程递归来完成。

$$n! = \begin{cases} 1 & n = 0 \\ n*(n-1)! & n > 0 \end{cases}$$

代码如下:

```
Function fact(n) As Double
  If n >0 Then
    fact = n * fact(n -1)
  Else
    fact =1
  End If
End Function
Private Sub Command1_Click()
Dim n As Integer, m As Double
n = Val(Text1.Text)
If n <0 Or n >20 Then
   MsgBox "非法数据", 0, "请输入 0 -20 之间的整数"
   Exit Sub
End If
m = fact(n)
Label1.Caption = m
End Sub
```

说明:当 n >0 时,在过程 fact 中调用 fact 过程,参数为 n-1,这种操作一直持续到 n =0 为止。下面以 n = 5 为例,说明递归调用的过程。

递归级别	执行操作
1	fact(5)
2	fact(4)
3	fact(3)
4	fact(2)
5	fact(1)
6	返回 1　fact(1)
7	返回 2　fact(2)
8	返回 6　fact(3)
9	返回 24　fact(4)
10	返回 120　fact(5)

要编写递归过程的关键是写出能构成递归的两个条件:

(1)递归结束条件及结束时的值。

(2)能用递归形式表示,并且递归向结束条件发展。

例 6-14　用递归求两个数的最大公约数。

分析求最大公约数的方法可以得到构成递归的两个条件:

$$gys(m,n) = \begin{cases} n & m \text{ Mod } n = 0 \\ r = m \text{ Mod } n ; gys(n,r) & m \text{ Mod } n <> 0 \end{cases}$$

函数代码如下:

```
Function gys% (ByVal m% , ByVal n% )
  Dim r%
  r = m Mod n
  If r = 0 Then
    gys = n
  Else
    gys = gys(n,r)
  End If
End Function
```

注意:递归算法设计简单,但消耗机器时间和占据的内存空间比非递归要大很多。

◎教学小结

使用 Visual Basic 编写应用软件时,提倡用“可视化的思想进行界面设计,结构化的思想进行功能实现”,本章讲述的过程就是将功能相对完整的程序段组织在一起,便于在程序中多处调用,既提高了程序段的共享,也便于整个程序的调试和维护,是结构化程序设计思想的体现。本章有些概念、程序组织的结构是全新的,教师讲授费劲,学生学习“吃不消”现象普遍存在,但这章又是本书的重点和难点,应在教学中引起足够的重视。在教学过程中,应注意以下问题:

(1)与事件过程对比,充分理解用户自定义过程在程序设计中的作用,掌握使用自定义过程后程序结构的变化。

(2)掌握Sub过程和Function过程的定义与调用格式,熟悉参数传递方式及其特点,具备正确设置过程参数及参数传递的能力。

(3)在应用编程时,对Sub过程和Function过程不用刻意区别,用Sub过程可以实现的问题,同样可以用Function过程实现,反之亦然。编写过程的关键是确定参数的个数及其作用,明确参数传递方式以确定对形参与实参的具体要求。

(4)变量与过程的作用域是规定变量能访问或过程能被调用的范围,通过实例熟练掌握并能灵活应用。

◎习题

一、选择题

1. Visual Basic 中在模块的通用声明段用 Dim X 声明的变量是________变量。

(A)过程级　　(B)模块级　　(C)全局　　(D)静态

2. 在 Visual Basic 应用程序中,以下描述正确的是________。

(A)过程的定义可以嵌套,但过程的调用不能嵌套

(B)过程的定义不可以嵌套,但过程的调用可以嵌套

(C)过程的定义和过程的调用均可以嵌套

(D)过程的定义和过程的调用均不可以嵌套

3. 以下程序运行时,单击命令按钮得到的结果是________。

```
Sub subp(b() As Integer)
  For i = 1 To 4
      b(i) = 2 * i
  Next i
End Sub
Private Sub Command1_Click()
  Dim a(1 To 4) As Integer
  a(1) = 5:a(2) = 6:a(3) = 7:a(4) = 8
  subp a
  For i = 1 To 4
    Print a(i);
  Next i
End Sub
```

(A)2 4 6 8　　(B)5 6 7 8　　(C)10 12 14 16　　(D)出错

4. 假定有以下两个过程:

```
Sub s1(ByVal x As Integer, ByVal y As Integer)
  Dim t As Integer
  t = x:x = y:y = t
End Sub
Sub s2(x As Integer, y As Integer)
  Dim t As Integer
```

```
  t = x:x = y:y = t
End Sub
```

则以下说法中正确的是________。

(A)调用过程 S1 可以实现交换两个变量的值的操作,S2 不能实现

(B)调用过程 S2 可以实现交换两个变量的值的操作,S1 不能实现

(C)调用过程 S1 和 S2 都可以实现交换两个变量的值的操作

(D)调用过程 S1 和 S2 都不能实现交换两个变量的值的操作

5. 在窗体上添加一个命令按钮 Command1 和两个名称分别为 Label1 和 Label2 的标签,在通用声明段声明变量 X,并编写如下事件过程和 Sub 过程:

```
Private X As Integer
Private Sub Command1_Click()
  X = 5:y = 3
  Call proc(X,y)
  Label1.Caption = X
  Label2.Caption = y
End Sub
Sub proc(ByVal a As Integer, ByVal b As Integer)
  X = a * a
  y = b + b
End Sub
```

程序运行后,单击命令按钮,则两个标签中显示的内容分别是________。

(A)5 和 3　　(B)25 和 3　　(C)25 和 6　　(D)5 和 6

6. 下列程序输出结果为________。

```
Private Sub Command1_Click()
  For i = 1 To 3
      GetValue(i)
  Next i
  Print GetValue(i)
End Sub
Private Function GetValue(ByVal a As Integer)
  dim S As Integer
  S = S + a
  GetValue = S
End Function
```

(A)4　　(B)5　　(C)10　　(D)11

7. 以下程序的运行结果是________。

```
Dim x As Integer, y As Integer, z As Integer
Sub s2(a As Integer, ByVal b As Integer)
  a = 2 * a
  b = b + 2
End Sub
```

```
Private Sub Command1_Click()
  x = 4
  y = 4
  Call s2(x, y)
  Print x + y
End Sub
```

(A)0　　(B)8　　(C)12　　(D)14

8. 以下程序的运行结果是________。

```
Private Sub Form_Click()
  a = 1:b = 2
  Print "A = "; a; "B = "; b
  Call mult(a, b)
  Print "A = "; a; "B = "; b
End Sub
Sub mult(x, ByVal y)
  x = 2 * x
  y = 3 * y
End Sub
```

(A)A = 1 B = 2
A = 1 B = 2　　(B)A = 1 B = 2
A = 1 B = 2　　(C)A = 1 B = 2
A = 2 B = 6　　(D)A = 1 B = 2
A = 2 B = 2

9. 假定有如下通用过程:

```
Public Sub fun(a(), ByVal x As Integer)
  For i = 1 To 5
      x = x + a(i)
  Next i
End Sub
```

在窗体上添加一个命令按钮和一个文本框,然后编写如下事件过程:

```
Private Sub Command1_Click()
  Dim arr(5) As Variant
  For i = 1 To 5
      arr(i) = i
  Next i
  n = 10
  Call fun(arr(), n)
  Text1.Text = n
End Sub
```

程序运行时,单击命令按钮,则文本框中显示内容是________。

(A)10　　(B)15　　(C)25　　(D)24

10. 以下程序段的运行结果是________。

```
Private Sub Form_Click()
```

```
  Dim nx%
  nx = 3
  Call abcd(nx)
  Print nx
End Sub
Public Sub abcd(n As Integer)
  n = n + 5
End Sub
```

(A)3　　(B)5　　(C)8　　(D)10

11. 一个工程中包含两个名称分别为 Form1 和 Form2 的窗体,一个名称为 mdlfunc 的标准模块。假定 Form1、Form2 和 mdlfunc 中分别建立了自定义过程,其定义格式为:

Form1 中定义的过程:

```
Private sub frmFunction1()
  …
End Sub
```

Form2 中定义的过程:

```
Pubilc sub frmFunction2()
  …
End Sub
```

Md1func 中定义的过程:

```
Public sub md1Function()
  …
End Sub
```

在调用上述过程的程序时,若不指明窗体或模块名称,则以下叙述中正确的是________。

(A)上述三个过程都可以在工程中的任何窗体或模块中被调用

(B)frmFunction2 和 md1Function 过程能够在工程中各个窗体或模块中被调用

(C)上述三个过程都只能在各自被定义的模块中调用

(D)只有 md1Function 过程能够被工程中各个窗体或模块调用

12. 以下程序段的运行结果是________。

```
Function abc(n As Integer) As Integer
  abc = n * 2 + 1
End Function
Private Sub Form_Click()
  Dim x As Integer
  x = abc(3) * abc(4)
  Print x
End Sub
```

(A)63　　(B)0　　(C)1　　(D)空

13. 以下程序段的运行结果是________。

```
Private Sub Form_Click()
  Dim x As Integer
  x = 4
  Print x;
  Call test(x)
  Print x
End Sub
Public Sub test(ByVal i As Integer)
  i = i + 1
End Sub
```

(A)4　6　　(B)4　4　　(C)4　5　　(D)5　4

14. 要想从过程调用后通过参数返回两个结果,下面过程说明合法的是________。

(A)Sub f2(ByVal n%,ByVal m%)　　(B)Sub f1(n%,ByVal m%)

(C)Sub f1(n%,m%)　　(D)Sub f1(ByVal n%,m%)

15. 下面过程运行后显示的结果是________。

```
Public Sub F1(ByVal n% , m% )
  n = n Mod 10
  m = m \10
  End Sub
```

```
Private Sub Command1_Click()
Dim x% ,y%
x = 12:y = 34
Call F1(x,y)
Print x,y
End Sub
```

(A)2　34　　(B)12　34　　(C)2　3　　(D)12　3

16. 下列叙述错误的是________。

(A)Sub 过程可以递归调用

(B)Sub 过程不可以由其过程名返回结果值

(C)表达式中可以调用 Function 过程

(D)表达式中可以调用 Sub 过程

17. 以下关于过程及过程参数的描述中,错误的是________。

(A)过程的参数可以是控件名称

(B)过程的参数可以是窗体

(C)只有函数过程能够将过程中处理的信息传回到调用的程序中

(D)用数组作为过程的参数时,使用的是"传地址"方式

18. 模块中采用以下方式定义的过程,能被其他模块调用的是________。

(A)Private Sub S1()

(B)Public Sub S2()

(C)Private Function F1()

(D)均不能被其他模块调用

19. 为了在同一模块中的不同过程之间互相传递数据,下述方法中错误的是________。

(A)利用全局变量

(B)利用传地址方式的变量作为过程参数

(C)利用静态变量

(D)利用模块级变量

20. 在窗体模块的声明段中声明变量时,不能使用的关键字是________。

(A)Private (B)Public (C)Dim (D)Static

21. 以下叙述中错误的是________。

(A)打开一个工程文件时,系统自动装入与该工程有关的窗体、标准模块等文件

(B)保存 Visual Basic 程序时,应分别保存窗体文件及工程文件

(C)Visual Basic 应用程序只能以解释方式执行

(D)事件可以由用户引发,也可以由系统引发

22. 在窗体上画一个名称为 Command1 的命令按钮,并编写如下程序:

```
Private Sub Command1_Click()
  Dim x As Integer
  Static y As Integer
  x =10
  y =5
  Call f1(x,y)
  Print x,y
End Sub
Private Sub f1(ByRef x1 As Integer, ByVal y1 As Integer)
  x1 =x1 +2
  y1 =y1 +2
End Sub
```

程序运行后,单击命令按钮,在窗体上显示的内容是________。

(A)10 5 (B)12 5 (C)10 7 (D)12 7

23. 设一个工程由两个窗体组成,其名称分别为 Form1 和 Form2,在 Form1 上有一个名称为 Command1 的命令按钮。窗体 Form1 的程序代码如下:

```
Private Sub Command1_Click()
  Dim a As Integer
  a =10
  Call g(Form2,a)
End Sub
Private Sub g(f As Form,x As Integer)
  f.Show
  f.Caption = IIf(x >10,"VB6","VB.NET")
End Sub
```

运行以上程序,正确的结果是________。

(A)Form1 的 Caption 属性值为"VB. NET"

(B)Form2 的 Caption 属性值为"VB. NET"

(C)Form1 的 Caption 属性值为"VB6"

(D)Form2 的 Caption 属性值为"VB6"

二、简答题

1. Sub 过程和 Function 过程的异同点是什么?
2. 值传递与地址传递特点是什么? 如何选择?
3. 在 Visual Basic 中,形参若是数组,在过程体内如何表示其数组的上、下界?
4. 在 Form1 窗体通用声明部分声明的变量,可否在 Form2 窗体中的过程被访问?
5. 为了使某变量在所有的窗体中都能使用,应在何处声明该变量?
6. 在同一模块、不同过程中声明的相同变量名,两者是否表示一个变量? 有没有联系?

三、编程题

1. 自定义一个与 Visual Basic 内部函数 Abs 功能完全相同的函数过程 MyAbs,要求函数过程中不能调用 Visual Basic 内部函数 Abs。
2. 编写程序,求 S = A! + B! + C!,阶乘的计算分别用 Sub 过程和 Function 过程两种方法实现。
3. 编写函数过程 Gdc 求两个数的最大公约数。调用此函数试求 1260、198、72 三个数的最大公约数。
4. 编写一个产生随机整数过程,输出 n 个指定范围的随机整数。
5. 编写过程求 M * M 方阵两个对角线元素之和。
6. 编写判断一个整数是否为素数的过程,并调用该过程输出 100 ~ 200 所有素数。
7. 编程输出 10000 ~ 99999 的全部回文式素数。
8. 有一个数列前两项为 1,从第三项开始,每一项均为前两项之和,求这个数列的第 20 个数,用递归实现。
9. 思考如何将本章所有 Sub 过程用 Funtion 过程实现,而 Function 过程又如何用 Sub 过程实现呢?

◎实习指导

1. 实习目的

(1)通过实习理解过程基本概念。
(2)创建过程的作用、方法和过程调用方法。
(3)理解 Sub 过程和 Function 过程的异同。
(4)掌握过程调用时参数传递的两种方式及特点。
(5)理解过程、变量的作用域。
(6)具备使用过程编写简单程序的能力。
(7)理解递归的概念及编程方法特点。

2. 实习内容

(1)验证教材所有例题,理解过程中形参的类型、作用,并将例 1、3、5、6、10 - 14 题中涉及的过程,仿照下面给出的示例写出相关信息。

示例:下面给出求 N! 的 Function 过程和 Sub 过程,过程名分别为 funfact 和 subfact。

Function 过程代码为:

```
Function funfact(ByVal n As Integer) As Double
```

```
  Dim f#, i%
  f =1
  For i =2 To n
     f =f*i
  Next i
  funfact = f
End Function
```

相关信息描述如下：

过 程 名：funfact

类　　型：函数过程

参数说明：参数 n 为值参数，类型为整型，因为只能为整型数求阶乘

传出结果：通过函数名 funfact 返回结果

结果类型：双精度型，因为双精度型表示的数的范围最大

Sub 过程代码为：

```
Sub subfact(ByVal n As Integer, f As Double)
  Dim i%
  f =1
  For i =2 To n
     f =f*i
  Next i
End Sub
```

相关信息描述如下：

过 程 名：subfact

类　　型：Sub 过程

参数说明：参数 N 为值参，类型为整型，因为只能为整型数求阶乘

传出结果：通过形参 f 传出计算结果，调用时与之对应的实参应为同类型的变量

结果类型：双精度型，因为双精度型表示的数的范围最大

(2)完成教材习题中编程题的 4、5、7 题。

3. 有关问题分析

本章是教学中的难点，教与学两方面均存在一定的困难，下面所分析的问题，有的是编程中遇到的，有的是上机实习中遇到的。

(1)使用 Function 过程还是 Sub 过程　过程是一个具有某种功能的独立程序段，可供程序多次调用。对于一个具体问题，既可以使用 Function 过程，也可以使用 Sub 过程。但 Sub 过程与 Function 过程还是有区别的，Sub 过程的过程名仅标识过程本身；Function 过程的过程名除了标识过程本身以外，还有返回值的作用，因此，若过程有一个返回值时，则习惯使用 Function过程，并通过函数名返回函数值；若过程不需要返回值或返回多个值时，则使用 Sub 过程；返回值通过实参与形参的结合带回，当然也可通过 Function 过程名带回一个结果，其余通过实参与形参的结合带回。

(2)过程中形参的个数和传递方式确定　对初学者，若定义过程时在确定形参的个数和传递方式问题存在问题，可从如下方面考虑问题：

首先,理解形参和实参的作用。一方面,调用程序为Sub过程或Function过程通过实参传递实际处理对象;另一方面,Sub过程通过地址传递方式将结果传递给调用程序,Function过程通过地址传递方式或函数名将结果传递给调用程序。形参的个数和类型就是由上述两方面决定的。对初学者,往往喜欢把过程体中用到的所有变量全作为形参,这样就增加了调用者的负担和出错概率;也有的初学者全部省略了形参,则无法实现数据的传递,既不能从调用者得到初值,也无法将计算结果传递给调用者。

其次,理解参数传递的方式和特点。Visual Basic中形参与实参的结合有传值和传地址两种方式。数据传递按照地址方式传递。传值方式只能从调用程序向过程传入初值,但不能将结果传出;而地址传递即可传入又可传出。

最后,注意实现传值和传地址对形参和实参的要求。在定义过程时在形参前加ByVal关键字或过程调用时变量加圆括号,数据传递按照传值方式;如果在形参前加ByRef关键字或省略(默认)或实参是数组、自定义类型、对象变量等,参数传递只能是地址传递。

(3)实参和形参类型对应问题

第一,在地址传递方式时,调用过程实参与形参类型要一致。例如:

函数过程定义如下:

```
Public Function f! (x!)
  f = x + x
End Function
```

主调用程序如下:

```
Private Sub Command1_Click()
  Dim y%
  y = 3
  Print f(y)
End Sub
```

上例形参x是单精度型、实参y整型,程序运行时会显示"ByRef参数类型不符"的编译出错信息。

第二,在值传递时,若是数值型,则实参按形参的类型将值传递给形参。例如:

函数过程定义如下:

```
Public Function f! (ByVal x% )
  f = x + x
End Function
```

主调用程序如下:

```
Private Sub Command1_Click()
  Dim y!
  y = 3.4
  Print f(y)
End Sub
```

程序运行后显示的结果是6。因为调用程序声明y的类型为单精度类型,对应位置上的形参 x 的类型为整型数据类型,实参 y 和形参 x 按照值传递方式,因此实参按形参的类型将值传递给形参,即 y 的值 3.4 传给 x 时,x 接受的值为 3。

(4)变量的生命周期　过程级动态变量,是在过程调用时分配变量的存储空间,当过程调用结束,回收分配的存储空间,也就是调用一次,初始化一次,变量不保存值;过程级静态变量,当过程调用结束后,其值还保留。

示例:一个窗体上有一个文本框和一个命令按钮,向文本框中每输入一个数据,再单击命令按钮后可将这些数累加起来。如果代码如下:

```
Private Sub Command1_Click()
  Dim s!, x!
  x = Text1.Text
  s = s + x
  MsgBox "目前累加的结果是:" & s
End Sub
```

每次运行后得到的结果都只能是最后一次录入的那个数,修改程序,将“Dim s!, x!”改为“Static s!, x!”。

窗体级变量特点是:当窗体装入,分配该变量的存储空间,直到该窗体从内存卸掉,才回收该变量分配的存储空间。

第 7 章

数 据 文 件

本章内容提示：在以前各章中，应用程序所处理的数据都存放在变量或数组中，当退出应用程序时，数据不能被保存下来。引入数据文件的目的，就是将应用程序所需要的原始数据、处理的中间结果以及最后结果以文件的形式保存在外存，以便再次使用。Visual Basic 具有较强的文件处理能力，为用户提供了直接读写文件的方法，多种与文件管理有关的语句、函数及文件系统控件。本章主要讲授数据文件的基本概念、顺序文件、随机文件及二进制文件的读写操作。

教学基本要求：掌握数据文件的类型及特点，数据文件的组成，文件读（写）缓冲区的概念；重点掌握顺序文件、随机文件的创建、读、写操作语句格式及操作步骤，具备灵活应用数据文件解决实际应用问题的能力；了解二进制文件基本操作。

7.1 数据文件相关概念

7.1.1 数据文件的概念

通常情况下，计算机处理的大量数据都是以文件的形式存放在外部存储介质上的。数据文件是存储在外部存储介质（如磁盘）上的数据集合。操作系统也是以文件为单位对数据进行管理。如果要访问数据文件中的数据，操作系统必须先按文件名找到所指定的文件，然后再从该文件中读取数据。同理，要向外部介质中存储数据也必须先建立一个文件，才能向该文件写入数据。

数据文件按存储信息的形式分为 ASCII 文件和二进制文件，前者以标准的 ASCII 编码形式存放，后者以二进制代码形式存储。例如十进制整数 1025，若以二进制代码存储，共需占 2 个字节；若以 ASCII 码形式存储，1025 中的每一个字符均要占 1 个字节，共需 4 个字节。如图 7-1 所示。

二进制形式

00000100	00000001

ASCII 形式

00110001	00110000	0011001	0011010

图 7-1　十进制整数 1025 两种存储形式比较

另外数据文件按访问模式分为顺序访问模式、随机访问模式和二进制访问模式，与之对应数据文件称为顺序文件、随机文件和二进制文件。

7.1.2 数据文件的组成

数据文件是记录的集合。记录是一组相互关联的数据集合,这些数据可以是相同类型的,也可以是不同类型的。

如表 7-1 所示的学生成绩登记表,由学号、姓名、高数、英语、物理和计算机成绩 6 列组成,每列称为一个数据项;每行称为一条记录,描述某个学生四门课程的考试成绩。为了方便数据处理,通常将学号、姓名定义为字符型数据,而将高数、英语、物理和计算机定义为数值型数据。每个学生的信息是这 6 个数据项值的集合。如第 1 条记录描述学号为"020101"、姓名为"张一帆"同学的考试成绩,记录内容是{"020101","张一帆",90,87,86,94}。

表 7-1 学生成绩登记表

学号	姓名	高数	英语	物理	计算机
0201011	张一帆	90	87	86	94
0201012	王志文	85	92	85	75

数据文件的操作(包括文件的读和写)一般是以记录为单位进行的。为了标记操作记录的位置,Visual Basic 系统设立一个记录标记,称为记录指针。文件读、写操作总是对记录指针当前所指向的记录(即当前记录)进行的。

在读取数据文件内容时常用 Eof 函数检测记录指针是否指向文件末尾,当指针指向文件末尾时,函数返回为 True,否则返回 False。

7.1.3 文件的读写和文件的缓冲区

从计算机内存向外存(如磁盘)输出数据,称为"写文件"操作;将文件内容向计算机内存输入的操作称为"读文件"操作。

对数据文件进行读写操作时,必须先在内存中申请一个数据存储区域,用来建立文件读写操作时的输入/输出通道,这个专门的数据存储区域称为"文件缓冲区"。当同时操作多个文件时,必须为每个文件开辟一个缓冲区。为便于标识,每个缓冲区都需要编号,这个编号称为"缓冲区号"或"文件号",其取值范围为 1 ~ 512。缓冲区号在程序中由编程者指定。使用 FreeFile 函数可以获得一个空的缓冲区号。

7.2 顺序文件的读写操作

顺序文件是以 ASCII 码形式存储数据,记录中各数据项之间用特定的分界符(如逗号、空格等)分隔,记录与记录之间用回车、换行符分隔,顺序文件的存储格式如图 7-2 所示。

数据文件是以记录为单位进行操作的。顺序文件操作按记录号由小到大的次序进行。也就是在进行读文件操作时,必须从第一条记录开始,按记录号顺序读取记录,直到文件末尾;在进行写文件操作时,同样也按记录号的顺序依次写入数据。

顺序文件的优点是结构简单、访问方式简单,用它处理文本文件比较方便;缺点是查找数据必须按顺序进行,不能同时进行读写两种操作。

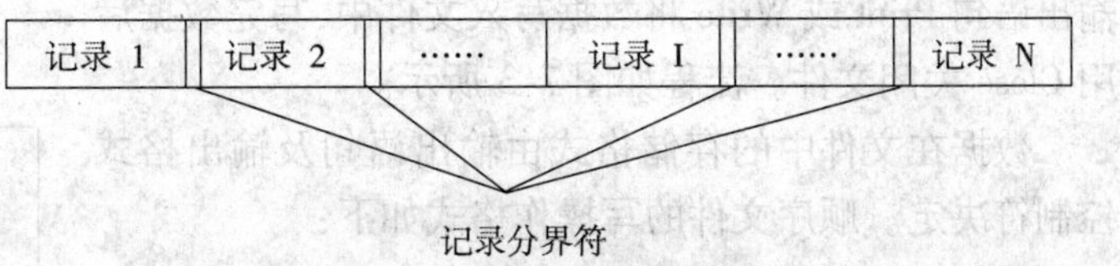

图 7-2　顺序文件存储格式

7.2.1　顺序文件的打开与关闭

1. Open 语句

对文件进行任何操作之前,必须先打开文件,打开文件的命令是 Open,其格式如下:

Open " 文件名" For 读写模式 As #文件号

其中:

(1)文件名　指欲打开数据文件的文件名,包括该文件的路径和扩展名。如果建立一个新文件,则应指定一个新文件名。

(2)读写模式为下列三种形式之一

Output:建立一个新文件,对文件进行写操作,即将数据从内存写入磁盘文件中。

Input:对文件进行读操作,即将数据从磁盘读入到计算机的内存中。如果该文件不存在,会产生文件找不到的错误。

Append:在已经建立的文件末尾追加记录。如果指定文件不存在,则建立一个新文件,相当于 Output 模式。

(3)文件号(缓冲区编号)　是介于 1 ~ 512 的整数。当打开一个文件并为它指定一个文件号后,就可以通过文件号操作该文件,直到文件被关闭后,此文件号才可以再被用作其他文件的访问通道。

例如:在 1 号缓冲区建立并打开名为 student. txt 的数据文件的语句为:

Open " student. txt" For Output as #1

又如:在 2 号缓冲区打开并读取名为 student. txt 的数据文件的语句为:

Open " student. txt" For Input as #2

2. Close 语句

文件的读、写操作结束后,必须将文件关闭,释放文件占用的缓冲区,否则可能造成数据丢失。Close 语句用来关闭文件,其格式为:

Close[#〈文件号 1〉] [,#〈文件号 2〉]……[,#〈文件号 n〉]

若不指定文件号,则表示关闭所有已经打开的文件。

如:Close #1,#2 表示释放 1 号和 2 号缓冲区,也就关闭了对应的文件。

7.2.2　顺序文件的建立

建立顺序文件是将数据写入文件的过程,文件必须以 Output 或 Append 方式打开,再使用输出语句 Print 或 Write 将数据写入文件中，写完数据后用 Close 关闭文件。流程如图 7-3 所示。

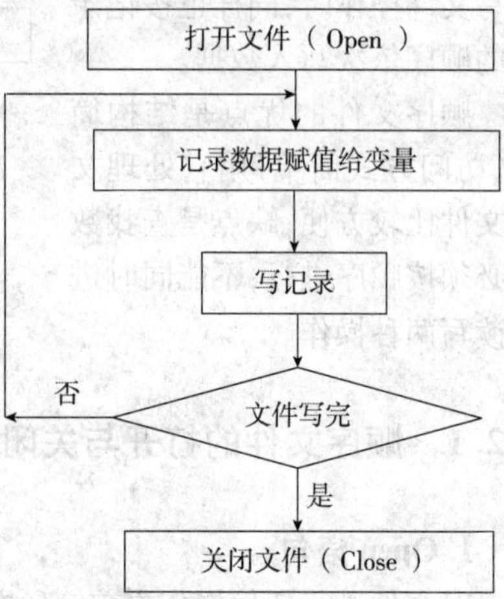

图 7-3 写文件流程

数据在文件中的存储格式由输出语句及输出格式控制符决定。顺序文件的写操作格式如下：

(1) Print #n,数据项 1,数据项 2,…,数据项 n

(2) Print #n,数据项 1;数据项 2;…;数据项 n

(3) Write #n,数据项 1,数据项 2,…,数据项 n

当用 Print 语句写入数据时，数据的存储格式分为标准格式和紧凑格式，这与用 Print 方法在窗体或图片框上输出数据的格式相同。

当用 Write 语句写入文件时，文件中数据项之间用“,”隔开，字符型数据用“""”引住。

例 7-1 以下程序段用来在 C 盘根目录下建立一个名为 test. txt 的顺序文件。

```
 Open "c:\test.txt" For Output As #1
Print #1, "This is a test"
Print #1,                                  '产生一个空记录
Print #1, "char1", "char2"                 '按照标准格式写入数据
Print #1, "char1";"char1"                  '按照紧凑格式写入数据
Write #1, "One", "Two",123                 '用 Write 形式写入数据
Close #1
```

当程序执行后，便在 c:\下面建立了 test. txt 文件。查看文件及文件内容的方法如下：

首先，检查文件是否建立。可通过资源管理器找到“C:\”，查看“test. txt”文件是否存在。如果文件不存在，说明文件没有建立，程序有错误，需修改程序中错误。

其次，检查文件内容是否正确。若建立的文件存在，可用 Windows“记事本”程序打开，查看其内容，如图 7-4 所示。

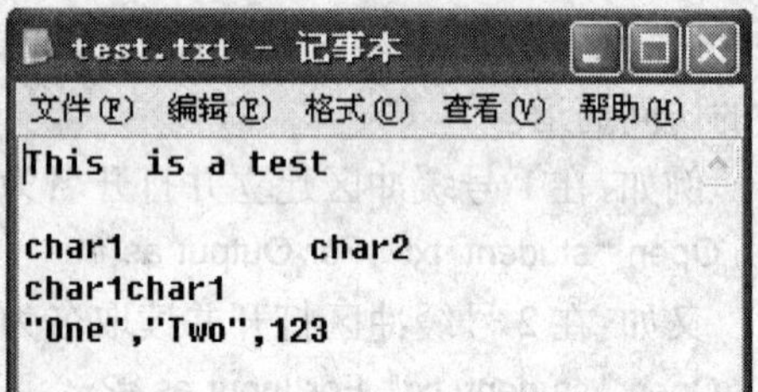

图 7-4 test. txt 中的数据格式

例 7-2 某班 30 名同学学习成绩，如表 7-2 所示。建立一个名为“student. txt”的顺序文件，存放该班同学的学习成绩，每条记录包括学号、姓名、高数、英语、物理、计算机六项数据。

表 7-2 学生成绩登记表

学号	姓名	高数	英语	物理	计算机
0201001	张无忌	90	87	86	94
0201002	赵敏	85	92	85	75
…	…	…	…	…	…
0201030	张三丰	94	86	70	91

程序代码如下：

```
Dim xh $, xm $, gs%, yy%, wl%, jsj%
Open "c:\student.txt" For Output As #1                '打开并建立文件
For i = 1 To 30                                       '调试程序时不一定到 30
    xh = InputBox("请输入学号")                        '输入学号
    xm = InputBox("请输入姓名")                        '输入姓名
    gs = Val(InputBox("请输入高数成绩"))               '输入高数成绩
    yy = Val(InputBox("请输入英语成绩"))               '输入英语成绩
    wl = Val(InputBox("请输入物理成绩"))               '输入物理成绩
    jsj = Val(InputBox("请输入计算机成绩"))            '输入计算机成绩
    Write #1, xh, xm, gs, wl, yy, jsj                  '将记录写入文件
Next i
Close #1
```

运行程序，就会在“c:\”下建立名为“student.txt”的文件。用“记事本”打开上例建立的 student.txt 文件，看到的数据格式如图 7-5 所示。读者可以将代码中写入文件的“Write”语句改为“Print”语句试试。

如果这些数据还要做其他处理，最好用自定义数据类型将这些数据定义一个记录类型。

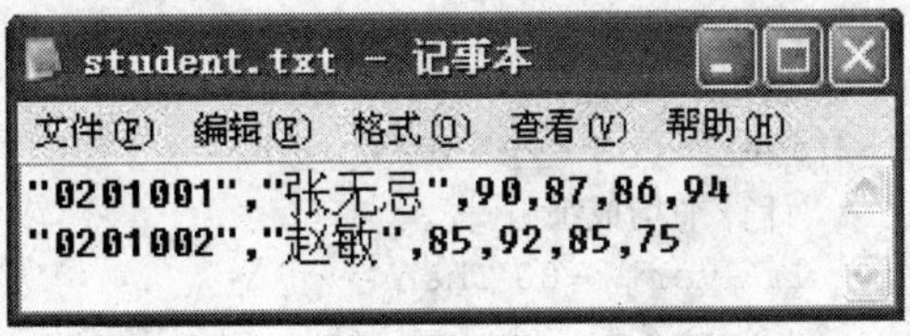

图 7-5　student.txt 中的数据格式

7.2.3　顺序文件的读取

从顺序文件读取数据时，需要先用 Input 方式打开文件，再使用 Input、Line Input 语句或 Input 函数将文件内容读取出来。顺序文件读取格式有如下三种：

(1) Input #文件号，变量列表　其作用是从文件中读出数据，并将读出的数据分别赋给对应的变量。

注意：为了能够用 Input 语句正确地读出文件中的数据，在数据写入文件时，建议最好使用 Write 语句，因为 Write 语句写入数据时，数据项之间用“，”分隔。当使用 Input 语句读取数据时，可以准确区分开各个数据项。读出的数据不包括回车、换行符。

(2) Line Input #文件号，字符串变量　其作用是从文件中读出一行数据赋给指定的字符串变量。读出的数据中不包含回车符及换行符。

(3) Input(读取的字符数,#n)　其作用是从文件中读取指定数目的字符。包括回车、换行符。

注意：由于 Visual Basic 中一个英文字符与一个汉字都是一个字符，但输出到文件中时，前者只占一个字节，而后者占两个字节，当一个文件中所包含的字符数与字节数不一致时（如文件中有汉字字符时），用这种读取文件方式会出现错误。

上述三种形式可根据应用的需要，选择其一，常用前两种读取顺序文件。读文件流程如图 7-6 所示。其中判断文件是否读完用 Do 循环结构完成：

```
Do While Not EOF(文件号)
```

```
        读记录数据
        数据处理
    Loop
```

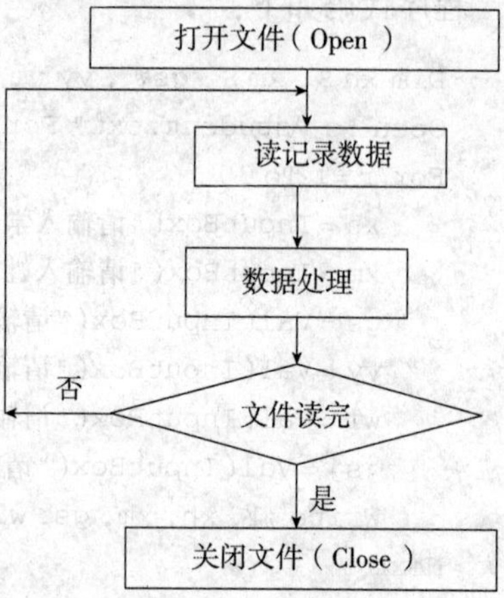

图 7-6　读文件流程

例 7-3　对例 7-2 中生成的 student. txt 文件记录进行如下处理:

(1)计算每个学生的平均成绩。

(2)将平均成绩大于或等于 80 分的记录写入 student1. txt 文件中。

```
Dim xh $ , xm $ , gs% , yy% , wl% , jsj% , aver!
Open "c:\student.txt" For Input As #1
  '用 input 打开源文件
Open "c:\student1.txt" For Output As #2
  '用 output 打开目标文件
Do While Not EOF(1)
Input #1, xh, xm, gs, yy, wl, jsj
  '读出一条记录,分别赋给各变量
  aver = (gs + yy + wl + jsj) /4
  '计算平均成绩
  If aver > =80 Then
   Write #2, xh, xm, gs, yy, wl, jsj, aver
  '写入目标文件
   Print xh, xm, gs, yy, wl, jsj, aver
  '同时在窗体上输出一遍
  End If
Loop
Close
```

例 7-4　统计例 7-3 中生成的 student1. txt 文件中的记录数。

分析:因为 student1. txt 中一条记录就是一行,所以只要统计出文件中有多少行就可以了,语句 Line Input 就是专门按行读取顺序文件的。代码如下:

```
Private Sub Command1_Click()
  Dim n% , x $
  Open "c:\test.txt" For Input As #1
  Do While Not EOF(1)
      Line Input #1, x
      n = n +1
  Loop
  MsgBox "文件中一共有" & n & "记录!"
  Close #1
End Sub
```

7.2.4　顺序文件的记录追加

顺序文件的记录追加是向已经建立的文件末尾追加记录,操作时需使用 Append 方式打开已经存在的顺序文件,向文件中追加记录的方法与 Output 建立文件的写操作过程相同。

7.2.5　顺序文件的记录编辑

对顺序文件中记录进行编辑(包括记录修改、插入、删除记录等)通常比较麻烦,这是由顺序文件本身的读写规则所决定的:因为顺序文件操作时只能按顺序进行读或写一个操作,无法直接对文件中的数据进行修改。所以,要修改顺序文件,必须要通过一个临时文件完成,具体操作如下:

1. 顺序文件记录的插入(在第 i 条记录之后插入若干条记录)

(1)以 Input 方式打开原文件 A1。

(2)以 Output 方式打开临时文件 A2。

(3)读取 A1 中的前 i 条记录,直接写入 A2。

(4)将要追加的若干条记录内容逐一输入,并写入 A2。

(5)将 A1 中剩余记录读出,直接写入 A2。

(6)关闭 A1,A2。

(7)删除 A1。

(8)将 A2 文件名改为 A1。

(9)结束。

注意:(1)删除文件的格式为:Kill　"文件名",其中,文件名应包含盘符和路径。

(2)修改文件名格式为:Name　旧文件名 As 新文件名,旧文件名应包含盘符和路径。

2. 顺序文件记录的删除

(1)以 Input 方式打开原文件 A1。

(2)以 Output 方式打开临时文件 A2。

(3)读取 A1 中的记录,将不删除的记录,直接写入 A2。

(4)关闭 A1,A2。

(5)删除 A1。

(6)将 A2 文件名改为 A1。

(7)结束。

如例 7-3 中,在最后关闭文件后再将"student. txt"文件删除,将"student1. txt"更名为"student. txt",实际上就是将原文件中平均分低于 80 分的记录删除。

3. 顺序文件记录的修改

先建立一个临时文件,从原文件中读取记录,判断原文件记录是否要进行修改。如果是,修改原文件记录后写入临时文件,如果不是,则直接写入临时文件。关闭文件后删除原文件,将临时文件名改为原文件名即可。

7.3　随机文件的读写操作

随机文件是以二进制形式存储数据的,在随机文件中,记录中各数据项的长度是固定的,因此每条记录是等长的,记录与记录之间不需要分隔符,其存储格式如图 7-7 所示。

记录 1	记录 2	记录 3	……	记录 n

图 7-7　随机文件存储格式

由于随机文件中记录长度是相等的,只要给出记录号,就可以计算出该记录在文件中的存储位置,也就可以直接读写了,因此随机文件的操作可以不按记录号顺序进行,可根据需要对任意记录进行操作,并且可以同时进行读写两种操作。

随机文件的操作包括建立随机文件、打开随机文件、关闭随机文件、读写随机文件,以及删除记录和增加记录等。

7.3.1　随机文件的打开与关闭

打开随机文件仍用 Open 语句,但其语法稍有不同:

Open"文件名"[For Random] As #文件号 [Len=记录长度]

其中:

(1)文件名　指欲打开文件的文件名,包括存储该文件的路径。如果文件不存在,则建立一个新文件;如果存在则打开该文件。Random 是默认的访问类型,所以 For Random 关键字是可选项。

(2)记录长度　用于指定每条记录的长度。可以用 Len( )函数返回记录的长度,记录长度的默认值是 128 个字节。若记录长度比写文件时的实际记录长度短,则会产生一个错误。如果记录长度比写文件时的实际记录长度长,记录可以写入,但会浪费一些磁盘空间。

关闭文件同顺序文件一样,用 Close 语句实现。

7.3.2　随机文件的创建

建立随机文件的流程图如图 7-8 所示。写记录用 Put 语句完成,语法格式为:

Put #文件号,[记录号],变量名

其中:记录号为大于等于 1 的整数,表示写入的是第几条记录;如果忽略记录号,则表示在当前指针位置写入。变量名通常为记录变量(用户自定义类型)。

例 7-5　将例 7-2 生成的顺序文件"student. txt"读出,按随机方式写入随机文件"student2. txt"。

分析:由于每条学生成绩中有多个字段,这些字段数据类型还不尽相同,所以用自定义数据类型来处理更为简单,代码如下:

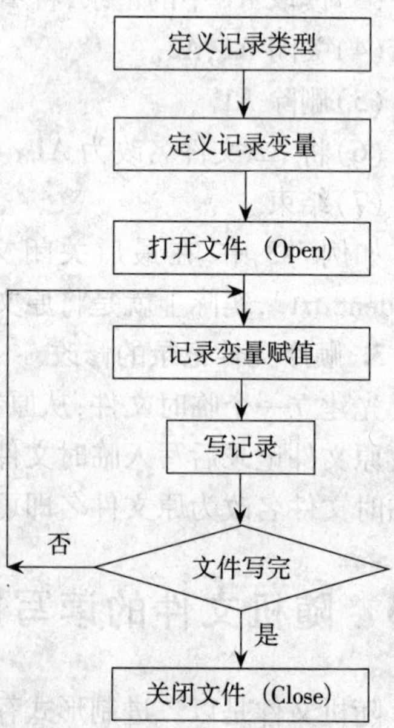

图 7-8　随机文件写操作流程

```
'在窗体通用段中定义记录类型
'用于存储学生相关记录数据
Private Type student
    xh As String * 7            '学号(xh)字段
    xm As String * 8            '姓名(xm)字段
```

```
    gs As Integer                 '高数(gs)字段
    yy As Integer                 '英语(yy)字段
    wl As Integer                 '物理(wl)字段
    jsj As Integer                '计算机(jsj)字段
  End Type

  Private Sub Command1_Click()
    Dim a As student                  '声明自定义数据类型变量
    Open "c:\student.txt" For Input As #1           '打开源文件
    Open "c:\student2.txt" For Random As #2 Len = Len(a)
    '打开目标文件,记录长度通过 len 函数求得
    Do While Not EOF(1)               '循环读出顺序文件内容,直到文件末尾为止
    Input #1, a.xh, a.xm, a.gs, a.yy, a.wl, a.jsj
    '依次读出数据存放入记录变量的各字段中
    Put #2, , a                   '将记录变量作为一个整体写入一条记录中
    Loop
    Close
  End Sub
```

同样可以用记事本打开“student2. txt”查看文件内容,只是看到的内容与实际内容会不一致,这是因为除了学号和姓名等字符型数据还保持 ASCII 码编码外,所有的数值型数据都转换成了二进制码。如图 7-9 所示。

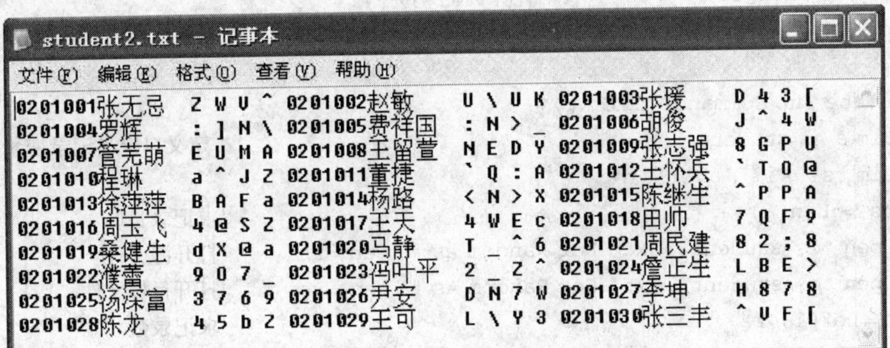

图 7-9　用记事本打开随机文件

思考:“张无忌”的第一门课成绩本来是 90 分,但写到随机文件中却变成了字符“Z”,这是为什么呢?

7.3.3　随机文件的读取

随机文件的读操作就是将随机文件中的记录读取到内存中。其格式如下:

Get #文件号,[记录号],记录变量

其中:记录号是大于等于 1 的整数,表示对第几条记录进行操作。如果忽略记录号,则表示读取当前记录。

随机文件读取操作流程图如图 7-10 所示。由于随机文件具有记录等长的特点,所以通过 Lof 和 Len 两个函数即可计算出记录数,公式是:

记录数 = LOF(文件号)/Len(记录变量名)

这样判断随机文件是否读完用 For 循环就可以完成:

```
For   循环变量 =1 To 记录数
  读记录数据
  数据处理
Next   循环变量
```

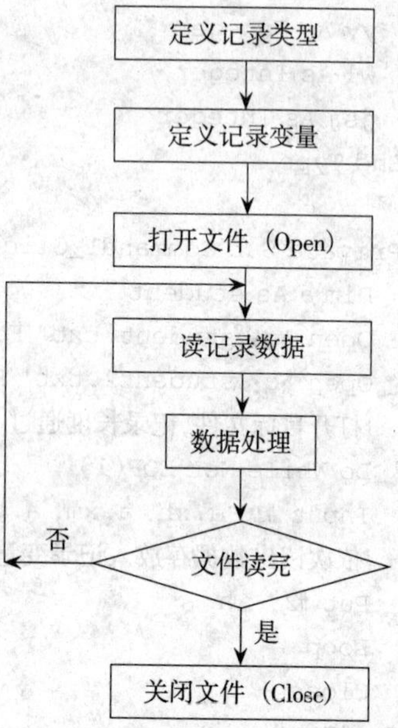

图 7-10　随机文件读操作流程

例 7-6　从随机文件“student2. txt”中读出数据,计算平均成绩,并将大于或等于 80 分的学生成绩写入另一个随机文件“student3. txt”中。代码如下:

```
'在窗体通用段中定义记录类型
Private Type student
  xh As String * 7                    '学号(xh)字段
  xm As String * 8                    '姓名(xm)字段
  gs As Integer                       '高数(gs)字段
  yy As Integer                       '英语(yy)字段
  wl As Integer                       '物理(wl)字段
  jsj As Integer                      '计算机(jsj)字段
End Type

Private Sub Command1_Click()
  Dim a As student                                     ' 定义自定义记录变量
  Dim rs% , i% , aver!, n%
  rs = Len(a)                                          '求记录长度
  Open "c: \student2.txt" For Random As #1 Len = rs    '打开源文件
  Open "c: \student3.txt" For Random As #2 Len = rs    '打开目标文件
  n = Lof(1) /rs                                       '求记录数
  For i = 1 To n
    Get #1, , a
    aver = (a.gs + a.jsj + a.wl + a.yy) /4
    If aver > = 80 Then Put #2, , a
  Next i
  Close
End Sub
```

7.3.4　随机文件的修改与删除

要对随机文件中的记录进行修改,应先将记录从文件读到内存中并赋给记录变量,再修改记录变量的值,最后把记录变量的值写回文件。

删除随机文件中的记录方法与顺序文件相同,这里不再赘述。

7.4 二进制文件的读写*

以二进制模式访问文件,是以字节为单位对文件进行读写,可以实现对文件的完全控制,文件中的字节可以代表任何信息。二进制访问模式与随机访问模式类似,读写记录的语句也是 Get 和 Put,区别在于二进制模式的访问单位是字节,而随机模式的访问单位是记录。

在二进制访问模式中,可以把文件指针移到文件的任何地方。文件在打开时,指针指向第一个字节,以后随着文件处理命令的执行而移动。二进制文件与随机文件一样,文件一旦打开,便可任意进行读写操作。

注意:把二进制数据写入文件中时,使用变量是 Byte 数据类型的数组,而不是 String 类型的变量。String 类型被认为包含的是字符,而二进制型数据无法正确存储于 String 类型的变量中。

7.4.1 二进制文件的打开与关闭

打开二进制文件是用 Open 语句来实现,其格式如下:

Open "文件名" For Binary As #文件号

其中:

(1)文件名　指欲打开文件的文件名,包括该文件的路径。如果文件不存在,则建立一个新文件;如果存在则打开该文件。

(2)For Binary　说明以二进制方式访问文件。

下面的语句打开一个名为"test. txt"的二进制文件。

```
Open "test.txt" For Binary As #1
```

若"test. txt"文件存在,open 语句便打开该文件;若不存在,则创建一个名为 test. txt 的二进制文件。

二进制文件的关闭同样用 Close 语句完成。

7.4.2 二进制文件的读写

读文件操作是从已打开文件的某个位置开始,读取一定长度的数据。写文件操作是在已打开的二进制文件的某个位置写入字节。一个二进制文件被打开后,可以用 Get 语句来读取数据,用 Put 语句在任何位置写入字节。其格式为:

Get #文件号[,字节位置],字节变量

Put #文件号[,字节位置],字节变量

Get 语句从"字节位置"标明的位置读取 Len(字节变量)个字节到字节变量中;Put 语句则从指定位置把"字节变量"的数据写入文件中,写入的长度为 Len(字节变量)个字节。以二进制模式访问的文件,不论文件中存放的是什么内容,被读到字节变量中后,都自动转换成 0~255的整数;而写入文件时,能自动转换成对应的 ASCII 字符。省略字节位置则表示从当前位置读/写。

例 7-7 以二进制模式建立一个数据文件,其中的内容是随机产生的 100 个大写字母。

分析:大写字母的 ASCII 码值范围是[65,90],只要用随机函数产生这个范围内的整数,再以二进制形式写入文件即可。

```
Private Sub Command1_Click()
Dim fno% , i% , x As Byte
  fno = FreeFile
  Open "c:\test.txt" For Binary As #fno
  For i = 1 To 100
    x = Int(Rnd * (90 - 65 + 1) + 65)
    Put #fno,i ,x
  Next i
  Close
  MsgBox "任务完成,请用记事本打开 C:\test.txt 文件查看结果!"
End Sub
```

如果要在 Visual Basic 下看到文件的内容,也可用二进制方式打开并读取文件。

例 7-8 以二进制方式读取文件 test. txt,并将结果显示在文本框中。

```
Private Sub Command2_Click()
  Dim fno% , i% , x As Byte
  fno = FreeFile
  Open "c:\test.txt" For Binary As #fno
  For i = 1 To 100
    Get #fno, i, x
    Text1.Text = Text1.Text & Chr(x)
  Next i
  Close
End Sub
```

在二进制文件读写的过程中,常用到 Seek 函数和 Seek 语句。

Seek(文件号):该函数用来返回当前文件指针的位置。

Seek 语句(文件号,字节位置):用于将指针定位到"字节位置"指定的字节处。

下面结合实例说明二进制访问模式的特点。

例 7-9 编写一个复制文件的程序。

```
Dim char As Byte, filenum1% , filenum2%
filenum1 = FreeFile
Open "c:\student.txt" For Binary As #filenum1          '打开源文件
filenum2 = FreeFile
Open "student.bak" For Binary As #filenum2             '打开目标文件
Do While Not Eof(filenum1)
  Get #filenum1, , char                                '从源文件中读出一个字节
  Put #filenum2, , char                                '向目标中写入一个字节
Loop
Close                                                  '关闭所有文件
```

例 7-10　编写一个加密软件，要求将源文件按"字节逐位倒排序加密法"加密。字节逐位倒排序加密法是以比特位为单位的换位加密方法，具体算法是：

(1) 以二进制模式打开源文件。

(2) 从源文件第 I 位读取一个字节，假设为字母"A"，得到"A"的 ASCII 值为 65。

(3) 将 65 转换成八位二进制串为"01000001"。

(4) 将"01000001"按字节逐位倒排序得另一个八位二进制串"10000010"。

(5) 将"10000010"转换成十进制再写回源文件第 I 位置，完成一个字节的加密。

(6) 重复(2)、(3)、(4)和(5)，直到所有字节加密结束。

为了使程序模块化，用函数过程 ByteToBin 完成将字节型数据转换成二进制串(其实质就是将十进制数转换成八位二进制串)；用函数过程 BinToByte 将二进制串转换成字节型数据(实质是将八位二进制串转换成十进制数)；用函数过程 Reverse 将八位二进制串逐位倒排序。具体程序如下：

```
Function ByteToBin(m As Byte) As String   '将字节型数据转换成八位二进制字符串
  Dim c $
  c $ = ""
  Do While m < >0
    r = m Mod 2
    m = m\2
    c $ = r & c $
  Loop
  c $ = Right("00000000" & c $, 8)
  ByteToBin = c $
End Function
Function Reverse(m As String) As String           '将八位二进制字符串颠倒顺序
  Dim i% , x $
  x = ""
  For i = 1 To 8
      x = Mid(m,i,1) & x
  Next i
  Reverse = x
End Function
Function BinToByte(m As String) As Byte          '将八位二进制串转换成十进制
  Dim x As String * 1, y% ,z%
  z = 0
  For i = 1 To 8
    x = Mid(m,i,1)
    y = x * 2 ^ (8 - i)
    z = z + y
  Next i
  BinToByte = z
End Function
Private Sub Command1_Click()
  Dim x As Byte, i% , fname $
```

```
    fname = InputBox("请输入要加密的文件名！注意加上路径名:")
    If Dir(fname) = ""Then
      MsgBox"文件不存在!"
      Exit Sub
    End If
    Open fname For Binary As #1                    '以二进制访问模式打开待加密文件
    For i =1 To LOF(1)                             ' LOF 函数是求文件长度的内部函数
      Get #1, i, x                                 '取出第 i 个字节
      x = BinToByte(Reverse(ByteToBin(x)))         '这里调用了三个自定义函数
      Put #1, i,x                                  '将加密后的这个字节写回到文件原位置
    Next i
    Close
    MsgBox "任务完成!"
  End Sub
```

本例可以完成对任意文件的加密与解密,对同一文件作第一次处理为加密,第二次处理为解密。调试本程序时,可用记事本建立一个文本文件(如 c:\aaa. txt),其中的内容任意,可以包括字母、汉字、数字、回车符、换行符等。运行本程序后,在输入文件名的对话框中输入文件名 C:\aaa. txt 后回车,即可完成对文件的加密。文件加密后,可以在记事本中打开查看加密效果。如果想解密,可再次运行该程序并输入相同文件名。

7.5 常用的文件操作语句和函数

Visual Basic 提供了许多与文件操作有关的语句和函数,因而用户可以方便地对文件或目录进行复制、删除等维护工作。

1. FileCopy 语句

格式:FileCopy source,destination

功能:复制一个文件。

说明:①参数 source 和 destination 分别表示要复制的源文件名和目标文件名。

②FileCopy 语句不能复制一个已打开的文件。

2. Kill 语句

格式:Kill filename

功能:删除文件。

说明:filename 中可以使用统配符“ * ”和“?”。

例如:将当前目录下所有“ * . txt”文件全部删除,使用语句:Kill“ * . txt”。

3. Name 语句

格式:Name oldfile As newfile

功能:重新命名一个文件或目录。

说明:①Name 具有移动文件的功能,即重新命名文件并将其移动到另一文件夹中。

②在 oldfile 和 newfile 中不能使用统配符“ * ”和“?”。

③不能对一个已打开的文件使用 Name 语句。

4. ChDrive 语句

格式:ChDrive drive

功能:改变当前驱动器。

说明:如果 drive 参数为"",则当前驱动器将不会改变,如果 drive 参数有多个字符,则 ChDrive 只会使用首字母。

5. MkDir 语句

格式:MkDir path

功能:创建一个新的目录。

6. ChDir 语句

格式:ChDir path

功能:改变当前目录。

说明:ChDir 语句改变默认目录位置,但不会改变默认驱动器位置。例如,如果默认的驱动器是 C,则下面的语句将会改变驱动器 D 上的默认目录,但是 C 仍然是默认的驱动器:

ChDir "D:\tmp"

7. RmDir 语句

格式:RmDir path

功能:删除一个存在的目录。

说明:RmDir 不能删除一个含有文件的目录。如要删除,则应先使用 Kill 语句删除所有文件。

8. CurDir 函数

格式:CurDir [(drive)]

功能:返回任何一个驱动器的当前目录。

说明:drive 表示要确定当前目录的驱动器,drive 默认时,则 CurDir 返回当前驱动器的当前目录路径。

9. Lof 函数

格式:Lof(filenumber)

功能:返回用 Open 语句打开文件的大小,该大小以字节为单位。注意:尚未打开的文件可用 FileLen 函数得到其大小。

说明:filenumber 表示要测定文件的文件号。

10. Eof 函数

格式:Eof(filenumber)

功能:用于测试打开文件的记录指针是否到达文件末尾,返回一个 Integer,它包含 Boolean 值 True 或 False。当记录指针到达文件末尾时,返回 True。

说明:filenumber 表示要测定文件的文件号。

11. Seek 函数

格式:Seek(filenumber)

功能:返回一个 Long,在打开文件中用于指定当前的读/写位置。在文件操作中,要设置下一个读/写位置,可用 Seek 语句实现。

说明:filenumber 表示要测定文件的文件号。

以上各函数详细说明请查阅 MSDN。

◎教学小结

数据文件管理是程序设计语言的基本功能之一,它为程序中的数据永久保存提供了方法。有了数据文件,数据共享就变为现实,即所谓"一次建立多处享用"。由于数据文件操作的步骤相对固定,本章仅涉及数据文件的基本概念和基本操作,不涉及新的数据类型和程序结构等知识,教学起来会感到轻松。

(1)理解数据文件的类型和读写操作特点,这是掌握数据文件的基础。

(2)对比数据的输入输出格式,熟记数据文件的读写操作语句格式。

(3)熟记数据文件读写步骤及其程序结构,养成使用数据文件保存数据的习惯。

◎习题

一、选择题

1. 下面关于顺序文件的描述正确的是________。

(A)每条记录的长度必须相同

(B)可通过编程对文件中的记录方便地修改

(C)数据只能以 ASCII 码形式存放在文件中,所以可通过文本编辑软件显示

(D)文件的组织结构复杂

2. 下面关于随机文件的描述不正确的是________。

(A)每条记录的长度必须相同

(B)一个文件中记录号不必唯一

(C)可通过编程对文件中的某条记录方便地修改

(D)文件的组织结构比顺序文件复杂

3. 在 Visual Basic 中按文件的访问方式不同,可以将文件分为________。

(A)顺序文件和随机文件　　(B)ASCII 文件和二进制文件

(C)程序文件和数据文件　　(D)磁盘文件夹和打印文件

4. 顺序文件是因为________。

(A)文件中按每条记录的记录号从小到大排序好的

(B)文件中按每条记录的长度从小到大排序好的

(C)文件中按记录的某关键数据项的从大到小的顺序

(D)记录按进入的先后顺序放的,读出也是按原写入的先后顺序读出。

5. 随机文件是因为________。

(A)文件中的内容是通过随机数产生的

(B)文件中的记录号通过随机数产生的

(C)可对文件中的记录根据记录号随机地读写

(D)文件的每条记录和长度是随机的

6. Kill 语句在 Visual Basic 语言中的功能是________。

(A)清内存　　(B)清病毒　　(C)删除磁盘上的文件　　(D)清屏幕

7. Print #1,Str1 $ 中的 Print 是________。

(A)文件的写语句　　(B)在窗体上显示的方法

(C)子程序号　　(D)以上均不是

8. 为了建立一个随机文件,其中每一条记录由多个不同数据类型的数据项组成,应使用________。

(A)记录类型　　(B)数组　　(C)字符串类型　　(D)变体类型

9. 从磁盘上读入一个文件名为"c:\t1. txt"顺序文件,下列________语句是正确的。

(A)F = "c:\t1. txt"

Open F For Input As #1

(B)F = "c:\t1. txt"

Open "F" For Input As #2

(C)Open "c:\t1. txt" For Output As #1

(D)Open c:\t1. txt For Input As #2

10. 记录类型定义语句应出现在________。

(A)窗体模块　　(B)标准模块

(C)窗体模块、标准模块都可以　　(D)窗体模块、标准模块均不可以

11. 要建立一个学生成绩的随机文件,如下定义由学号、姓名、三门功课成绩(百分制)组成的记录数据类型,正确的是________。

(A)
```
Type stud
    no As Integer
    name As String
    mark(1 To 3) As Single
End Type
```

(B)
```
Type stud
    no As Integer
    name As Sting * 10
    mark() As Single
End Type
```

(C)
```
Type Stud
    no As Integer
    name As String * 10
    mark(3) As Single
End Type
```

(D)
```
Type stud
    no As Integer
    name As String * 10
    mark(1 To 3) As String
End Type
```

12. 为了使用上述定义的记录类型,对一个学生的各数据项通过赋值语句获得,其值分别为9801、"李平"、78、88、96,如下程序段正确的是________。

(A)
```
Dim s As stud
stud. no = 9801
stud. name = "李平"
stud. mark = 78,88,96
```

(B)
```
Dim s As stud
s. no = 9801
s. name = "李平"
s. mark = 78,88,96
```

(C)
```
Dim s As stud
s. no = 9801
s. name = "李平"
s. mark(1) = 78
s. mark(2) = 88
```

(D)
```
Dim s As stud
stud. no = 9801
stud. name = "李平"
stud. mark(1) = 78
stud. mark(2) = 88
```

s. mark(3) = 96　　　　　　　　stud. mark(3) = 96

13. 对已定义好的学生记录类型,要存放 10 个学生的学习情况,已做了如下数组声明:

```
Dim  s(1 to 10) As Stud
```

要表示第 3 个学生的第 3 门课程和该生的姓名,正确的是________。

(A) s(3). mark(3), s(3). Name

(B) s3. mark(3), s3. Name

(C) s(3). mark, s(3). Name

(D) With s(3)

. mark

. Name

End With

14. 要建立一个学生成绩的随机文件,文件名为"stud. txt",该文件由 12 题赋了值的一条记录组成,如下程序段中正确的是________。

(A) Open stud. txt For Random As#1
Put#1, 1, s
Close#1

(B) Open "stud. txt" For Random As #1
Put#1, 1, s
Close#1

(C) Open "stud. txt" For Output As #1
Put#1, 1, s
Close#1

(D) Open "stud. txt" For Random As #1
Put#1, , s
Close#1

15. 下面叙述中不正确的是________。

(A) 若用 Write#语句将数据输出到文件,则各数据项之间自动插入逗号,并且将字符串加上双引号

(B) 若使用 Print#语句将数据输出到文件,则各数据项之间没有逗号分隔,且字符串不加双引号

(C) Write#语句和 Print#语句建立的顺序文件格式完全一样

(D) Write#语句和 Print#语句均实现向文件中写入数据

16. 执行语句 Open "Sample. dat" For Random As #1 Len = 50 后,对文件"Sample. dat"中的数据能够进行的操作是________。

(A) 只能写不能读　　　　(B) 只能读不能写

(C) 即可以读,也可以写　　(D) 不能读,也不能写

17. 下面几个关键字均表示文件的打开方式,只能进行读不能写的是________。

(A) Input　　(B) Output　　(C) Random　　(D) Append

18. 以下叙述中正确的是________。

(A) 一个记录中所包含的各个字段的数据类型必须相同

(B) 随机文件中每个记录的长度是固定的

(C) Open 命令的作用是打开一个已经存在的文件

(D) 使用 Input#语句可以从随机文件中读取数据

19. 以下程序运行后,a1. dat 文件的内容是________。

```
Private Sub Form_Click()
```

```
    Dim f1 As Integer, f2 As Integer, f3 As Integer
    Open "d:\a1.dat" For Output As #1
    f1 = 2
    f2 = 3
    f3 = f2 + f1
    Write #1,f1 * f2,f2,f3
    Close #1
End Sub
```

(A)2,3,3　　(B)6,3,5　　(C)2,5,6　　(D)无内容

20. 以下能判断是否到达文件尾的函数是________。

(A)BOF　　(B)LOC　　(C)LOF　　(D)EOF

二、编程题

1. 有一个文本文件,请编程检测文件段数(提示:两种方法,一是可以一个字符一个字符地读取信息,判断回车符个数;二是逐行读出,判断可读取的行数)。

2. 建立 1 个名为 dat. txt 的顺序文件,在文本框中输入字符,每次按回车键(回车符的 ASCII 码是 13)都把当前文本框中的内容写入文件 dat. txt,并清除文本框中的内容;如果输入"END",则结束程序。

3. 把随机产生的 200 个 4 位整数存入顺序文件 file1. txt 中。

4. 从第 3 题的 file1. txt 文件中读出数据存入数组 a 中,从中挑出所有个位和百位是偶数的数据存入 b 数组中,并存放随机文件 file2. txt 中。

5. 准备一篇英文文章 file3. txt(至少 3 段),编程读出其中内容,将所有字符进行替代,替代关系为:f(p) = (p * 11) mod 256(p 是某个字符的 ASCII 值,f(p)是计算后新字符的 ASCII 值),如果计算后 f(p)的值小于等于 32 或大于 130,则该字符不变,否则用 f(p)所对应的字符替换原有字符后写入文件 file4. txt 中。

6. 有一个 20 名学生的成绩单,包含每个学生姓名和 5 门课程成绩。姓名依次记作 A ~ T,成绩均随机产生(范围 50 ~ 100 分),请计算出平均成绩,并按平均成绩由高到低排序后分别写入顺序文件 file5. txt 和随机文件 file6. txt 中。

三、思考题

1. 什么是文件? 根据访问模式,数据文件分为哪几种类型? 各自的存储特点是什么?

2. 请用三种不同的方法,将文本文件 text. txt 中的内容读入变量 strTest $ 中。(写出程序代码片段)

3. 请说明 Print 和 Write 语句的区别。

4. 请说明 Eof 和 Lof 函数的功能。

5. 随机文件和二进制文件的读写操作有何不同?

◎实习指导

1. 实习目的

通过实习掌握数据文件的概念;理解顺序文件、随机文件和二进制文件的存取特点;掌握建立、读取、修改顺序文件的方法与步骤;掌握建立、读取、修改随机文件的方法与步骤;了解

Visual Basic 中常用的文件操作语句和函数。

2. 实习内容

(1)完成本章涉及的所有例题,注意教材中为了便于说明,将所生成的数据文件均写在了"C:\"下,实习时最好与读者的程序文件放在同一文件夹中。

(2)完成编程题中第 2、3、4、5 题。

3. 常见错误分析

(1)*顺序文件打开方式错误* Open 语句中的打开文件方式不同,其作用也是不同的,不得随意相互替代。如果打开方式为"For Output"方式,表示建立新文件;如果为"For Input"方式,表示读取已经存在的文件。例如在读取一个文件时使用了"For Output"方式,则会覆盖原来的全部数据。

(2)*建立和访问文件使用相对路径,避免找不到文件的错误* 如果在建立文件时不带路径,Visual Basic 会将文件建立在默认文件夹下。但是如果应用程序和文件不在同一文件夹下,或访问文件时忘记指明路径,就会出现找不到文件的错误。解决此问题的方法是使用相对路径,在建立和使用数据文件时,文件路径都用"App. Path",则数据文件就会与应用程序在同一个文件夹下,也就避免出现"文件找不到"的错误。如:

```
Open App.Path & "\testfile.dat" For Output As #1
```

建立一个名为 testfile. dat 的数据文件,文件与应用程序同在一个文件夹下。

(3)*文件使用完毕应及时关闭,避免不必要的错误* 使用数据文件有一个基本要求是:使用时应打开,使用完毕应及时关闭。如果不及时关闭文件会产生以下问题:

第一,不能及时释放内存空间,占用大量资源。

第二,只有关闭文件才能断开数据文件与内存缓冲区的联系,也才能保证文件完整地保存到磁盘上。否则容易造成数据丢失。

第三,在下一次打开这个文件时,会出现"文件已打开"的错误信息,也就会影响程序的运行。

第四,在删除或修改时会出现错误。

第 8 章

常 用 控 件

本章内容提示：Visual Basic 中的控件分为两类：一类是标准控件（或称内部控件），另一类是 ActiveX 控件（或称外部控件）。使用 Visual Basic 编写相对复杂的应用程序时，仅使用标准控件可能满足不了程序设计的要求，需要使用 ActiveX 控件。Visual Basic 系统启动后，工具箱中只有标准控件，ActiveX 控件在需要时由用户手动装载到工具箱中方能使用。前面介绍的命令按钮（CommandButton）、标签（Label）和文本框（TextBox）控件等均属于标准控件，本章将介绍其余标准控件以及常使用的 ProgressBar、TreeViewr 等 ActiveX 控件。

教学基本要求：熟练掌握计时控件、选择性控件（单选按钮和复选框）、列表框和组合框的基本属性、常用的事件和方法；掌握框架控件和滚动条控件的基本属性、常用事件和方法；了解常用 ActiveX 控件的使用。

8.1 框架

框架（Frame）通常作为容器，对控件对象进行分组或对窗体进行分割，达到修饰窗体的目的。其主要属性如表 8-1 所示。

表 8-1 框架（Frame）的主要属性

属性	说　明
Caption	设置框架的标题
Font	设置框架标题的字体
ForeColor	设置框架标题文字的颜色
Enabled	设置框架是否可用。若值为 False，框架标题为灰色，置于框架中的控件被禁用

框架作为控件对象容器，需要注意以下几个问题：

（1）对框架控件进行的复制、粘贴、移动、删除等操作，将会影响到框架内包含的所有控件对象。

（2）如果需要将窗体上原有的对象添加到 Frame 中，可先将它们剪切到剪贴板上，选定框架后，再执行“粘贴”命令即可。

（3）要检查某个控件对象是否在容器中，可以用鼠标拖动容器，如果该控件对象随之移动，则说明对象已经放在了容器中。

8.2 图片框与图像框

图片框(PictureBox)和图像框(Image)对象均可以用来显示图像,它们支持的图像文件格式有:位图(.bmp)、图标(.ico)、图元文件(.wmf)、增强型图元文件(.emf)、JPEG 和 GIF 文件。

Image 只能用于显示图片,对象使用系统资源少,重新绘图的速度较快,可以延伸图片的大小以适应对象的大小。但它支持的属性、事件和方法较 PictureBox 少一些。

PictureBox 除了可以显示图像以外,还可以作为其他对象的容器,同时支持 Visual Basic 的图形方法。虽然不能延伸图像以适应对象的大小,但可以自动调整对象的大小以显示完整的图像。

PictureBox 与 Image 对象的主要属性分别如表 8-2、表 8-3 所示。

表 8-2 图片框(PictureBox)的主要属性

属 性	说 明
AutoSize	该属性设置为 True 时,图片框能自动调整大小与显示的图片匹配
Align	该属性设为 1、2、3、4 时,作为容器的图片框将粘贴到窗体的四周
AutoRedraw	该属性设置为 True 后,可以将图形方法的输出显示到对象上,并在调整图片框大小或移去遮挡图片框的对象时,自动重绘输出的图片

表 8-3 图像框(Image)的主要属性

属 性	说 明
Stretch	该属性设置为 True 时,可以使图片自动扩展以适应对象的尺寸;为 False 时,对象自动调整大小以适应加载图片的要求

在具体应用时,会涉及下述问题:

1. 为 PictureBox 和 Image 对象加载图片

为 PictureBox 和 Image 对象加载图片的方法和为窗体加载图片的方法相同,在此再回顾如下:

方法 1:通过属性窗口,改变 Picture 属性的值。

方法 2:运行时通过 LoadPicture 函数加载图形到 PictureBox 和 Image 对象中。

例如:Picture1. Picture = LoadPicture("C:\Windows\Winlogo. bmp"),就可将"C:\Windows\Winlogo. bmp"文件加载到 Picture1 中。

2. 删除 PictureBox 和 Image 对象中的图片

要删除 PictureBox 和 Image 对象中的图片,可在属性窗口中删除 Picture 属性值也可在程序中使用不指定文件名的 LoadPicture 函数,格式为:

对象名 . Picture = LoadPicture( )

3. 调整图片大小

要使 PictureBox 对象自动调整大小以显示完整图形,应将其 AutoSize 属性值设置为 True。

这样对象将会自动调整大小以适应加载的图形。

要使 Image 对象伸缩加载图片的大小以适应对象的尺寸，应将 Stretch 属性值设置为 True，但这样可能导致图片质量的降低。

4. 用 PictureBox 对象作容器

PictureBox 对象可以作为其他对象的容器，像窗体一样，可以在 PictureBox 对象中添加其他对象。这些对象随 PictureBox 移动而移动，其 Top 和 Left 属性值是相对 PictureBox 而言的，与窗体无关。当 PictureBox 大小改变时，这些对象在 PictureBox 对象中的相对位置保持不变。

5. PictureBox 支持图形方法

图片框和窗体类似，支持显示图形方法（如 Circle、Line 和 Point）。如：

```
Picture1.Circle(2000,2000),1500 '画一个圆心位置为(2000,2000),半径为1500 的圆
```

6. 使用 Print 方法

使用 Print 方法，可以在 PictureBox 对象上输出文本。例如：

```
Picture1.Print "Hello EveryOne"
```

7. Click 事件和 Double_Click 事件

PictureBox 和 Image 对象可响应单击、双击事件，可用来代替命令按钮或作为工具条的项目，还可用来制作简单动画。

例 8-1　在窗体上添加 1 个 Image 对象，当鼠标在对象上单击时，显示另一张图片，双击时清除图片。

设计程序界面：

在窗体中添加 1 个图像框 Image1。为对象 Image1 的 Picture 属性设置一个图片（如：C:\WINDOWS\Web\Wallpaper\bliss.jpg，如图 8-1 所示）。

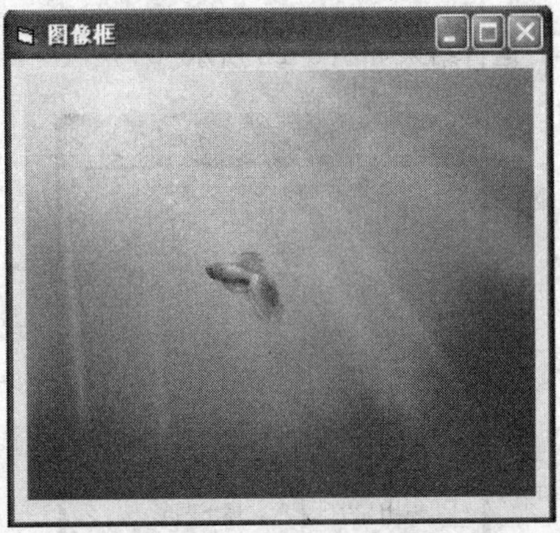

图 8-1　Image 控件示例

程序代码如下：

```
Private Sub Image1_Click() '单击图像框时显示另一张图片
  Image1.Picture = LoadPicture("C:\WINDOWS\Web\Wallpaper\bliss.jpg")
End Sub

Private Sub Image1_DblClick() '双击时清除图片
  Image1.Picture = LoadPicture()
End Sub
```

例 8-2　在窗体中添加一个 PictureBox 对象，在 PictureBox 中输出文字和图形。

实现步骤如下：

设计程序界面：

在窗体中添加图片框 Picture1，命令按钮 Command1，Command2，如图 8-2a 所示。设置对象属性如表 8-4 所示。

表 8-4　各对象的属性设置

对象名称	属性名	属性值
Form1	Caption	图片框
2 个 Command	Caption	分别为:输出文字、输出图形

事件代码如下:

```
Private Sub Command1_Click()
  Picture1.Print "努力学好计算机"              '输出文字方法
  Picture1.FontSize =12                        '设置字体
  Picture1.Print "努力学好计算机"              '输出第二行文字
End Sub

Private Sub Command2_Click()                    '输出图形
  Picture1.Circle (800, 800), 300              '输出一个圆
  Picture1.Line (1500, 500) - Step(600, 600), , B   '输出一个矩形
End Sub
```

运行结果如图 8-2b 所示。

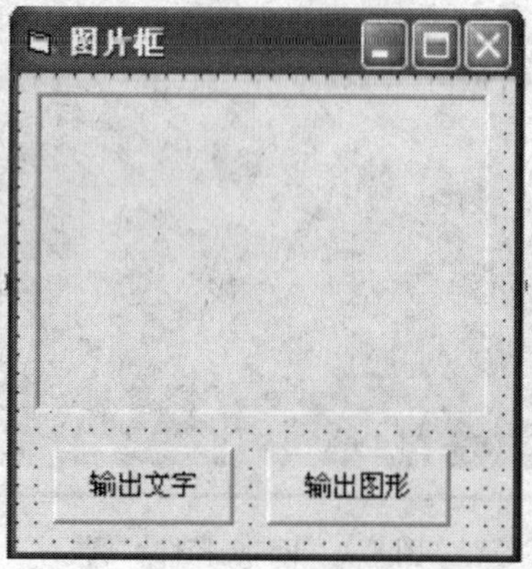

图 8-2a　程序界面

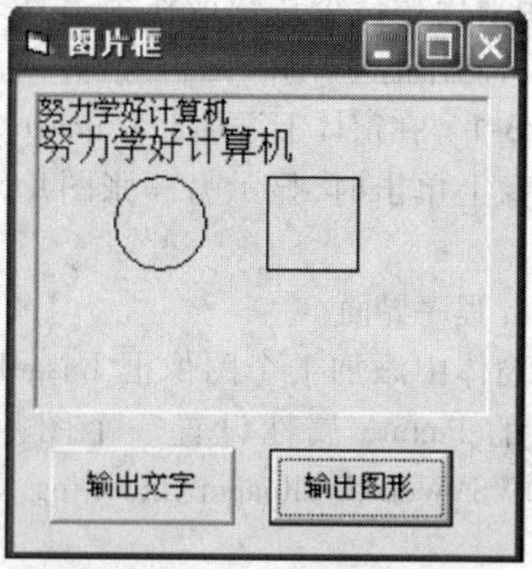

图 8-2b　运行结果

8.3　单选按钮与复选框

Windows 环境下的应用程序通常通过界面提供用户一系列可选择的操作,以便实现其相应的功能。如 Word 中段落对齐方式、修饰等就属于这种情况,但段落对齐方式属于多种选择其一的情形,而修饰属于多种选择可以选多的情形。在 Visual Basic 中,用单选按钮(OptionButton)和复选框(CheckBox)就可以分别完成上述功能。

8.3.1　单选按钮

单选按钮可以为用户提供选项,并显示该选项是否被选中。该控件用于"多选一"的情况,而且必须成组出现。当组内某个按钮被选中时,其他按钮自动失效。如果要在同一个窗体

中创建多个选项组，则需要将同组单选按钮放在同一个控件容器（如 Frame 控件）中。

1. 主要属性

单选按钮的主要属性如表 8-5 所示。

表 8-5　单选按钮（OptionButton）的属性

属性	属性值	说　明
Caption	字符串常数	设置按钮的标题说明文本
Alignment	0（默认值）	设置标题显示在按钮右边
	1	设置标题显示在按钮左边
Value	True	表示按钮被选中
	False	表示按钮未被选中
Style	0-Standard（默认值）	标准模式
	1-Graphical	图形模式

2. 主要事件

单选按钮的主要事件为 Click 事件。

例 8-3　设计一个简单的计算器，根据用户选择不同的运算对两个操作数进行不同的操作。

设计界面：

在窗体上添加 3 个 Frame 控件（Frame1、Frame2、Frame3），在 Frame1 中添加两个文本框（Text1、Text2），在 Frame2 中添加 4 个单选按钮（Option1（0）、Option1（1）、Option1（2）、Option1（3）），创建为控件数组，在 Frame3 中添加一个标签（Label1）。设置各对象属性如表 8-6 所示。界面设计如图 8-3a 所示。

表 8-6　各对象的属性设置

对象名称	属性名	属性值
Form1	Caption	简单计算器
3 个 Frame	Caption	分别为：操作数、运算符、运算结果
4 个 OptionButton	Caption	分别为：+、-、*、/
Label1	Caption	空
Label1	AutoSize	True
Text1、Text2	Text	0

程序代码如下：

```
Private Sub Option1_Click(Index As Integer)
Dim x As Single, y As Single
  x = Val(Text1.Text)                    '获取操作数 1
  y = Val(Text2.Text)                    '获取操作数 2
  Select Case Index                      '根据用户选择的运算符进行运算
    Case 0
    Label1.Caption = x + y
    Case 1
    Label1.Caption = x - y
  Case 2
```

```
    Label1.Caption = x * y
  Case 3
    If y < >0 Then                              '如果操作数 2 不为 0,则计算,否则显示错误信息
      Label1.Caption = x /y
    Else
      Label1.Caption = "除数不能为零!!"
    End If
  End Select
End Sub
```

程序运行结果如图 8-3b 所示。

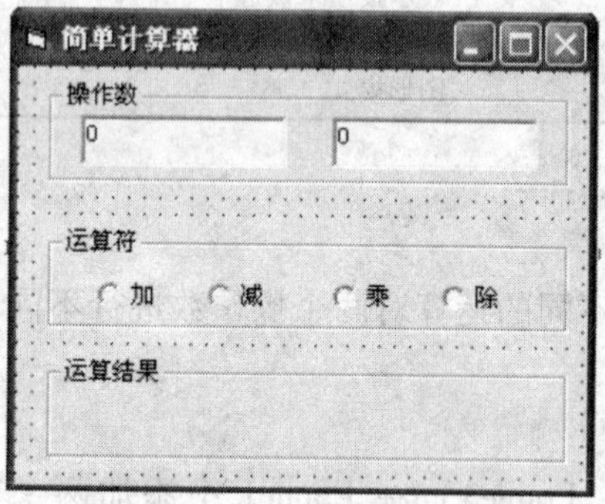

图 8-3a “简单计算器”设计界面图

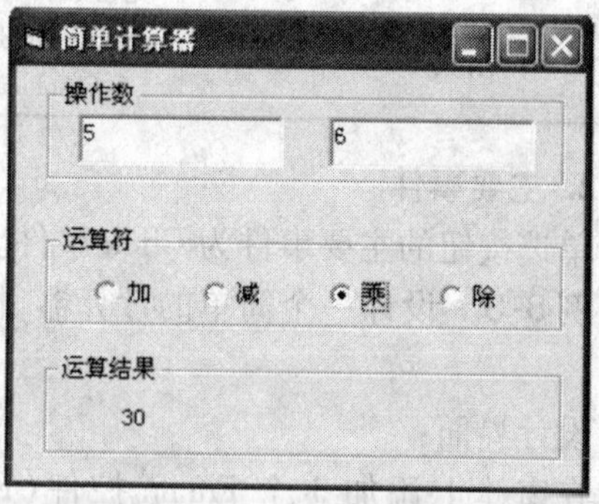

图 8-3b “简单计算器”运行结果

8.3.2 复选框

复选框(CheckBox)同单选按钮一样,可以提供多个选项供用户选择;不同之处是复选框允许用户从多个选项中选中一个或多个,甚至一个都不选。

1. 主要属性

复选框的 Caption、Alignment、Enabled、Style 属性同单选按钮相同,只有 Value 属性不同,有 3 个值:

(1)0-Unchecked　默认值;表示复选框未被选择。

(2)1-Checked　表示复选框被选择。

(3)2-Grayed　复选框呈选择状态,灰色显示,表示建议用户不要修改选择。

2. 主要事件

Click 事件是复选框最基本的事件,在 Click 事件中,单击未选中的复选框时,Value 属性值变为 1;反之 Value 值变为 0。

例 8-4　设计一个简单的个人爱好调查程序。

设计界面:

在窗体上添加 2 个 Frame 控件(Frame1、Frame2)和 1 个 CommandButton 按钮(Command1);在 Frame1 中添加 3 个 Label 控件(Label1、Label2、Label3),2 个 OptionButton 按钮(Option1、Option2)和 4 个 CheckBox 复选框元素的数组(Check1),1 个 TextBox 控件(Text1)。各对象属性设置如表 8-7 所示,设计的界面如图 8-4a 所示。

表 8-7　各对象的属性设置

对象名称	个数	属性名	属性值
Form1	1	Caption	个人爱好调查
Frame	2	Caption	分别为:调查内容、调查结果
Option1 - 2	2	Caption	分别为:男、女
CheckBox	4	Caption	分别为:阅读、上网、运动、旅游
Text1	1	Text	空
Comand1	1	Caption	确定
Label1 - 3	3	Caption	分别为:姓名、性别、爱好
Label4	1	Caption	空

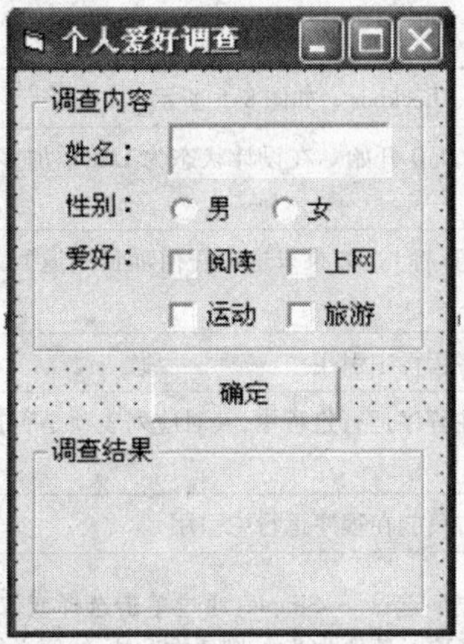

图 8-4a　“个人爱好调查”界面

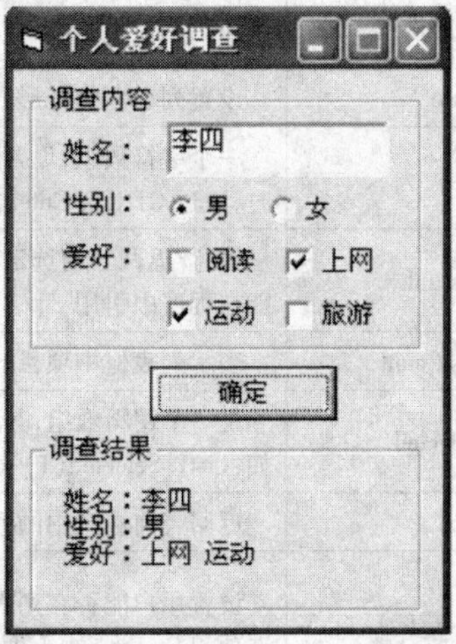

图 8-4b　“个人爱好调查”运行结果

设计思路:程序运行时,先由用户对调查内容进行填写和选择,然后点击“确定”按钮生成相应并显示相关信息。因此在 Command1 的 Click 事件编写代码如下:

```
Private Sub Command1_Click()
  Dim name As String, sex As String, hobbit As String
  name = "姓名:" & Text1.Text
  sex = "性别:" & IIf(Option1.Value, "男", "女")
  hobbit = "爱好:"
  For i = 0 To 3
    If Check1(i).Value = 1 Then
      hobbit = hobbit & Check1(i).Caption & " "
    End If
  Next
  Label4.Caption = name & vbCrLf & sex & vbCrLf & hobbit
End Sub
```

程序运行结果如图 8-4b 所示。

8.4 列表框与组合框

8.4.1 列表框

列表框(ListBox)为用户提供一个选项列表,可以显示单列或多列列表项目,用户可以从列表中选择一项或多项完成输入。

1. 主要属性

列表框主要属性如表 8-8 所示。

表 8-8 列表框(ListBox)的属性

属性	说 明
Style	设置列表框的外形。0 – Standard(默认值),1 – Checkbox。如图 8-5 所示
List	一个字符数组,设置列表的项目。List 数组的下标从 0 开始。在设计状态为 List 添加多个项目时,通过 CTRL + Enter 换行
ListIndex	设置/返回当前选定项目的索引值(即 List 数组的下标)。如果未选中任何项目则返回 –1。只能在程序中引用
ListCount	表示列表框中项目的总数。只读属性,只能在程序运行中引用
Selected	是一个逻辑数组,其元素值为 True 或 False,表示在程序运行过程中,其对应列表项是否被选中。如:List1. Selceted(1)表示列表项中第二项被选中
Text	返回当前被选中的列表项的文本内容。只读属性,只能在程序运行中引用
Multislect	设置用户能否在列表中进行多选。0 – None:禁止多选;1 – Simple:通过单击选择或取消一个选项;2 – Extended:通过 CTRL 或 Shift + 单击选择多项。若值为非 0,则属性 Style 的值必须为 0
Sorted	值为 True 或 False,决定列表项目在运行期间是否按字母顺序排列显示

2. 主要方法

(1) AddItem *方法* 向列表框中添加一个项目。格式如下:

对象名.AddItem Item [, Index]

其中:

Item:字符串表达式,是将要加入到列表框的项目。

Index:可选项。若省略,新增项目添加到所有项目之后。若指定了值,则在指定位置将项目插入,原此处及以后的项目依次后移。如:

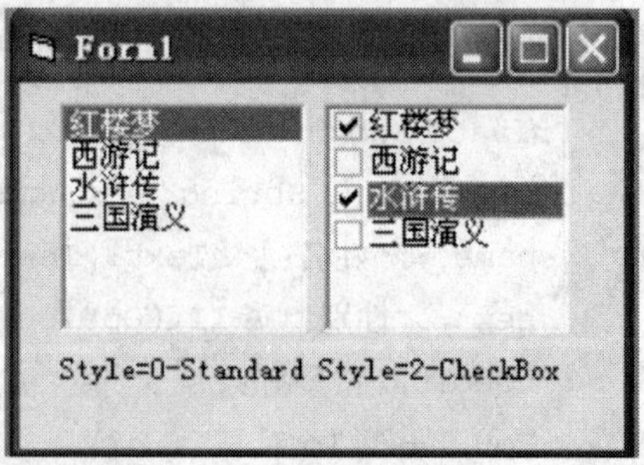

图 8-5 列表框的两种风格

```
List1.AddItem "book",3
```

将"book"添加到 List1 列表的索引值为 3(第四个项目)位置。

注:Index 值不能超出属性 ListCount 的值。

(2) RemoveItem *方法* 从列表框中删除一个指定的项目。格式如下:

对象名 . RemoveItem Index

其中：

Index：要删除项目的索引值，值不能超过 ListCount - 1。

(3) Clear 方法　清除列表框中的所有项目。格式如下：

对象名 . Clear

3. 主要事件

列表框可以响应单击(Click)事件和双击(DbClick)事件。

例 8-5　设计一个程序对列表框中的项目进行添加和删除。

设计界面：

在窗体上添加 1 个列表框(List1)，1 个 Label 控件(Label1)，一个 TextBox 控件(Text1)，3 个 CommandButton 按钮(Command1、Command2、Command3)。各对象属性设置如表 8-9 所示。界面设计如图 8-6a 所示。

表 8-9　各对象的属性设置

对象名称	属性名	属性值
Label1	Caption	新项目的内容
Text1	Text	空
Command1	Caption	添加项目
Command2	Caption	删除项目
Command3	Caption	清除所有项目

设计思路：

“添加项目”按钮用于将 Text1 中用户输入的内容作为新项目添加到列表框中，如果用户没有输入内容，便提示用户输入。

“删除项目”按钮用于将用户选择的项目从列表框中删除，如果用户没有选择，则提示用户进行选择。

“清除所有项目”按钮用于清除列表框中的所有项目。

代码如下：

```
Private Sub Command1_Click()
  If Trim(Text1.Text) = "" Then                    '检查是否已经输入新项目的内容
    MsgBox "请输入新项目内容"
    Text1.SetFocus                                 '将光标定位到 Text1 中，以便用户输入
  Else
    List1.AddItem Text1.Text                       '将文本框中内容添加到列表框中
  End If
End Sub

Private Sub Command2_Click()
  If List1.ListIndex = -1 Then                     '检查用户是否选择了项目
    MsgBox "请选择要删除的项目"
  Else
    List1.RemoveItem List1.ListIndex               '删除用户选择的项目
```

```
    End If
  End Sub

  Private Sub Command3_Click()
    List1.Clear
  End Sub
```

程序运行结果如图 8-6b 所示。

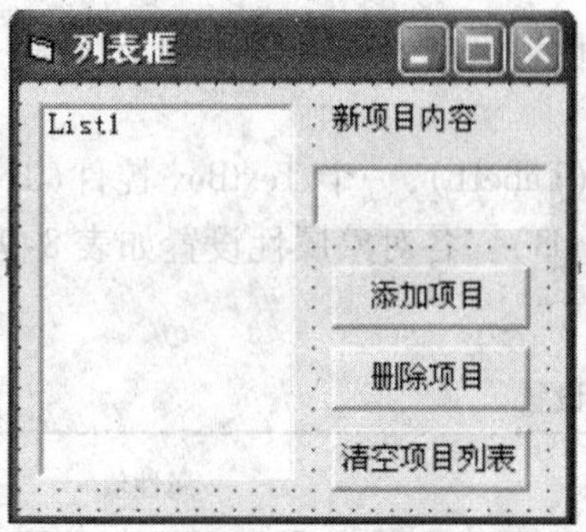

图 8-6a　设计界面图

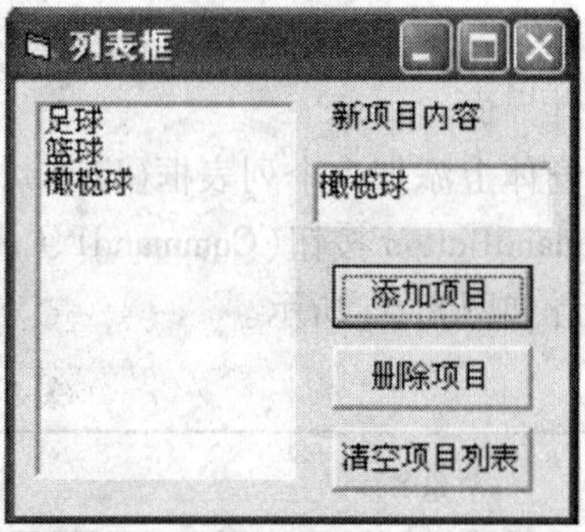

图 8-6b　运行结果

例 8-6　设计一个简单的图书销售程序。

设计界面：

在窗体上添加 3 个 Frame 控件（Frame1、Frame2、Frame3）；在 Frame1 中添加 1 个 ListBox 控件（List1）；在 Frame2 中添加 3 个标签（Label1、Label2、Label3）、3 个 TextBox 控件（Text1、Text2、Text3）和 1 个 CommandButton 按钮（Command1）；在 Frame3 中添加 1 个 ListBox 控件（List2）和 2 个 CommandButton 按钮（Command1、Command2）。设置各对象属性如表 8-10 所示，设计界面如图 8-7a 所示。

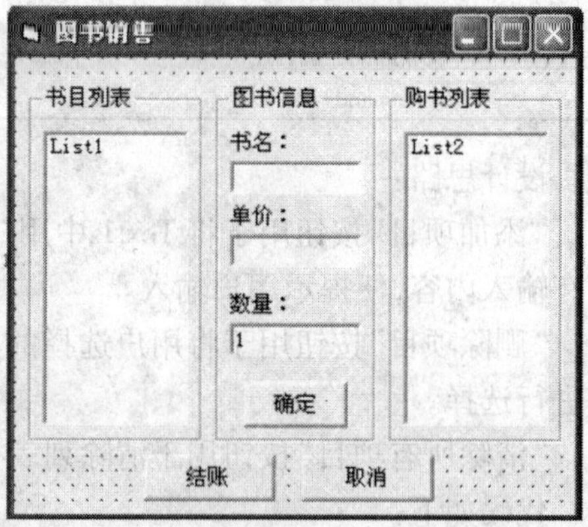

图 8-7a　“图书销售”设计界面

表 8-10　各对象的属性设置

对象名称	属性名	属性值
Frame1、Frame2、Frame3	Caption	分别：书目列表、图书信息、购书列表
Label1、Label2、Label3	Caption	分别：书名、单价、数量
Text1、Text2	Text	空
Text3	Text	1
Command1、Command2、Command3	Caption	分别：确定、结账、取消

设计思路：

声明 3 个全局变量 price()、amount()、id，分别保存书的单价、购买的数量和索引号（id），price 和 amount 通过下标进行联系，即 price(0) 和 amount(0) 分别表示 id 为 0 的书的单价和购买数量。Amount 数组元素初值为 0。

当用户在List1中单击选择了一种书后，通过用户选择的书的名称得到书的单价，并显示在图书信息的Text1和Text2中；输入购买数量后，通过点击“确定”按钮将书名添加到购书列表List2中，同时从List1中删除被购买的书目，并将购买的数量记录到相应的amount(id)元素中。

在没有“结账”前，用户通过双击List2中已确认的书目，从购书列表中删除，取消对选择书目的购买，同时再将取消的书目添加到书目列表中，并从购书数量amount中清除购买数量（将amount(id)清0）。

点击“结账”按钮，通过amount购买书目数量和书目单价price，计算购书的总价并显示给用户。

当完成一次购书后，将所有列表还原到原始状态，准备下一次购书。

代码编写如下：

```
Dim price(), amount(0 To 7) As Integer, id As Integer
Private Sub Form_Load()
  List1.Clear                                        '清空 List1 原有的项目
  List2.Clear                                        '清空 List2 原有的项目
  With List1                                         '为 List1 添加书目列表
    .AddItem "VB 程序设计"
    .AddItem "网页设计"
    .AddItem "数据结构"
    .AddItem "红楼梦"
    .AddItem "西游记"
    .AddItem "操作系统"
    .AddItem "世界通史"
    .AddItem "相声与文艺"
  End With
  price = Array(23, 19, 24, 45, 43, 21, 27, 12)      '设置各种书的单价
  For i = 0 To 7                                     '清空购买图书数量列表
      amount(i) = 0
  Next
End Sub

Private Sub List1_Click()
  Dim p!
  Text1.Text = List1.Text
  Select Case List1.Text                             '根据用户的选择获取图书的价格，并获
                                                      得书的 id 号
    Case "VB 程序设计"
      p = price(0)
      id = 0
    Case "网页设计"
      p = price(1)
      id = 1
    Case "数据结构"
```

```
        p = price(2)
        id = 2
      Case "红楼梦"
        p = price(3)
        id = 3
      Case "西游记"
        p = price(4)
        id = 4
      Case "操作系统"
        p = price(5)
        id = 5
      Case "世界通史"
        p = price(6)
        id = 6
      Case "相声与文艺"
        p = price(7)
        id = 7
    End Select
    Text2.Text = p
End Sub

Private Sub Command1_Click()
    List1.RemoveItem List1.ListIndex                    '当用户确认后,从书目列表中删除
    List2.AddItem Text1.Text                            '添加到购买列表中
    amount(id) = Val(Text3.Text)                        '记录购买书的数量
End Sub

Private Sub Command2_Click()
    Dim total!
      For i = 0 To 7                                    '当用户结账时,计算总价
        total = total + amount(i) * price(i)
      Next
      MsgBox "你应付书款" & total & "元", , "应付款"     '显示应付款
    Form_Load                                           '重新生成书目列表
End Sub

Private Sub Command3_Click()
    Form_Load
End Sub

Private Sub List2_DblClick()
    Select Case List2.Text                              '当用户要取消已确认的书时
    Case "VB 程序设计"                                   '获取指定书的 id 号
        id = 0
    Case "网页设计"
```

```
        id = 1
    Case "数据结构"
        id = 2
    Case "红楼梦"
        id = 3
Case "西游记"
        id = 4
    Case "操作系统"
        id = 5
    Case "世界通史"
        id = 6
    Case "相声与文艺"
        id = 7
    End Select
    amount(id) = 0                          '清除购买数量
    List1.AddItem List2.Text                '重新添加回书目列表
    List2.RemoveItem List2.ListIndex        '从购买列表中删除
  End Sub
```

程序运行结果如图 8-7b 所示。

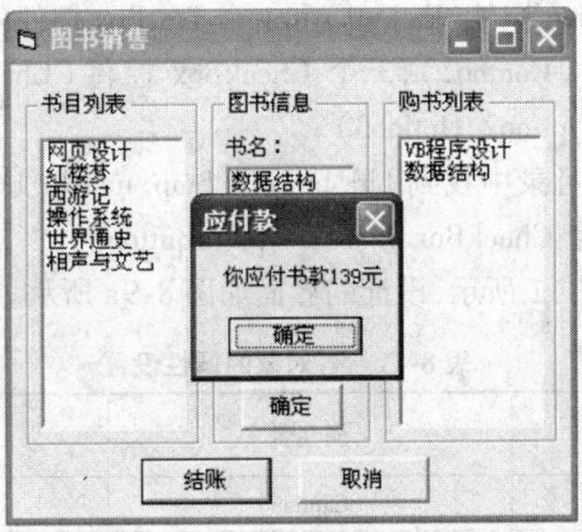

图 8-7b　“图书销售”运行结果

8.4.2　组合框

组合框(ComboBox)是将文本框和列表框功能结合在一起而形成的一种控件,功能与列表框类似。用户可以从列表框中选择输入,也可以输入在列表框中没有的项目。组合框中的项目一般用于建议性的选项列表。

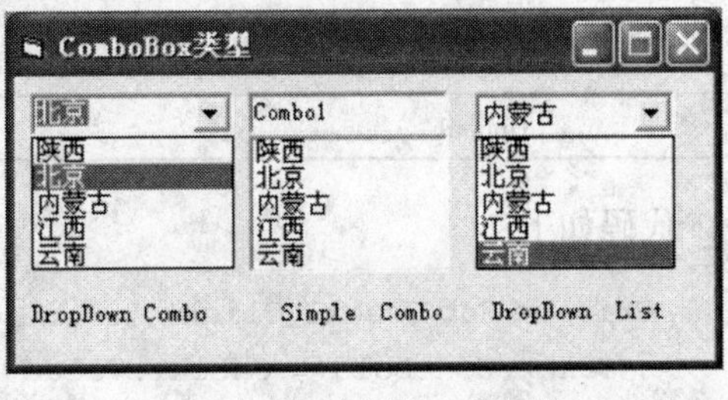

图 8-8　组合框的三种风格

1. 主要属性

组合框的主要属性同列表框相似,不再赘述。其中 Style 属性决定了组合框的三种风格,三种风格样式如图 8-8 所示,其属性值如下:

(1)0-DropDown Combo　默认值。下拉式组合框,该式样将选项折叠起来,当需要时,单击组合框右边的下拉箭头▾,弹出选项列表;选择后选项再折叠起来。这种方式下允许用户输入。

(2)1-Simple Combo　简单组合框。组合框以下拉列表形式列出项目供用户选择,没有下拉箭头,列表框不能被折叠。允许用户输入。

(3)2-DropDown List　下拉式列表框。外形同下拉式组合框相同,所不同的是,用户只能从下拉列表中选择已有的项目,而不能输入。

2. 主要方法

组合框的主要方法和列表框相同,有 AddItem、RemoveItem 和 Clear 三个方法,使用格式同列表框。

3. 主要事件

(1)Click 事件　当用户单击了选项列表中选项时触发。

(2)Change 事件　当用户修改了组合框中的内容时触发。

例 8-7　设计一个简单的文本编辑器。

要求:用户可以选择列表框中的字体,也可以自己输入。若输入的字体不在列表中,则添加到列表。

设计界面:

在窗体上添加 1 个 Frame 控件(Frame1)和 1 个 TextBox 控件(Text1);在 Frame1 中添加两个 ComboBox 控件(Combo1、Combo2),3 个 CheckBox 控件(Check1、Check2、Check3),3 个 OptionButton按钮(Option1、Option2、Option3)。

在 Visual Basic 的安装目录中找到 bld. bnp、itl. bmp、undrln. bmp、lft. bmp、cnt. bmp、rt. bmp 6 个图片文件,用于修饰 3 个 CheckBox 和 3 个 OptionButton。

各对象属性设置如表 8-11 所示,设计的界面如图 8-9a 所示。

表 8-11　各对象的属性设置

对象名称	属性名	属性值
Frame1	Caption	空
Text1	Mutiline ScrollBars	True 2-Vertical
Combo1	Style	2-Dropdown List
Check1、Check2、Check3	Picture Caption	选择图片 bld. bmp、itl. bmp、undrln. bmp 空
Option1、Option2 和 Option3	Caption Picture	空 选择图片 lft. bmp、cnt. bmp、rt. bmp
Option1	Value	True

代码如下:

```
Private Sub Check1_Click()
  Text1.FontBold = Check1.Value          '设置字体是否加粗,复选框按下加粗,弹起不加粗
```

```
  End Sub
  Private Sub Check2_Click()
    Text1.FontItalic = Check2.Value                    '设置字体是否斜体
  End Sub
  Private Sub Check3_Click()
    Text1.FontUnderline = Check3.Value                 '设置字体是否加下划线
  End Sub
  Private Sub Combo1_click()
    Text1.FontName = Combo1.Text                       '设置 Text1 为用户指定字体
  End Sub
  Private Sub Combo2_click()
    Text1.FontSize = Combo2.Text                       '设置 Text1 为用户指定字号
  End Sub
  Private Sub Form_Load()
    Combo1.AddItem "宋体"                              '向 Combo1 中添加 3 种字体
    Combo1.AddItem "隶书"
    Combo1.AddItem "楷体_GB2312"
    For i = 8 To 36                                    '向 Combo2 中添加 8 - 36 的字号
    Combo2.AddItem i
   Next
  Combo1.Text = Text1.FontName                         '设置默认字体为 Text1 的默认字体
  Combo2.Text = Text1.FontSize                         '设置默认字号为 Tetx1 的默认字号
End Sub
  Private Sub Option1_Click()
    Text1.Alignment = 0                                '设置 Text1 为左对齐
  End Sub
  Private Sub Option2_Click()
    Text1.Alignment = 2                                '设置 Text1 为居中对齐
  End Sub
  Private Sub Option3_Click()
    Text1.Alignment = 1                                '设置 Text1 为右对齐
  End Sub
  Private Sub Combo1_KeyDown(KeyCode As Integer, Shift As Integer)
    If KeyCode = 13 Then                               '如果按下回车键
      Text1.FontName = Combo1.Text
      flag = False                                     '假设输入字体不在列表中
      For i = 0 To Combo1.ListCount - 1                '检查用户输入的字体是否出现在组合
                                                        框列表中
        If Combo1.Text = Combo1.List(i) Then
          flag = True
          Exit For
        End If
      Next
      If flag = False Then Combo1.AddItem Combo1.Text '如果不存在则添加到列表
    End If
```

```
End Sub
```

程序运行结果如图 8-9b 所示。

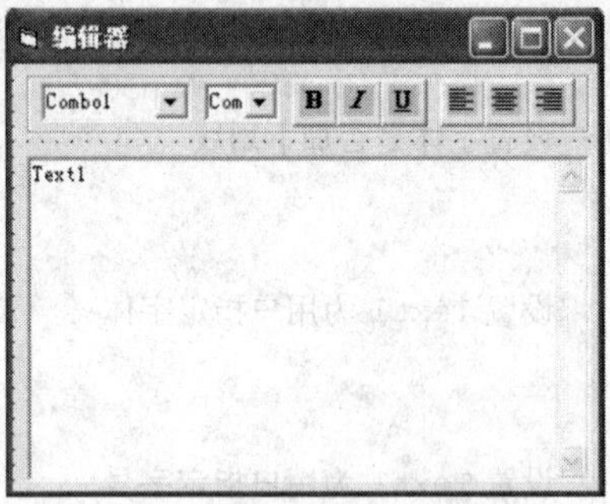

图 8-9a “编辑框”设计界面

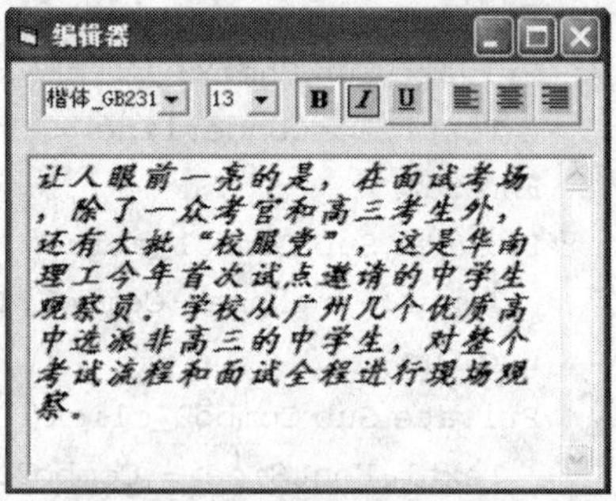

图 8-9b “编辑框”运行结果

8.5 滚动条

滚动条(ScrollBar)通常用来作为数据输入的工具或调整指定对象的位置来协助用户观察。滚动条有 HScrollBar(水平滚动条)和 VScrollBar(垂直滚动条)两种。两种滚动条的属性和方法完全相同,只是外观不同。

1. 主要属性

滚动条控件的主要属性如表 8-12 所示。

表 8-12 水平滚动条(HScrollBar)和垂直滚动条(VScrollBar)的属性

属性	说 明
Max	设置滚动条可以表示的最大值(-32,768~32,767)。默认为 32,767
Min	设置滚动条可以表示的最小值(-32,768~32,767)。默认为 0
SmallChange	设置当用户单击滚动条两端的箭头时,滑块移动几个单位。默认为 1
LargeChange	设置当用户单击滚动条的空白处时,滑块移动几个单位。默认为 1
Value	返回滑块所在位置所代表的值,在 Max 和 Min 之间。默认为 0

注意:如果希望滚动条的值从较大值向较小值变化,可将 Min 值设置成大于 Max 的值,即 Max 的值可以小于 Min 的值。

2. 主要事件

(1)Scroll 事件　当用户拖动滑块移动时,触发 Scroll 事件。

(2)Change 事件　当属性 Value 的值改变(滚动条滑块的位置变化)时,触发 Change 事件。

例 8-8　在窗体上添加一个水平滚动条(HScroll1),设置 Max 属性为 100,Min 属性为 0,SmallChange 属性为 1,LargeChange 属性为 10。另外再添加一个文本框(Text1),用来显示滑块当前位置所代表的值。程序界面如图 8-10 所示。

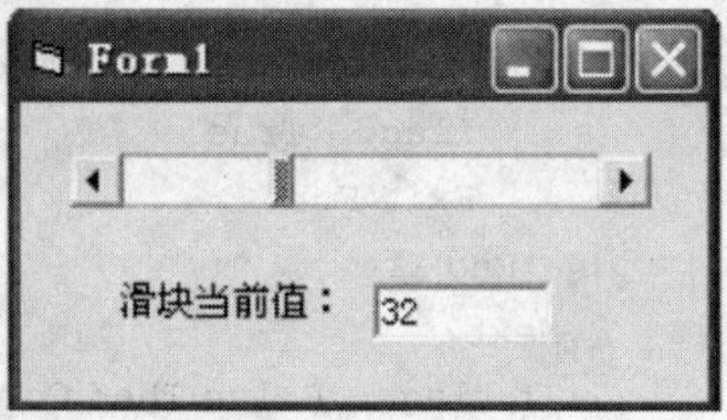

图 8-10 滚动条演示

当用户改变滑块位置时,为了及时显示滑块位置

所代表的值,在代码框中编写如下代码:

```
Private Sub HScroll1_Change()
  Text1.Text = HScroll1.Value
End Sub
```

读者可以通过单击滚动条两端的箭头和滚动条的空白处,观看属性 Value 值的变化。

例 8-9　设计一个调色板程序,如图 8-11a 所示,使用 3 个滚动条作为红、绿、蓝 3 种基本颜色的输入工具,通过调用 RGB( )函数合成颜色,合成颜色显示在右边的颜色区中。颜色区实际上是一个标签。

设计界面:

在窗体上添加 3 个 Label 控件创建为控件数组(Label1),3 个 HScrollBar 控件创建为控件数组(HScroll1),1 个 Frame 控件(Frame1),在 Frame1 中添加 1 个 Label 控件(Label2)。各对象属性值设置如表 8-13 所示,设计界面如图 8-11a 所示。

表 8-13　各对象的属性设置

对象名称	属性名	属性值
Form1	Caption	调色板
HScroll1 所有元素	Max	255
	Min	0
	Value	0
Frame1	Caption	颜色区
Label2	Caption	空
	BorderStyle	1 – Fixed Single

由要求可知,标签的内容是不断变化的,而色彩名是不变的,色彩值来自于 HScroll 数组元素。因此,用一个数组 color_name( )来存储色彩名称,并用下标同 Label1、HScroll1 控件数组联系起来,则 Label1(i)的内容为 color_name(i) & HScroll1(i)。

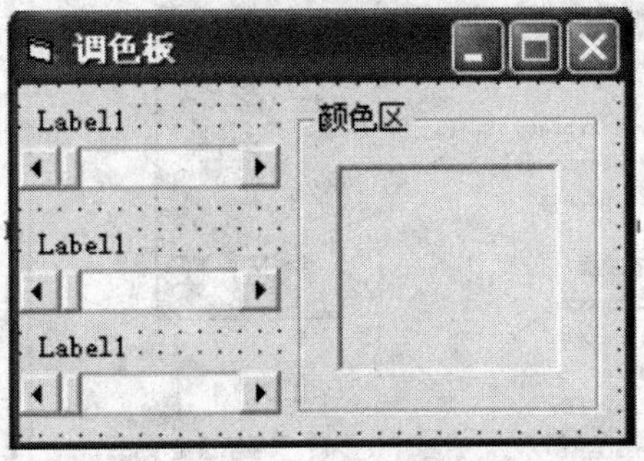

图 8-11a　"调色板"设计界面

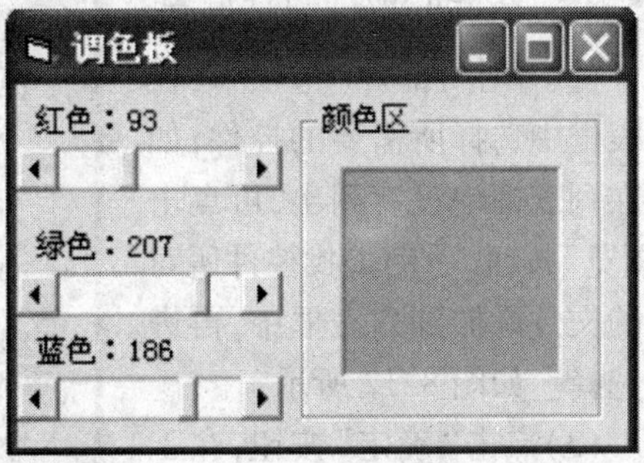

图 8-11b　"调色板"运行结果

为了将对 HScroll1 值的改变及时表现出来,应在 HScroll1 的 Change 事件中编写代码。程序代码如下:

```
Dim color_name()
```

```
Private Sub Form_Load()
  Label2.BackColor = RGB(0, 0, 0)                          '初始化色彩为黑色
  color_name = Array("红色:", "绿色:", "蓝色:")            '保存色彩名
  For i = 0 To 2                                           '初始化标签内容
    Label1(i).Caption = color_name(i) & "0"
  Next
  Label2.ToolTipText = "色彩值为:" & Label2.BackColor
  '当鼠标在 Label2 上停留时,提示当前色彩值
End Sub

Private Sub HScroll1_Change(Index As Integer)
  Label1(Index) = color_name(Index) & HScroll1(Index).Value
  Label2.BackColor = RGB(HScroll1(0).Value, HScroll1(1).Value, HScroll1(2).
  Value)
  Label2.ToolTipText = "色彩值为:" & Label2.BackColor
End Sub
```

程序运行结果如图 8-11b 所示。

8.6 常用 ActiveX 控件

ActiveX 控件也称为外部控件,是以扩展名为 . ocx 的文件保存在外存中。一个 ocx 文件中可以包含一个或多个 ActiveX 控件,所有这些控件的集合称为一个控件包或部件。默认情况下,Visual Basic 并不自动装载这些控件,在需要时由用户手动装载到工具箱中才能使用。

将 ActiveX 控件装载到工具箱的步骤:

(1)单击“工程”菜单中的“部件”命令,或在工具箱上单击右键,选择弹出菜单的“部件”命令,打开“部件”对话框。

(2)单击“部件”选项卡,在列表框中选择所需要的控件;如果在列表框中没有列出,可点击“浏览”按钮,手动查找控件所对应的文件添加到列表框中,再进行选择。如图 8-12 所示。

(3)点击“确定”按钮,在工具箱中就可以看到装载的控件。

若要删除已装载的 ActiveX 控件,只要在第二步中,去除要删除控件包左边的“√”即可。装载后的 ActiveX 控件的使用方

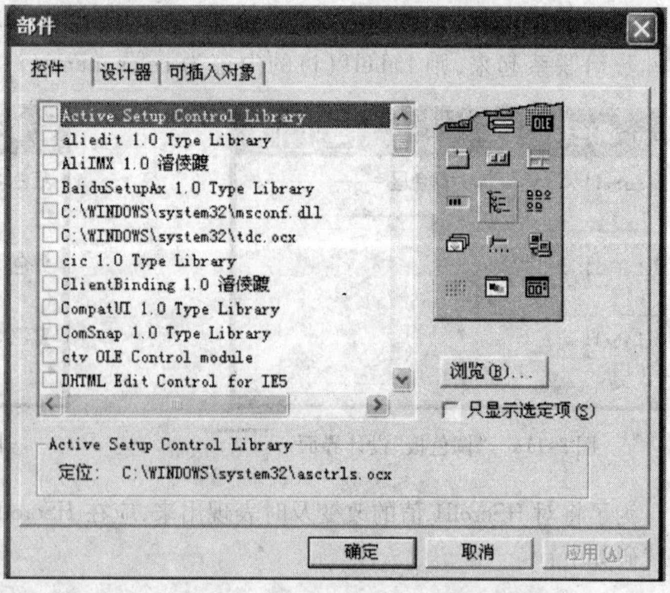

图 8-12 Active“部件”对话框

法和内部控件的使用方法完全相同。

注意:如某个 ActiveX 控件已被在窗体上创建对象,则不能从工具箱中删除。

本节中涉及的 ActiveX 控件几乎都包含在"Microsoft Windows Common Controls 6.0(SP6)"控件包中。因此,在没有说明的情况下做本节题目时,首先要通过以上步骤将控件添加到工具箱中。添加到工具箱中的所有控件如图 8-13 所示。

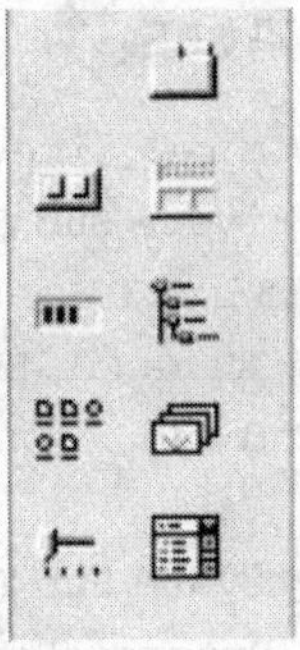

图 8-13 工具箱

8.6.1 进度条控件

进度条控件(ProgressBar)控件用来显示一个操作的完成情况(完成进度)或显示时间的流逝,在工具箱中显示的图标为。主要属性如表 8-14 所示。

表 8-14 进度条控件(ProgressBar)的属性

属性	说 明
Max	设置或返回进度条可以表示的最大值,默认为 100
Min	设置或返回进度条可以表示的最小值,默认为 0
Value	设置或返回进度条当前所表示的值,默认为属性 Min 的值。只能在程序运行时设置或引用
Orientation	设置进度条是水平显示还是垂直显示,默认为 0,水平显示
Scrolling	设置进度条显示进度时使用标准分段进度条,还是使用平滑进度条。默认为 0,分段进度条

例 8-10 设计一个使用进度条显示时间流逝的程序。

设计界面:

在窗体上添加 1 个进度条控件(ProgressBar1),1 个标签控件(Label1)、1 个 Timer 控件(Timer1)和 1 个命令按钮控件(Command1)。各对象属性设置如表 8-15 所示,设计界面如图 8-14a 所示。

表 8-15 各对象的属性设置

对象名称	属性名	属性值	说 明
Label1	Caption	空	
Timer1	Interval	1000	每 1 秒触发一次 Timer 事件
	Enabled	False	默认 Timer 不起作用
ProgressBar1	Scrolling	1 – ccScrollingSoomth	设置为平滑进度条
Command1	Caption	开始	

设计思路:

当用户点击"开始"按钮后,开始计时,每隔 1 秒更新一次 Label1 显示的内容,显示"你还有 XXX 秒",并表现在进度条上。当时间用尽后,提示用户"你已经没时间了",同时停止计时。

代码如下：

```
Dim rel_time As Integer                                  '保存当前剩余时间
Private Sub Command1_Click()
  Timer1.Enabled = True                                  '时间控件开始运行
  Command1.Enabled = False                               '设置 Command1 不可用
End Sub

Private Sub Form_Load()
  ProgressBar1.Max = 600                                 '设置最大表示值
  ProgressBar1.Value = 600                               '设置当前值
  rel_time = 600                                         '初始化剩余时间
End Sub

Private Sub Timer1_Timer()
  rel_time = rel_time - 1                                '计算剩余时间
  ProgressBar1.Value = rel_time                          '设置新的进度显示
  Label1.Caption = "你还有" & rel_time & "秒"            '显示剩余时间
  If rel_time = 0 Then                                   '如果剩余时间为 0
    MsgBox "你已经没时间了!!!"                           '提示用户
    Timer1.Enabled = False                               '停止计时
    Command1.Enabled = True                              '设置 Command1 可用
  End If
End Sub
```

运行结果如图 8-14b 所示。

图 8-14a　设计界面

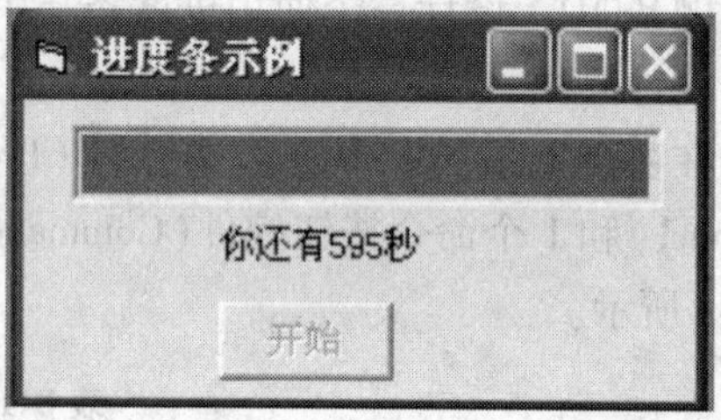

图 8-14b　运行结果

8.6.2　滑动控件

滑动控件(Slider)控件包含滑块和可选择性刻度标记，可以通过拖动滑块、用鼠标单击滑块的任意一侧或者使用键盘移动滑块。其作用类似于滚动条(ScrollBar)控件，区别在于滑动控件有直观的刻度显示。在选择离散数值或某个范围内的一组连续数值时，滑动控件十分方便。例如，无需键入数字，通过将滑块移动到刻度标记处。显示器的分辨率设置用的就是这个控件，在工具箱中显示的图标为。

滑动控件主要属性：

(1) Slider 的 Max、Min、Value 属性与 ProgressBar 控件的相应属性相同。

(2)除了可以在"属性"列表框中设置 Slider 控件的属性外,还可以在其"属性页"中设置 Slider 的专有属性。打开"属性页"的方法,在 Slider 对象上点击右键,选择"属性"命令,即可打开"属性页"对话框,如图 8-15 所示。

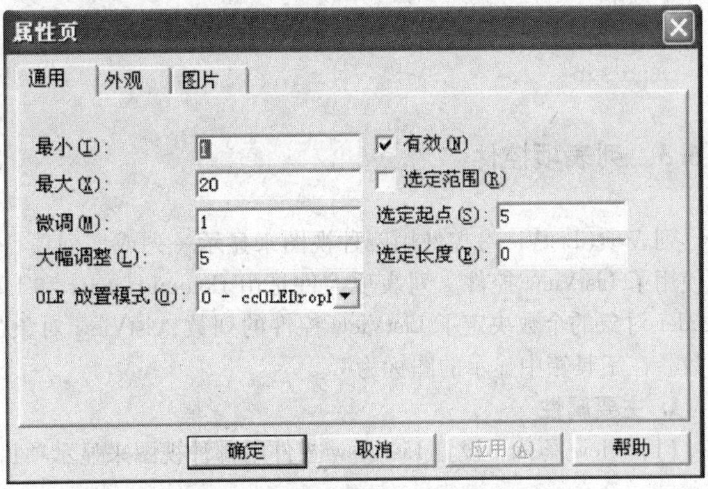

图 8-15　"属性页"对话框

例 8-11　设计一个可以调整速度的滚动字幕。

设计界面:

在窗体上添加 1 个 Label 控件(Label1),1 个 Timer 控件(Timer1)和 1 个 Slider 控件(Slider1)。各对象属性设置如表 8-16 所示,设计界面如图 8-16 所示。

表 8-16　各对象的属性设置

对象名称	属性名	属性值
Label1	Caption AutoSize	精诚所至金石为开 True
Timer1	Interval	100
Slider1	Max	20

设计思路:用 Label1 显示滚动字幕内容,用 Timer1 控制每间隔一定时间,改变一次 Label1 的位置,形成字幕滚动效果。通过 Slider1 来设置 Timer1 的 Interval 属性值大小,控制字幕滚动快慢。

代码如下:

```
Dim speed As Integer                '保存速度设定值
Private Sub Form_Load()
  speed = 4                         '初始化滚动速度
  Slider1.Value = 4
End Sub

Private Sub Slider1_Scroll()
  speed = Slider1.Value           '设置新的滚动速度
End Sub
Private Sub Timer1_Timer()
  If Label1.Left <= -Label1.Width Then
    Label1.Left = Form1.Width
```

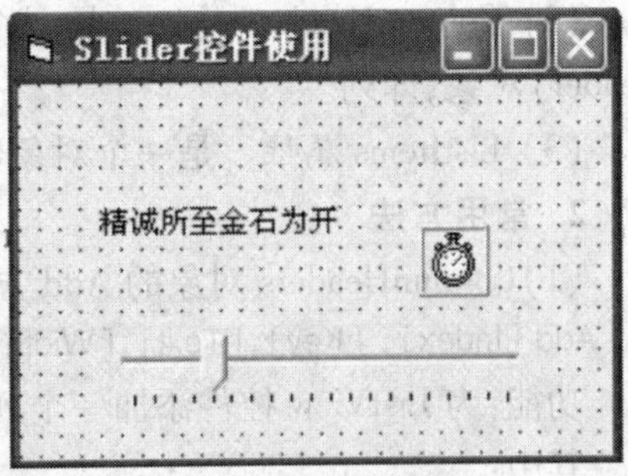

图 8-16　Slider 控件使用

```
    End If
    Label1.Left = Label1.Left - speed * 10
End Sub
```

8.6.3 列表项控件

列表项(ListView)控件用四种视图来显示一列或多列项目列表。Windows 资源管理器中就使用了 ListView 控件。列表项控件是由 ColumnHeader 和 ListItem 对象组成,其中 ColumnHeader 对象的个数决定了 ListView 控件的列数,ListView 对象的个数决定了 ListView 控件的行数。在工具箱中显示的图标为。

1. 主要属性

(1) View 属性　设置 ListView 控件用哪种视图来显示项目。四种视图如表 8-17 所示。

表 8-17　列表项(ListView)控件的四种视图

说　明	属性值
大图标视图(默认视图)	lvwIcon
小图标视图	lvwSmallIcon
列表视图	lvwList
报表视图	lvwReport

其中:报表视图可以显示 ListView 对象的所有列,而其他视图只显示 ListView 对象的第一列。四种视图显示效果如图 8-17 所示。

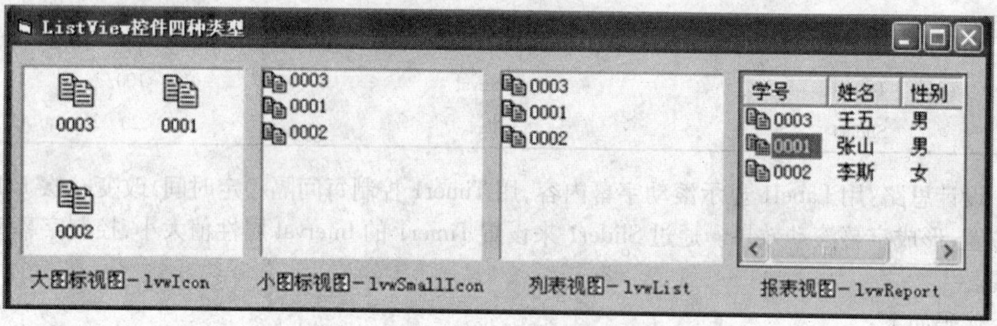

图 8-17　列表项(ListView)控件的四种视图

View 属性只能使用列表项控件的"属性页"或通过代码来设置。

(2) ColumnHeaders 属性　是一个对象数组,包含列表项控件中所有的列表头(ColumnHeader)对象,即列。

(3) ListItems 属性　是一个对象数组,包含列表项控件中所有的 ListItem 对象,即行。

2. 常用方法

(1) ColumnHeaders 对象的 Add 方法,格式为:

Add [Index], [Key], [Text], [Width]

功能:为 ListView 控件添加一个列表头。即:添加一列。

其中:

Index:列表头在列表头数组中的索引值(下标)。

Key:用于唯一标识列表头的字符串,用于访问列表头。

Text:出现在 ColumnHeader 对象中的字符串。

Width:设置列表头的宽度。

(2)ListItems 对象的 Add 方法,格式:

Add [index],[key],[Text]

功能:为 ListItems 对象添加一个 ListItem 对象,即为 ListView 控件添加一行。

注意:此方法只能为 ListItem 对象的第一个子对象设定显示内容,即第一列。要为其他子对象(列)设置显示内容,必须通过 Add 方法返回的 ListItem 对象的 SubItems 属性为其他子对象(列)设置显示内容。如:

```
Dim ListItemVar As ListItem                        '声明一个 ListItem 对象变量
Set ListItemVar = ListView 对象名 .ListItems.Add[index],[key],[text]
                                                   '产生一个 ListItem 对象
ListItemVar.SubItems(Index) = Text                 '为第 Index 列设定显示文本
```

其中:Index、Key、Text 同 ColumnHeaders 对象的 Add 方法。

(3)Remove 方法,格式:

Object. Remove index

功能:删除一个 ListItem 或 ColumnHeader 对象。

其中:

Object:ListItem 或 ColumnHeader 对象。

Index:要删除对象的索引值。

例 8-12　设计一个程序,利用 ListView 以报表形式显示输入的学生信息。

设计界面:

在窗体上添加一个 Frame 控件(Frame1)和一个 ListView 控件(ListView1),两个按钮(Command1、Command2);在 Frame1 中添加 3 个 Label 控件(Label1、Label2、Label3),两个 TextBox 控件(Text1、Text2)和 1 个 ComboBox 控件(Combo1)。各对象属性设计如表 8-18 所示,设计界面如图 8-18a 所示。

表 8-18　各对象的属性设置

对象名称	属性名	属性值
Label1、Label2、Label3	Caption	学号、姓名性别
Text1、Text2	Text	都为空
Frame1	Caption	录入
Combo1	List	男/女(为两个项目)
	Text	男
Command1、Command2	Caption	确定、删除

代码如下:

```
Private Sub Form_Load()
    ListView1.View = lvwReport                          '设置视图为报表视图
    ListView1.ColumnHeaders.Add 1,,"学号",ListView1.Width/3        '添加 3 个列表头
```

```
    ListView1.ColumnHeaders.Add 2,,"姓名",ListView1.Width/3
    ListView1.ColumnHeaders.Add 3,,"性别",ListView1.Width/3
End Sub
Private Sub Command1_Click()
    Dim item As ListItem                              '说明一个 ListItem 对象变量
    If Text1.Text = "" Or Text2.Text = "" Then
      MsgBox "请填写完整信息 ..."
      Exit Sub
    End If
    Set item = ListView1.ListItems.Add(,,Text1.Text)        '添加一个 ListItem 对象
    item.SubItems(1) = Text2.Text                     '设置 ListItem 的其他两个子对象
    item.SubItems(2) = Combo1.Text
End Sub
Private Sub Command2_Click()
    If ListView1.ListItems.Count < >0 Then            '如果还有 ListItem 对象存在,则删除
      ListView1.ListItems.Remove ListView1.SelectedItem.Index
  End If
End Sub
```

程序运行结果如图 8-18b 所示。

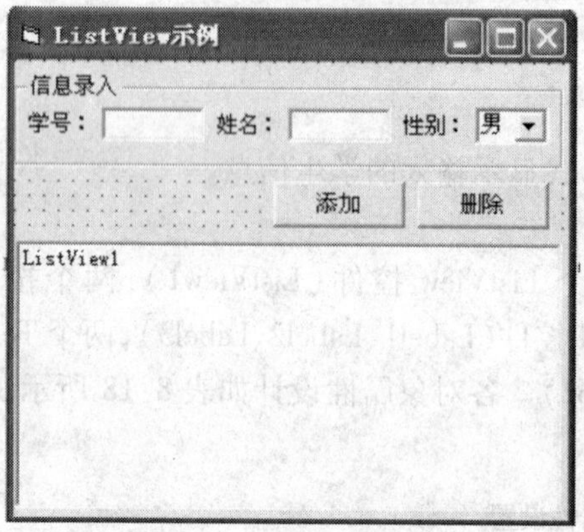

图 8-18a　设计界面

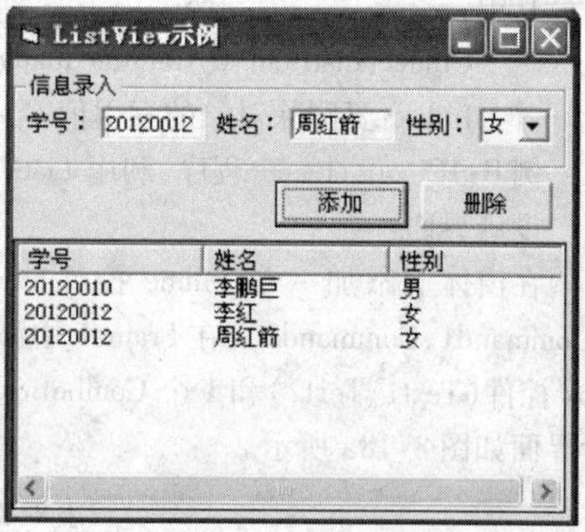

图 8-18b　运行结果

8.6.4　树型视图控件

树型视图(TreeView)控件用于创建具有结点层次风格的界面。Windows 资源管理器中的"文件夹"窗格便可用树型视图控件创建。树型视图控件包含若干个 Node(结点)对象,每个 Node 对象均由一个标签和一个可选的位图组成,每个结点都可以有自己的子结点(Node)。树型视图一般用于显示文档标题、索引入口、磁盘上的文件和目录,或能被有效地分层显示的其他种类信息。在工具箱中显示的图标为。

1. 主要属性

(1)Nodes 属性　Nodes 是 TreeView 控件中所有结点的集合,可以通过此属性对结点进行

操作(添加和删除)。

(2)SelectItem 属性 返回被选择的 Node 对象。

(3)LineStyle 属性 返回或设置在 Node 对象之间显示的线的样式。其属性值:

tvwTreeLines -0 默认值显示在 Node 相邻节点和它们的父 Node 之间的线。

tvwRootLines -1 除了显示在 Node 相邻节点和它们的父 Node 之间的线以外,还显示根节点之间的线。

(4)HideSelection 属性 设置当控件失去焦点时选择 Node 是否加亮显示。True 加亮,False 不加亮。

(5)Node 对象的 Expended 属性 设置是否将节点展开,True 展开,False 折叠起来。

其他专有属性可以通过其"属性页"进行设置。

2. 主要方法

(1)Nodes 对象的 Add 方法。格式:

```
Add[Relative],[Relationship],[key],<Text>
```

功能:在 Nodes 集合中添加一个 Node 对象。

其中:

Relative:可选。已存在的 Node 对象的索引号或键值。新节点与此节点间将存在某种关系,关系在下一个参数 relationship 中指定。如果在 relative 中没有被命名的 Node 对象,则新节点被放在节点顶层的最后位置。

relationship:可选。指定的 Node 对象的相对于 Relative 中指定 Node 的位置。可以是 tvwFirst、tvwLast、tvwNext(默认值)、tvwPrevious 或 twvChild。

Key:可选。可唯一标识此节点的字符串。

text:必需。在 Node 中出现的字符串。

(2)Nodes 对象的 Remove 方法。格式:

```
Remove Index
```

功能:删除索引值为 Index 的节点。

(3)SelectItem 对象方法

```
SelectItem.index    返回被选择 Node 对象的索引号
SelectItem.Key      返回被选择 Node 对象的 Key 值
```

例 8-13 以树型结构显示学校的组织结构图。

设计界面:

在窗体上添加一个 TreeView 控件(TreeView1),一个 TextBox 控件(Text1),2 个 CommandButton 按钮(Command1、Command2),2 个 Label 控件(Label1、Label2)。属性设置及界面如图 8-19a 所示。

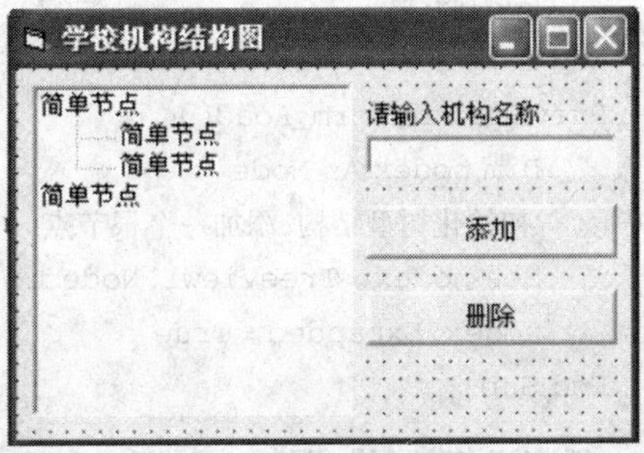

图 8-19a 设计界面

代码如下:

```
Function Node_Exists(nodekey As String)As Boolean
'此函数用来检查指定的节点是否存在
```

```
  Node_Exists = False
    For I =1 To TreeView1.Nodes.Count
      If TreeView1.Nodes(I).Key = nodekey Then
      Node_Exists = True
      Exit For
    End If
  Next
End Function
Private Sub Command1_Click()
    Dim nodekey As String
    Dim nodey As Node
    '首先检查是否有节点选择
    If TreeView1.SelectedItem Is Nothing Then
      MsgBox "请先选择所属机构 ..."
      Exit Sub
    End If
    nodekey = Text1.Text
    With TreeView1
      If Not Node_Exists(nodekey)Then
      '添加一个节点对象,并将对象保存在 nodey 变量中
      Set nodey = .Nodes.Add(.SelectedItem.Key,tvwChild,nodekey,nodekey)
      nodey.Expanded = True                '展开此节点
    Else
      MsgBox "指定机构已经存在,请重新输入 ..."
      Text1.SetFocus
    End If
  End With
End Sub

Private Sub Command2_Click()
    If TreeView1.SelectedItem Is Nothing Then
      MsgBox "请先选择要删除机构 ..."
    Else
      TreeView1.Nodes.Remove TreeView1.SelectedItem.Index
    End If
End Sub
Private Sub Form_Load()
    Dim nodex As Node
    '初始化树型结构,添加一个根节点
    Set nodex = TreeView1.Nodes.Add(,,"西北农林科技大学","西北农林科技大学")
    nodex.Expanded = True
End Sub
```

程序运行结果如图 8-19b 所示。

8.6.5　SSTab 控件

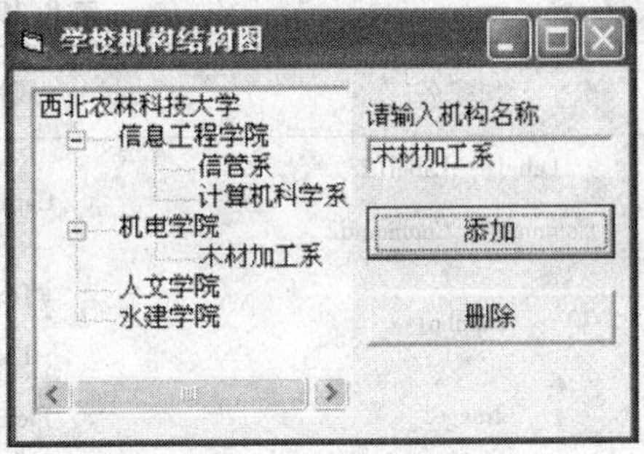

图 8-19b　运行结果

SSTab 控件提供了一组选项卡，每个选项卡都可作为其他控件的容器。在控件中，同一时刻只有一个选项卡是活动的，这个选项卡向用户显示它本身所包含的控件而隐藏其他选项卡中的控件。

SSTab 控件位于 Microsoft Tabbed dialog Control 6.0 部件中，工具箱按钮为 。主要属性包括：

Style：设置选项卡式样。

Tab：设置 SSTab 控件的当前选项卡，默认为 0。

Tabs：设置选项卡的数目，默认为 3 个。

TabsPerRow：设置每行上的选项卡数，默认为 3。

SSTab 控件的专有属性都可以在“属性页”中设置。

例 8-14　利用 SSTab 控件设计一个学籍管理系统界面，设计如图 8-20a 所示。

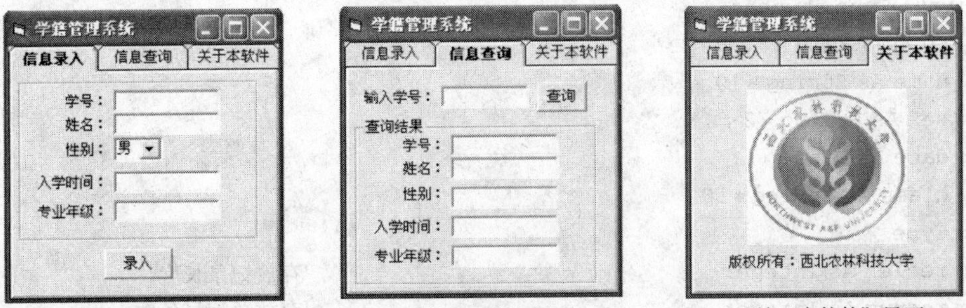

“信息录入”界面　　“信息查询”界面　　“关于本软件”界面

图 8-20a　设计界面

界面设计：

在窗体上添加一个 SSTab 控件（SSTab1），设置选项卡数目（Tabs 属性）为 3；3 个选项卡的标题分别为：“信息录入”“信息查询”“关于本软件”。“信息录入”选项卡中添加一个 Frame 控件（Frame1），然后在 Frame1 中添加 4 个文本框（Text1、Text2、Text3、Text4），和一个组合框（Combo1）；在 Frame1 下面添加一个命令按钮（Command1），如图 8-20a 中的“信息录入”界面。“信息查询”选项卡中添加一个标签（Label11）、一个文本框（Text9）和一个命令按钮（Command2）；在下面添加一个框架控件（Frame2），在 Frame2 中添加 5 个标签（Label6、Label7、Label8、Label9、Label10）和 5 个文本框（Text5、Text6、Text7、Text8、Text10），如图 8-20a 中的“信息查询”界面。“关于本软件”选项卡中添加一个图像框（Image1）和一个标签（Label12）。各对象属性设置如表 8-19 所示。

其中：Text1、Text8 对应“学号”，Text2、Text7 对应“姓名”、Text3、Text6 对应“入学时间”，Text4、Text5 对应“专业年级”，Text9 对应待查询的学号，Text10 对应“性别”。

表 8-19　各对象的属性设置

对象名	属性	属性值
Label1—Label12 Command1、Command2	Caption	各对象属性值如图 8-22a 所示
Combo1	Text	男
	List	男、女
Image1	Picture	读者任意装载一个图片即可
Frame1	Caption	空值(什么都不输入)
Frame2	Caption	查询结果
Text1—Text10	Text	空值(什么都不输入)

设计思路:将录入的学生信息保存在数据文件 info. dat 中,保存在应用程序所在文件夹中。当执行应用程序时,首先打开数据文件并记录相应信息(总记录条数和记录长度);当添加一条新记录时,总记录条数加 1,并将新记录追加到文件末尾。查询记录时,将文件中的所有记录遍历一边,看是否存在指定记录,若存在显示,否则显示错误信息。最后,当退出程序时关闭文件。

代码如下:

```
Private Type student
    id As String * 8
    name As String * 10
    sex As String * 2
    date As Date
    class As String * 16
End Type
Dim reclen As Integer                               '存放记录长度
Dim recnum As Integer                               '存放总记录条数

Private Sub Command1_Click()                        '添加新记录
    Dim stu As student
    recnum = recnum + 1                             '总记录数加 1
    stu.id = Text1.Text                             '获取用户输入
    stu.name = Text2.Text
    stu.sex = Combo1.Text
    stu.date = Text4.Text
    stu.class = Text3.Text
    Put #1, recnum, stu                             '写入新记录
End Sub
Private Sub Command2_Click()
    Dim found As Boolean                            '标志变量
    Dim stu As student
    If Trim(Text9.Text) = "" Then
      MsgBox "请输入要查询学生的学号", vbCritical, "错误"
```

```
        Exit Sub                                          '退出子程序
      End If
      found = False                                       '假定指定记录不存在
      For i = 1 To recnum                                 '查询指定记录是否存在
        Get #1,i,stu
        If Trim(stu.id) = Trim(Text9.Text) Then           '如果找到,则显示并退出循环
          Text5.Text = stu.class
          Text6.Text = stu.date
          Text7.Text = stu.name
          Text8.Text = stu.id
          Text10.Text = stu.sex
          found = True
          Exit For
        End If
      Next
      If found = False Then MsgBox "指定学号不存在!!"
End Sub

Private Sub Form_Load()
      Dim stu As student
      curpath = App.Path                                  '获取应用程序所在路径
      datafile = curpath + "\info.dat"                    '指定数据文件所在路径
      reclen = Len(stu)      '获取记录长度
      Open datafile For Random As #1 Len = reclen
      recnum = LOF(1)/reclen
End Sub

Private Sub Form_Unload(Cancel As Integer)
      Close
End Sub
```

运行界面如图 8-20b 所示。

图 8-20b　运行界面

8.6.6　通用对话框控件

Visual Basic 提供了一组基于 Windows 环境的标准对话框界面——通用对话框(CommonDialog)。利用通用对话框控件可以创建 6 种标准对话框,这些对话框分别为打开(Open)、另存为(Save As)、颜色(Color)、字体(Font)、打印(Printer)和帮助(Help)对话框。

1. 添加通用对话框控件

由于通用对话框控件不是标准控件,因此在使用时应把通用对话框控件添加到工具箱中,其操作步骤如下:

(1)选择“工程”菜单中的“部件”菜单项,单击打开部件对话框,如图 8-21 所示。

(2)在部件选项卡中选定“Microsoft Common Dialog Control 6.0”控件。

(3)单击“确定”按钮,即可将通用对话框控件添加到工具箱中。

把通用对话框控件加到工具箱中后，如同使用标准控件一样，可以方便地把它添加到窗体中，如图 8-22 所示。在设计状态下，窗体上显示 CommonDialog 图标，在程序中使用 Action 属性或 Show 方法才能调出所需的对话框。由于程序运行时看不见“CommonDialog”图标，因此可以将它放置在窗体的任何位置上。

注意：通用对话框控件仅用于应用程序与用户之间进行信息交互，是一种输入输出界面，并不能实现打开文件、存储文件、设置颜色、设置字体、打印等功能，实现这些功能还需通过编程实现。

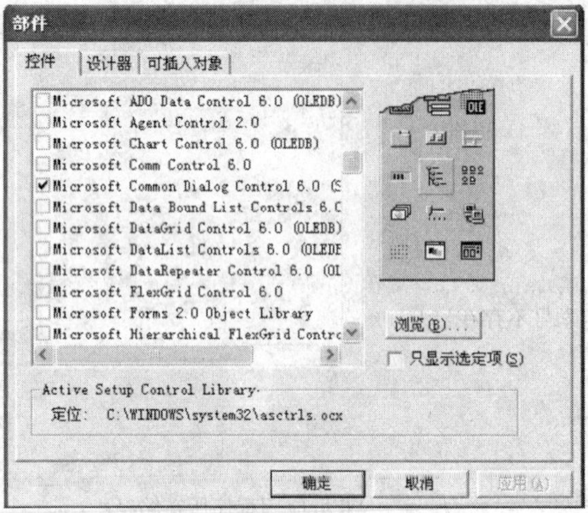

图 8-21 添加通用对话框控件部件

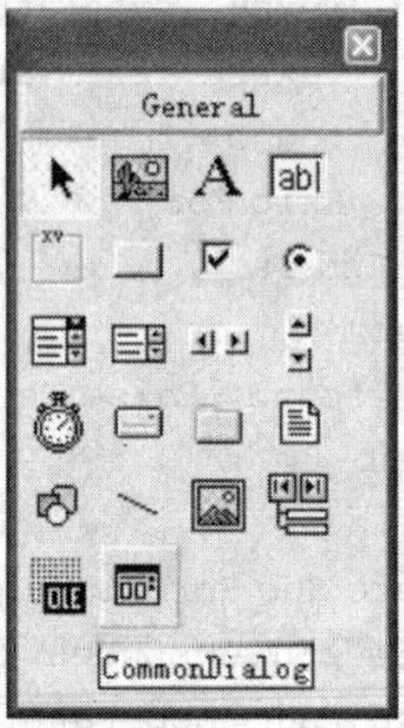

图 8-22 添加后的工具箱

2. 通用对话框控件的基本属性和方法

在程序运行时，通用对话框控件可以显示一个对话框界面，所显示的对话框类型由 Show 方法或 Action 属性值确定，如表 8-20 所示。

表 8-20 通用对话框(CommonDialog)控件的方法与属性列表

方法名	Action 属性值	功能描述
ShowOpen	1	显示文件打开对话框
ShowSave	2	显示文件保存对话框
ShowColor	3	显示颜色对话框
ShowFont	4	显示字体对话框
ShowPrint	5	显示打印对话框
ShowHelp	6	显示帮助对话框

注：Action 属性值不能在属性窗口中设置，只能在程序中赋值。

上述 6 种对话框都有自己特殊的属性，这些属性既可以在属性窗口中设置，也可以在代码中设置，还可以在“属性页”对话框中设置。

3. 文件对话框

“文件对话框”用于获取文件名，有打开文件和保存文件两种操作模式。在这两种对话框窗口内，可遍历磁盘的整个目录结构，查找并选择所需要的文件。

(1)文件对话框属性设置　利用通用对话框对文件操作时，需要对下列属性进行设置。

①FileName(文件名称)属性。该属性为文件名字符串,用于设置文件对话框中“文件名”文本框中所显示的文件名。在程序中,可用该属性值设置或返回用户所选定的文件名(包括路径名)。程序执行时,当用户选中某个文件或从键盘输入的文件名显示在“文件名”文本框时,FileName 属性将得到一个包括路径名和文件名的字符串。

②FileTitle 属性。该属性返回或设置用户所要打开文件的文件名,但不包含路径。当用户在对话框中选中所要打开的文件时,该属性就得到了该文件的文件名。

③Filter(过滤器)属性。该属性用于确定文件列表框中所显示文件的类型,其格式为:

文件说明|文件类型

该属性可在设计时设置,也可在代码中设置,属性值显示在“文件类型”列表框中。

例如,要在“文件类型”列表框中,列出 WORD 文件(＊.DOC)、文本文件(＊.TXT)和所有文件(＊.＊)三种文件类型时,Filter 属性可设为:

```
WORD 文件(＊.DOC)|＊.DOC|文本文件(＊.TXT)|＊.TXT|所有文件(＊.＊)|＊.＊
```

④InitDir(初始化路径)属性。该属性用于指定对话框中的初始目录,若显示当前目录,就不需要设置该属性。

(2)文件对话框的使用

①打开文件对话框。打开文件对话框用于打开某种类型的文件。在程序运行时,当通用对话框的 Action 属性被设置为 1 或执行 ShowOpen 方法时,就会弹出“打开”对话框,如图 8-23 所示。

注意:打开文件对话框并不能真正打开文件,它仅仅提供打开文件的用户界面,供用户选择所要打开的文件,实现打开文件的功能还要靠编程来完成。

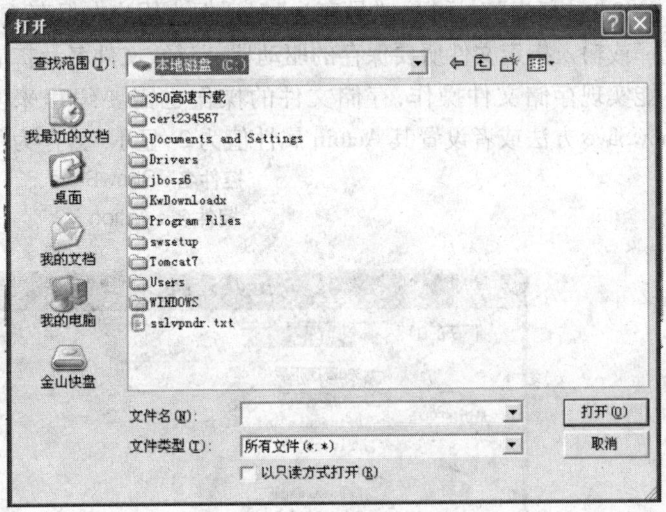

图 8-23　打开文件对话框

例 8-15　编写一个图片浏览器应用程序,如图 8-24a 所示。单击“浏览图片”命令按钮弹出打开文件对话框,选择其中一个 bmp 位图文件后,显示该图片。

程序界面设计:在窗体上添加 1 个图片框 Picture1,1 个通用对话框 CommonDialog1,1 个命令按钮 Command1,如图 8-24b 所示。

代码如下:

```
Private Sub Form_Load()
  CommonDialog1.Filter = 位图(＊.bmp)|＊.bmp|JPEG(＊.jpg)|＊.jpg"  '设置打开文件类型
  Command1.Caption = "浏览图片"
End Sub
```

```
Private Sub Command1_Click()
    CommonDialog1.ShowOpen              '显示“打开文件”对话框
    Picture1.Picture = LoadPicture(CommonDialog1.filename)
End Sub
```

图 8-24a　打开对话框实例

图 8-24b　界面设计

②“另存为”对话框。“另存为”对话框为用户在保存文件时提供一个标准的界面，供用户选择或输入指定文件所要保存的驱动器、路径、文件名及扩展名。如图 8-25 所示。同样，它并不能实现存储文件操作，存储文件的操作也需要编程来实现。使用 CommonDialog 控件的 ShowSave 方法或者设置其 Actoin 属性值为 2，显示“另存为”对话框，其语法如下：

控件名 . ShowSave

控件名 . Action =2

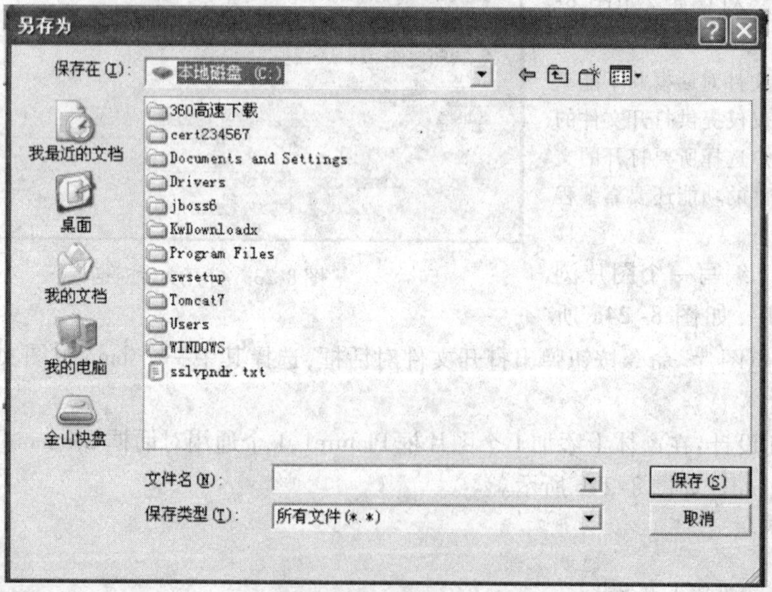

图 8-25　“另存为”对话框

4.“颜色”对话框

“颜色”对话框用来显示一个调色板，供用户选择颜色或者创建自定义颜色，如图 8-26 所示。运行时选定颜色并关闭对话框后，通过 Color 属性得到所选择的颜色。

调色板中除提供了基本颜色(Basic Color)外，还提供了用户自定义颜色(Custom Color)。当用户在调色板中选中某颜色后，该颜色值赋给 Color 属性。

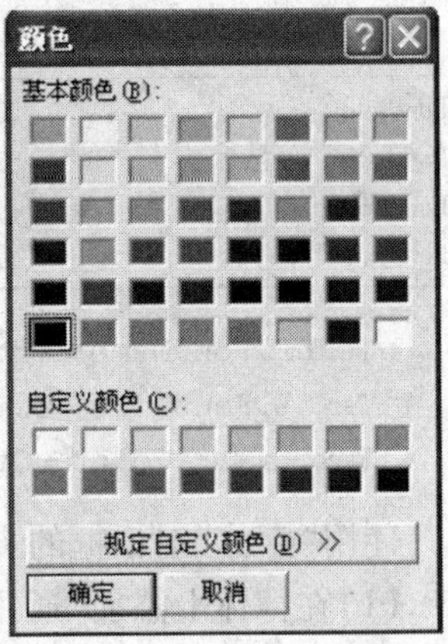

图 8-26　“颜色”对话框

使用“颜色”对话框的步骤如下：

(1) 在窗体上添加“通用对话框”控件。

(2) 在“属性页”对话框的“颜色”选项卡中设置属性。其中颜色“color”用于设置初始颜色，并返回用户所选的颜色。

(3) 使用 CommonDialog 控件的 ShowColor 方法或者设置 Actoin 属性来显示“颜色”对话框。其格式如下：

```
控件名.ShowColor
控件名.Action =3
```

5. “字体”对话框

“字体”对话框用于设置并返回所用字体的名称、样式、大小、效果及颜色等，“字体”对话框在应用程序中可用来设置文本字体样式，运行效果如图 8-27 所示。

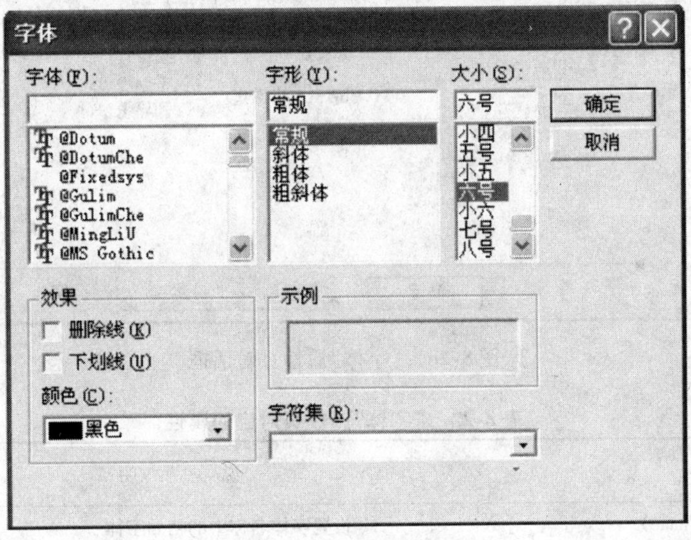

图 8-27　“字体”对话框

运行时在“字体”对话框中设置字体及相关内容，单击“确定”按钮后，所做的设置将包含在表 8-21 中所指定的属性中，编程时，可以引用这些属性设置有关文本的字体样式。若要设置文本框中文本的字体、大小、颜色则可用如下代码：

表 8-21　“字体”对话框属性

属性	说　明
FontName	返回选定字体的名字
FontSize	返回选定字体的大小
Color	返回选定的颜色，若使用该属性须先设定 Flag 属性为 cdlCFEffects 或 256

（续）

属性	说　明
FontBold	是否选定了粗体，返回值为：True-选定粗体，False-未选定粗体
FontItalic	是否选定了斜体，若使用该属性须先设定 Flag 属性为 cdlCFEffects 或 256
FontStrikethru	是否选定了删除线，若使用该属性须先设定 Flag 属性为 cdlCFEffects 或 256
FontUnderLine	是否选定了下划线，若使用该属性须先设定 Flag 属性为 cdlCFEffects 或 256

```
Text1.FontName = CommonDialog1.FontName
Text1.FontSize = CommonDialog1.FontSize
Text1.ForeColor = CommonDialog1.color
```

使用“字体”对话框的步骤如下：

(1)在窗体上添加“通用对话框”控件。

(2)在“属性页”对话框中设置属性，如图 8-28 所示。其中对应的各属性描述如表 8-22 所示。

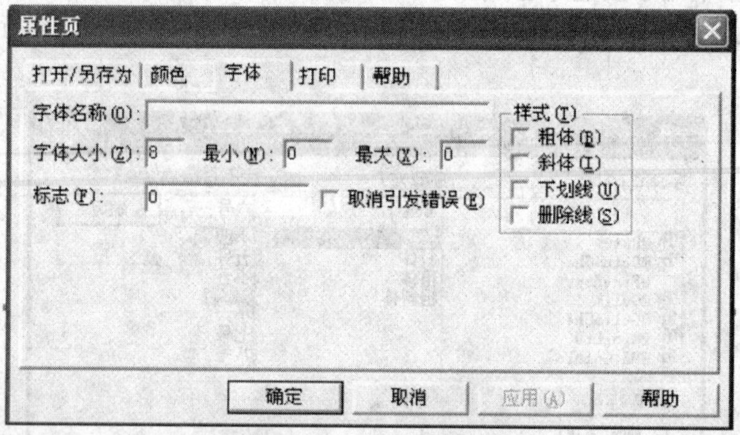

图 8-28　“字体”属性页对话框

表 8-22　“字体”属性页对应的属性

属　性	说　明
字体名称(FontName)	设置字体名称中的初始字体
字体大小(FontSize)	设置字体的初始大小，默认值为 8
最小(Min)	设置对话框中“大小”列表框中的最小值
最大(Max)	设置对话框中“大小”列表框中的最大值
标志(Flags)	设置对话框中的一些选项
样式(Style)	设置对话框中字体风格

(3)使用 CommonDialog 控件的 ShowFont 方法来显示“字体对话框”。

注意：必须将 Flags 属性设置为下列常数之一与其他选项的和。cdlCFScreenFonts 或 1（屏幕字体）、cdkCFPrinterFonts或 2（打印机字体）、cdlCFBoth 或 3（=1+2 两种字体皆有）。

例如：259 = 256 + 3 是 cdlCFEffects 常数与 3 之和，在对话框中出现颜色、效果等选项。

6. “打印”对话框

“打印”对话框可以设置打印输出的有关选项，如打印范围、打印份数等打印属性；显示当前安装打印机的信息,允许用户重新设置默认打印机。

打印对话框仅提供一个标准的打印对话窗口界面,如图 8-29 所示,但并不能处理打印工作,仅仅是一个供用户选择打印机参数的界面,所选参数存于各属性中,再由编程来处理打印操作。

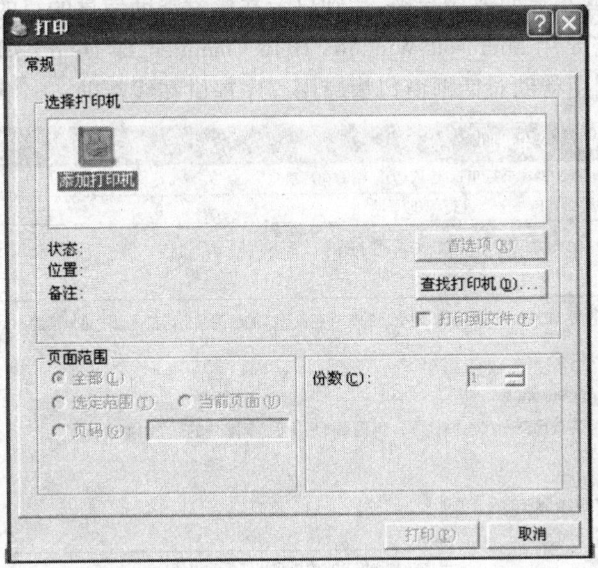

图 8-29　“打印”对话框

使用“打印”对话框的步骤为:

(1)在窗体上添加“通用对话框”控件。

(2)在“属性页”对话框中设置属性,如图8-30所示。其中对应的属性描述如表8-23所示。

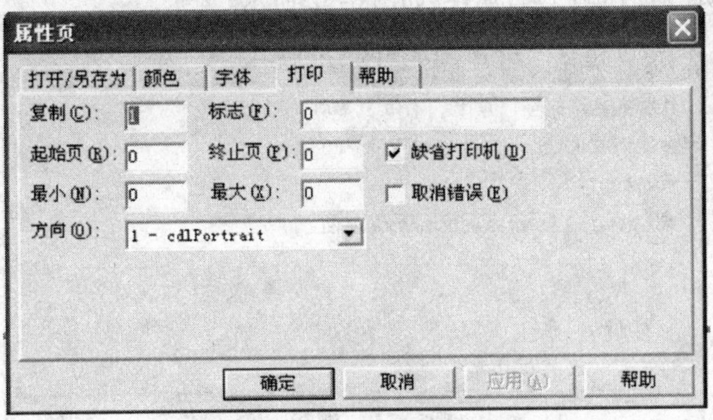

图 8-30　“打印”属性页对话框

表 8-23　“打印”属性页对应的属性

属　性	说　明	属　性	说　明
复制(Copy)	设置打印的份数	最大(Max)	设置打印最大页数
标志(Flags)	设置对话框中的一些选项。当 Flags 为 256 时,显示打印设置对话框	起始页(Formpage)	设置打印起始页数
最小(Min)	设置可打印的最小页数	终止页(Topage)	设置打印终止页数

(3)使用 CommonDialg 控件的 ShowPrinter 方法来显示“打印对话框”。

7.“帮助”对话框

帮助对话框是一个标准的帮助窗口,调用 Windows 帮助引擎,如图 8-31 所示,用于制作应用程序的在线帮助。帮助对话框不能制作应用程序的帮助文件,只能将已制作好的帮助文件从磁盘中提取出来,并与界面连接起来,达到显示并检索帮助信息的目的。

制作帮助文件需要用 Microsoft Windows Help Compiler,即 Help 编辑器,生成帮助文件以后可直接在界面上利用帮助对话框窗口为应用程序提供在线帮助。

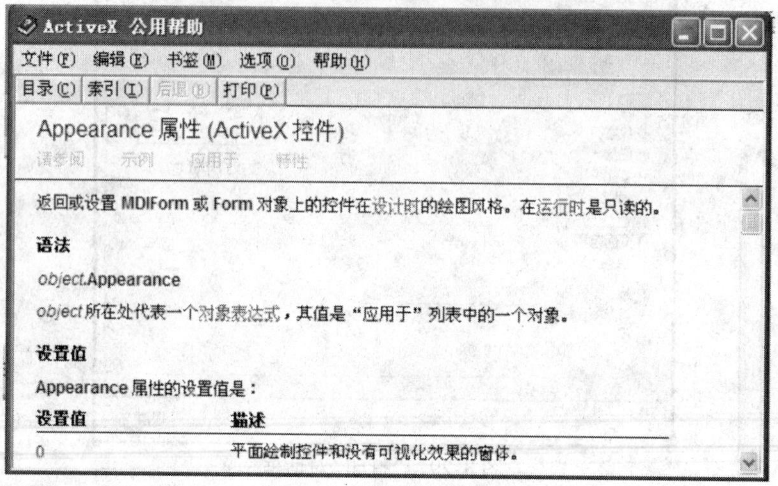

图 8-31 “帮助”对话框

使用“帮助”对话框的步骤为:

(1)窗体上添加“通用对话框”控件。

(2)在“属性页”对话框中设置属性,如图 8-32 所示。

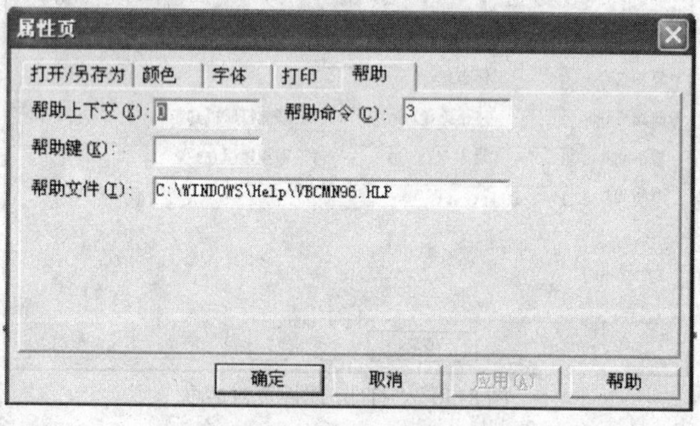

图 8-32 “帮助”对话框属性页

(3)使用 CommonDialog 控件的 ShowHelp 的方法来调用帮助引擎。

8.6.7 通用对话框控件应用实例

例 8-16 使用通用对话框控件设计一个文本编辑器,具有创建、编辑、保存、打印文件等功能。设计步骤如下：

(1)建立应用程序界面,如图 8-33a 所示。

图 8-33a　用户界面设计

(2)设置各对象属性,如表 8-24 所示。

表 8-24　对象属性设置

对　象	属性名称	属性值
文本(Text1)	Text	空
	滚动条(ScrollBars)	2-Vertical
	多行(MultiLine)	True
图片框(Picture)	对齐(Align)	1-Align Top
命令按钮(command1)	标题(Caption)	新建
命令按钮(command2)	标题(Caption)	打开
命令按钮(command3)	标题(Caption)	保存
命令按钮(command4)	标题(Caption)	另存为
命令按钮(command5)	标题(Caption)	字体
命令按钮(command6)	标题(Caption)	打印
命令按钮(command7)	标题(Caption)	退出
通用对话框(Commondialog1)	过滤器(Filter)	所有文件(*.*)|*.*|文本文件(*.TXT)|*.txt

(3)程序代码如下。

```
Private Sub Command1_Click()                    '新建文件
    Text1.Text = ""
    Form1.Caption = "未命名"
    Text1.SetFocus
End Sub
Private Sub Command2_Click()                    '打开文件
    CommonDialog1.Flags = 0
    CommonDialog1.ShowOpen                     '显示"打开"对话框
    fname = CommonDialog1.filename             '返回打开文件名
    If fname < > "" Then
```

```
      Text1.Text = ""
      Open fname For Input As #1
      s = ""
      Do Until EOF(1)
        Line Input #1, txtline
        s = s & txtline & Chr(13) & Chr(10)
      Loop
      Close #1
      Text1.Text = s
    End If
    Form1.Caption = fname                          '更改窗体标题为打开文件名
    Text1.SetFocus
End Sub
Private Sub Command3_Click()                        '保存文件
    If Form1.Caption = "未命名" Or Form1.Caption = "" Then
      CommonDialog1.Flags = 0
      CommonDialog1.ShowSave                       '显示"保存"对话框
      fname = CommonDialog1.filename
    Else
      fname = Form1.Caption
    End If
    If Form1.Caption < > "未命名" And Form1.Caption < > "" Then
      Open fname For Output As #1
      Print #1,Text1.Text
      Close #1
    End If
    Text1.SetFocus
End Sub
Private Sub Command4_Click()                        '"另存为"文件
    CommonDialog1.Flags = 0
    CommonDialog1.ShowSave
    fname = CommonDialog1.filename
    If fname < > "" Then
      Open fname For Output As #1
      Print #1, Text1.Text
      Close #1
    End If
    Text1.SetFocus
End Sub
Private Sub Command5_Click()                        '字体设置
    CommonDialog1.Flags = 3 Or 256                 '使用 ShowFont 方法前须设置标识属性
    CommonDialog1.ShowFont                         '显示"字体"对话框
    With Text1                                     '返回设置字体有关属性
      .FontName = CommonDialog1.FontName
      .FontSize = CommonDialog1.FontSize
```

```
        .ForeColor = CommonDialog1.Color
        .FontStrikethru = CommonDialog1.FontStrikethru
        .FontBold = CommonDialog1.FontBold
        .FontItalic = CommonDialog1.FontItalic
        .FontUnderline = CommonDialog1.FontUnderline
    End With
    Text1.SetFocus
End Sub
Private Sub Command6_Click()                         '"打印"对话框
    CommonDialog1.Flags = 0
    CommonDialog1.CancelError = True
    On Error GoTo pexit                              '打开错误处理程序
    CommonDialog1.ShowPrinter
    Printer.FontSize = Text1.FontSize
    Printer.Print Text1.Text
    Printer.EndDoc
    Text1.SetFocus
pexit:
    Text1.SetFocus
    Exit Sub
End Sub
Private Sub Command7_Click()
    Text1.Text = ""
    Unload Me
End Sub
Private Sub Form_Resize()                            '改变窗体大小
    With Text1
        .Height = Form1.ScaleHeight-Picture1.Height
        .Width = Form1.ScaleWidth
    End With
    Command7.Left = Form1.ScaleWidth-Command7.Width-50
End Sub
```

运行效果如图 8-33b 所示。

下面对程序代码作简单说明：

当改变窗体大小时将激发窗体的 ReSize 事件，使文本框的大小随之改变，并且退出按钮也随之移动。

在使用 ShowFont 方法之前必须设置标识属性为：cdlCFBoth、cdlCFPrinterFonts 或 cdlCFScreenFonts，这里设置为 3 or 256。

Printer 是 Visual Basic 的打印机对象，具有 Print 方法。将文本文件

图 8-33b　文本编辑器

Text1. Text 送打印机输出的命令为：Printer. Print Text1. txt。

Printer 对象的 EndDoc 方法用于终止发送给 Printer 对象的打印操作，完成打印。

Command6（打印）的单击事件代码中：

```
CommonDialog1.CancelError = True
On Error Goto Pexit
```

设置了属性 CancelError = True，并且使得当按下 Cancel 按钮或 <Esc> 键后转向执行标号 Pexit 的代码行，从而得以取消"打印"。

"退出"按钮 Comnland7 的代码中：Text1. Tex1 = " " 是为了使程序退出更快。

◎教学小结

使用 Visual Basic 编写相对复杂的应用程序时，仅使用标准控件有时可能满足不了界面设计的要求，需要配合使用 ActiveX 控件。在学习控件时，提倡围绕主线去学习，切记"不能贪全也不能图多"，配合应用实例深化理解。本书建议控件学习主线为："作用→基本属性→常用事件过程→常用方法"。

本章中标准控件按特性可划分为选择性控件（单选按钮和复选框）、数组性控件（列表框和组合框）、修饰性控件（框架）和周期性引发的控件（计时器）等。这些控件作为本章学习的重点应掌握好。常用 ActiveX 控件可以根据教学时数，作为选学内容。但提醒注意的是：本书介绍的进度条控件、树型视图控件和 SSTab 控件是应用较广泛的 ActiveX 控件。

◎习题

一、问答题

1. ActiveX 控件与内部控件在使用上有什么不同?

2. 滚动条（ScrollBar）控件和滑动（Slider）控件有什么区别?

3. 框架（Frame）的作用是什么？如何在框架中建立控件?

4. 组合框（ComboBox）有哪几种类型？能否用文本框（TextBox）和列表框（ListBox）实现组合框的功能?

5. Timer 控件的特点是什么？一般作什么用途?

6. 如何将三个文件系统控件联系起来?

二、编程题

1. 设计一个计时器，界面如图 8-34 所示。当单击"开始"按钮时，显示开始时间，并计时。点击"停止"按钮时，停止计时并显示经过的时间。

图 8-34 计时器

2. 设计如图 8-35 所示界面，当点击"确定"按钮时，在两个文本框中分别显示用户选择的性别和爱好。

3. 设计一个如图 8-36 所示滚动字幕，文字

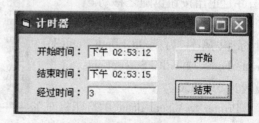

不断从右向左滚动，并可以通过设置栏来设置滚动字幕的字号、字体和滚动速度。

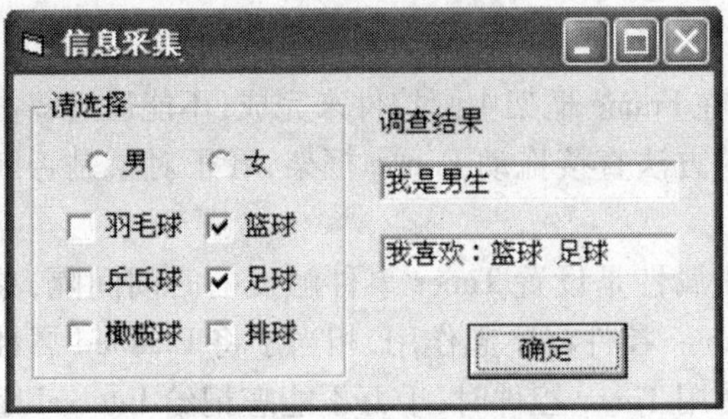

图 8-35　信息采集

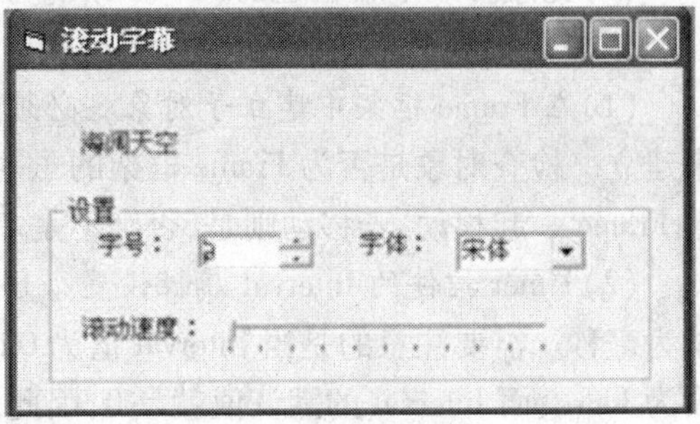

图 8-36　滚动字幕

注：界面上，“字号”通过垂直滚动条来调节，在文本框中显示；“字体”由组合框来提供；“滚动速度”由 Slide 控件设定。

4. 设计如图 8-37 所示界面，通过 TreeView 控件和 ListView 控件来显示用户所选择商品分类的商品信息。

提示：将每类商品的信息以文件的形式保存在磁盘上，文件名和对应结点的 Key 属性值或 Text 属性值相联系。当用户选择一个结点时，根据结点的 Key 值得到对应的文件名，然后将记录读入到 ListView 中显示即可。

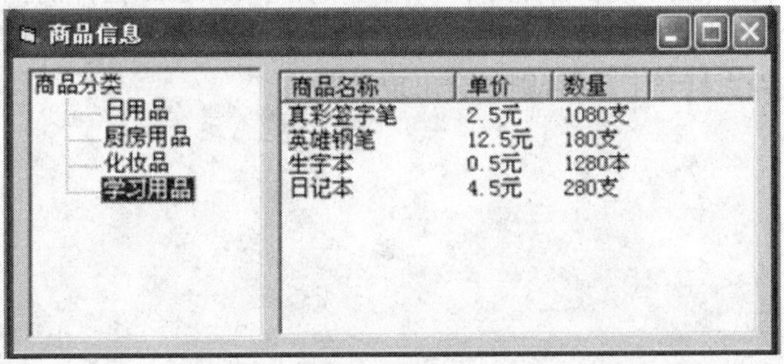

图 8-37　商品信息

◎实习指导

1. 实习目的

（1）熟练掌握选择性控件（单选按钮和复选框）、列表框和组合框常用属性、方法和事件。

（2）掌握框架控件、文件系统控件和滚动条控件的常用属性、方法和事件。

（3）掌握 ActiveX 控件的使用方法。

（4）了解常用 ActiveX 控件的使用：ProgressBar 控件、Slider 控件、ListView 控件、TreeView 控件及 SSTab 控件。

2. 实习内容

（1）完成本章例 8-2、8-3、8-4、8-5、8-7、8-9，掌握常用内部控件的使用。

（2）完成本章例 8-10、8-11、8-12、8-13、8-14、8-15、8-16，掌握 ActiveX 控件的使用方法，了

解常用的 ActiveX 控件。

(3)完成习题中编程题的(1)、(2)、(3)、(4)小题。

3. 常见错误分析

(1)在 Frame 框架中建立子对象　必须通过在 Frame 框架中画控件来完成,不能通过双击来建立。检查对象是否为 Frame 框架的子对象的方法直接拖动 Frame 框架,看子对象是否随着 Frame 一起移动,若移动则是,否则不是。

(2)Timer 控件的 Interval 属性设置　Interval 属性是设置 Timer 事件触发的时间间隔,单位为毫秒。需要注意的是当 Interval 值为 0 时,Timer 控件将不起作用,相当于将 Enabled 属性设为 False;而 Interval 的默认值就是 0,因此,在使用 Timer 控件时,千万不能忘记给 Interval 赋值。

(3)单选按钮的使用

①单选按钮的 TabIndex 属性不能设为 0,否则当程序运行时,系统就会将其设置为选择。

②单选按钮的分组。若在同一个窗体中,存在多组单选按钮(存在多组单选型题目),则需要使用 Frame 控件或其他控件容器将其分组。否则,所有的单选按钮都是互斥的。

(4)组合框的 Change 事件和 Click 事件　组合框的 Click 事件是当用户点击了下拉箭头显示出项目列表,并作了和现在选项不同的选择才触发。

Change 事件是当用户通过输入修改了(不是通过选择)文本框中的内容时触发。

(5)使用了 ActiveX 控件工程的保存和打开　使用了 ActiveX 控件的工程,在保存时一定要保存好工程文件;不能只保存窗体文件。打开工程时,必须通过打开工程文件来打开,而不能直接双击窗体文件去打开工程,否则将会出现错误。

第 9 章

界 面 设 计

本章内容提示:随着 Windows 图形界面操作系统的广泛普及和应用,图形化界面操作已经成为软件设计的一种趋势。应用程序通过图形界面实现与用户的交互,并使用菜单技术将众多的程序功能集成在窗体界面中,使用工具栏将各种常用操作组织起来,方便了用户的使用。本章主要介绍 Visual Basic 应用程序界面中的基本要素:菜单、工具栏和状态栏的设计方法,并简要介绍多文档界面(MDI)特点和设计的基本方法。

教学基本要求:掌握应用程序界面设计的基本思想;熟练掌握菜单、工具栏和状态栏设计的基本方法;了解多文档界面的特点和设计方法。

9.1 界面设计概述

什么是界面?对用户而言,界面就是应用程序,但用户又感觉不到的“计算机内”正在执行的代码。应用程序通过界面实现与用户的交互。友好的界面既方便了用户的使用,也是 IT 行业软件评价的重要指标之一,因此界面设计越来越受到软件开发者的重视。在设计应用程序界面时,应在进行广泛需求调查和明确应用程序基本功能的基础上,参考软件行业规范和用户具体要求,吸收像 Microsoft 公司或其他成功应用程序界面设计的优点,动员并鼓励用户积极参与整个系统界面设计过程始终,确保界面设计的合理性和有效性。具体设计实施中,遵照“总体规划,逐步求精”的思想,首先要做好总体规划工作,描绘好应用程序界面的蓝图,确定整个系统的界面风格,如使用单文档还是多文档样式,菜单中将包含什么菜单项,包含哪些工具栏,提供什么对话框与用户交互,需要提供什么样的帮助等。另外,还应考虑完成系统功能需要用到的控件、这些控件之间的关系以及它们的相关性。最后,针对具体需要完成界面各个元素的设计任务。

1. 符合 Windows 界面准则

Windows 操作系统的主要优点之一就是为基于其上开发的应用程序提供了标准的操作界面。如果用户掌握基于 Windows 的应用程序的使用方法,就很容易使用符合 Windows 界面准则的其他应用程序。如果偏离了 Windows 界面准则,使用者使用应用程序时就会感到别扭。比如,菜单设计几乎均遵循这样的标准:“文件”菜单在最左边,然后是“编辑”、“工具”等可选的菜单,最右边是“帮助”菜单。如果把“帮助”菜单放在最前,就会降低应用程序的可用性。同样,菜单项设计时也应符合 Windows 界面准则。如“编辑”菜单通常有“复制”、“剪切”与“粘贴”等菜单项,若将它们放置于“文件”菜单下也会引起用户的不理解。

2. 确定控件的位置

在大多数界面设计中,不是所有的界面元素都一样重要。仔细斟酌很有必要,以确保重要的界面信息或操作能快速地显现给用户。通常,将重要的或者频繁访问的操作放在屏幕的左上部位。因为按照人们用眼的习惯,首先注视屏幕的左上部位。例如,Word 下的“文件”、“编辑”菜单、常用工具栏中的创建新文本、打开、保存等使用频率高的功能均位于窗口的左上方。再例如,如果窗体上的信息与客户有关,则这些信息应当显示在用户最先看到的地方。而对于按钮,如“确定”或“下一个”,应当放置在屏幕的右下部位,因为用户在未完成对窗体的操作之前,通常不会访问这些按钮。

3. 保证界面元素的一致性

在用户界面设计中,一致的外观(如颜色搭配、窗口大小、字体字号、线型粗细等)可为使用者创造一种和谐美,有效减轻用眼疲劳。如果界面缺乏一致性,则界面让人们感到凌乱不整齐,缺乏条理性,无疑会降低人们使用的兴趣。

总之,应用程序界面设计体现以用户为中心的思想,在满足用户需求的基础上,充分考虑行业的要求与规范,做好界面设计组织或布局工作,提高应用程序界面的可用性和美观性。

9.2 菜单设计

9.2.1 菜单概述

所谓“菜单”,就是可供选择的命令项目列表,分为下拉式菜单和弹出式(快捷)菜单两种形式。下拉式菜单位于菜单栏上,通过点击菜单栏上的菜单标题打开;弹出式菜单通常通过在某一特定区域单击鼠标右键打开。如图 9-1a 为下拉式菜单的示例图,它位于窗口的顶部,在窗口的标题栏下显示了下拉式菜单的菜单栏,包含多个菜单标题。程序在运行时,当用户单击

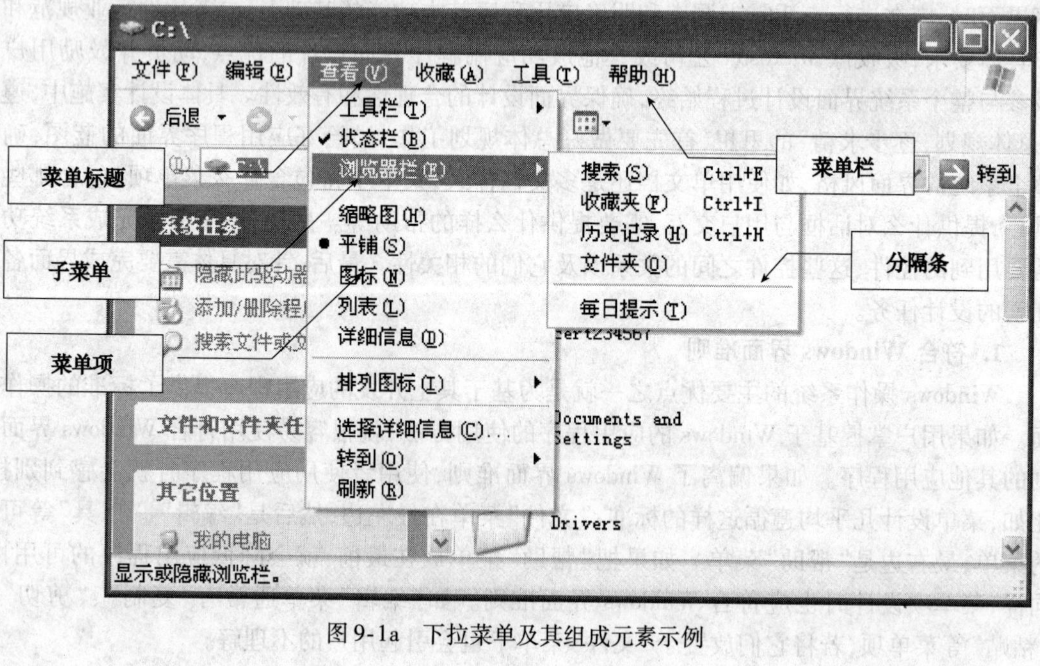

图 9-1a 下拉菜单及其组成元素示例

某个菜单标题时便会下拉相应的菜单项(也称子菜单)。菜单中的菜单项可以是命令、分隔条或子菜单标题。弹出式(快捷)菜单一般由鼠标右键激活,所包含的菜单项同下拉菜单相同,如图9-1b所示。

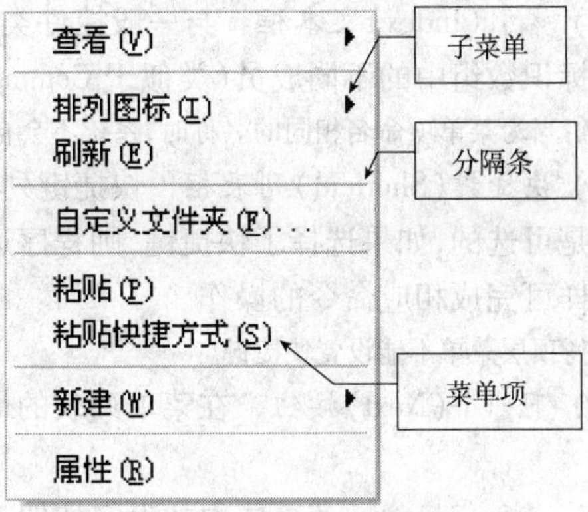

图9-1b　弹出式菜单

在 Visual Basic 中,菜单是对象,具有一组属性和事件;每个菜单项也是对象,也有如 Name(名称)和 Caption(标题)等属性及事件过程,菜单项只能响应一个事件,即 Click 事件。

注意:Visual Basic 中的菜单不是独立对象,它总是与窗体相关联,只有打开窗体后才能定义菜单。

9.2.2　菜单控件

在 Visual Basic 中菜单设计实际也是一种控件的应用,称之为"菜单"控件,但这个控件不像其他控件一样放在工具箱中。要使用菜单控件与其相应的命令,应选择"工具"菜单中的"菜单编辑器"命令,或单击工具栏上的"菜单编辑器"按钮,或在窗体上单击右键在快捷菜单中选择"菜单编辑器"命令,便可打开如图9-2所示的"菜单编辑器"对话框。

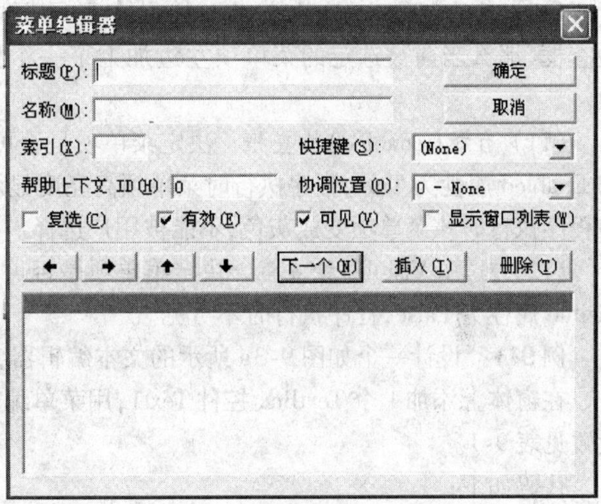

图9-2　菜单编辑器

下面介绍菜单编辑器中的各组成元素。

(1) 标题(Caption)文本框　用于设置菜单标题,键入的内容会在菜单编辑器窗口下边的空白部分显示出来,该区域称为菜单显示区域。

如果输入时在菜单标题的某个字母前输入一个"&"符号,那么该字母就成了热键字母,在窗体上显示时该字母加有下画线,菜单操作时同时按 Alt 键和该字母就可选择这个菜单项命令。例如,建立文件菜单 File,在标题文本框内应输入 & File,则将字母"F"设置为"热键",程序执行时按 Alt + F 键就可以选择 File 菜单。

如果下拉菜单的菜单项要按照功能分成若干组,则需要用分界符分隔。在菜单建立或编辑时,在标题文本框中输入字符" - "(减号),菜单显示时就会出现一个分隔条。

(2) 名称(Name)文本框　名称(Name)是菜单项的对象名称。对象名称的命名规则同简单变量,如果菜单中有分隔条,分隔条也要有对应的名称。

(3) 索引(Index)文本框　与一般控件类似,菜单可以利用索引来建立菜单数组,并以索引值来标识数组中的不同成员(类似于 Command1(0)、Command1(1)、Command1(2)…)。

注意:当为菜单项命名相同的名称时,系统不会自动为用户建立索引,索引值要在设计菜单时自己输入。

(4) 快捷键(Shortcut)列表框　快捷键列表框列出了很多快捷键,供用户选择。菜单项的快捷键是可选的,如果选择了快捷键,则程序运行时快捷键会显示在菜单标题的右边,通过快捷键同样可完成相应命令的操作。

注意:顶层菜单不能设置快捷键。

(5) 下一个(Next)按钮　在菜单列表的最后产生一个空白项,进入下一个同级菜单项的设计。

(6) →和←按钮　菜单层次的设定按钮,用于调整菜单项的级别。若建立好一个菜单项后按"→"按钮,则该菜单项在显示框中向右移一段,前面加省略号"…",表示该菜单项为下一级的菜单项。如果选定了某菜单项后,再按←按钮,前面的省略号将取消,表示该菜单项是上一级的菜单项。

(7) 插入(Insert)按钮　在选定的菜单项前插入一个菜单项。

(8)删除(Delete)按钮　删除选定的菜单项。

(9) ↑和↓按钮　用于改变菜单项的位置,通过↑↓按钮将选定的菜单项上移或下移。

(10) 复选(Checked)检查框　如果在显示框中选定了某个菜单项,再选定 Checked 检查框,那么当前被选定的菜单项左边加上了一个检查标记"√",表示该菜单项是一个选项。

(11) 有效(Enabled)检查框　决定菜单项是否可选(有效)。若该检查框被选中,菜单项的 Enabled 属性为 True,程序执行时菜单项高亮度显示;当未被选中时,Enabled 属性为 False,在程序执行时该菜单项变成灰色,不能被用户选择。

(12) 可见(Visible)检查框　决定菜单项是否可见,若该检查框未被选中,则该菜单项的 Visible 属性为 False,程序执行时不可见。

例 9-1　设计一个如图 9-3a 所示的文本编辑器,其菜单设计如图 9-3b 所示。

在窗体上添加 1 个 TextBox 控件 Text1,用菜单编辑器编辑各菜单项,菜单中各选项的属性设置见表 9-1。

代码如下:

```
Private Sub copy_Click()
    If Text1.SelLength > 0 Then                  '如果有字符串被选中
        Clipboard.SetText Text1.SelText          '将选择的字符串送到剪贴板中
    Else
        MsgBox "请选择要复制的内容..."
    End If
End Sub
Private Sub cut_Click()
    If Text1.SelLength > 0 Then
        Clipboard.SetText Text1.SelText
        Text1.SelText = ""                       '删除选择的内容
    Else
```

```
        MsgBox "请选择要剪切的内容 ..."
    End If
End Sub
Private Sub delete_Click()
    Text1.SelText = ""
End Sub
Private Sub past_Click()
    tmptext = Clipboard.GetText                  '从剪贴板获取字符串
    If tmptext <> "" Then
        Text1.SelText = tmptext                  '将剪贴板中的内容粘贴到文本框中
    End If
End Sub

Private Sub setFnt_Click(Index As Integer)
    For i = 0 To setFnt.Count - 1                '取消所有复选项的选择
        setFnt(i).Checked = False
    Next
    setFnt(Index).Checked = True                 '设定被单击的复选项为选中状态
    Text1.FontName = setFnt(Index).Caption       '设定文本框中的字体为指定字体
End Sub
```

表 9-1　菜单中各选项的属性设置

标题(Caption)	名称(Name)	其　他
编辑(&E)	edit	
剪贴	cut	快捷键:Ctrl + X
复制	copy	快捷键:Ctrl + C
粘贴	past	快捷键:Ctrl + V
删除	delete	快捷键:Ctrl + D
字体(&F)	fnt	
楷体_GB2312	setFnt	索引:0
宋体	setFnt	索引:1
黑体	setFnt	索引:2

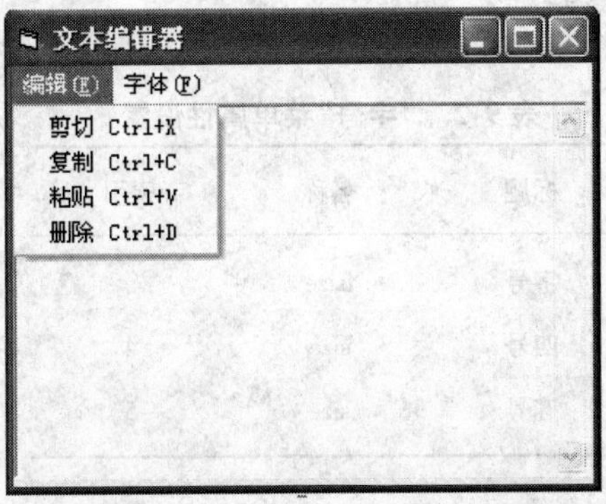

图 9-3a　"文本编辑器"设计界面

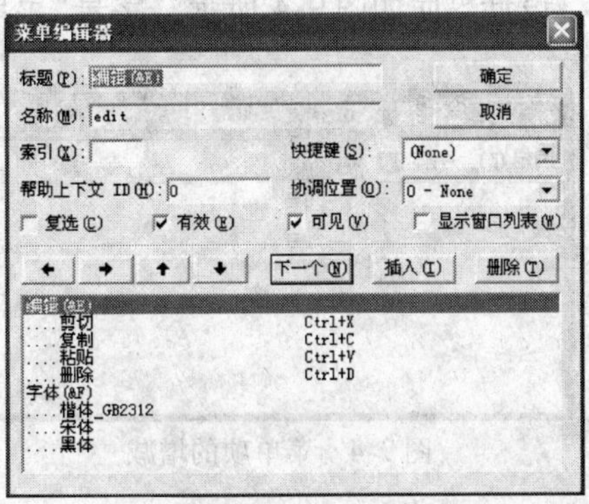

图 9-3b　菜单各选择属性设置

9.2.3 修改菜单项状态

当菜单创建好后,菜单中的菜单项在程序运行过程中并不是一成不变的,可以根据实际情况动态改变菜单项的状态。例如,当前条件不满足菜单项的执行时,可以暂时使其失效或将其隐藏起来,当条件满足时,再使其有效或显示出来,菜单项的状态在"可用"与"不可用"两种状态间切换。

例 9-2 在例 9-1 中,当文本框中没有内容被选中时,剪贴、复制、删除菜单项为不可用,当有内容被选中时,则变为可用状态。

设计思路:用户要使用这些命令,首先必须打开 edit 菜单,因此,在 edit 菜单打开(被单击)时设置命令是否可用。在程序中加入以下代码:

```
Private Sub edit_Click()
    Dim tmp As Boolean
    tmp = Text1.SelLength > 0          '判断是否有内容被选中
    cut.Enabled = tmp                  '设置命令是否可用
    delete.Enabled = tmp
    copy.Enabled = tmp
End Sub
```

9.2.4 菜单项增减

Windows 应用程序中的菜单项不但可以随着条件的改变而改变其状态,还可以随着用户的操作动态来增减菜单项的内容。

在 Visual Basic 中,实现菜单项增减的方法是:将有关菜单项创建为菜单数组,在程序运行过程中调用 Load 或 UnLoad 方法添加或删除菜单项即可。

例 9-3 在例 9-1 中添加一个"字号"的顶级菜单,用于设置文本框中字体的大小。该菜单项包括"五号""四号"子菜单项。当用户选择"四号"时,在该菜单中添加"三号"子菜单项;当选择"五号"时,在该菜单项中删除"三号"子菜单项。

设计界面如图 9-4 所示,"字号"菜单属性设置见表 9-2。

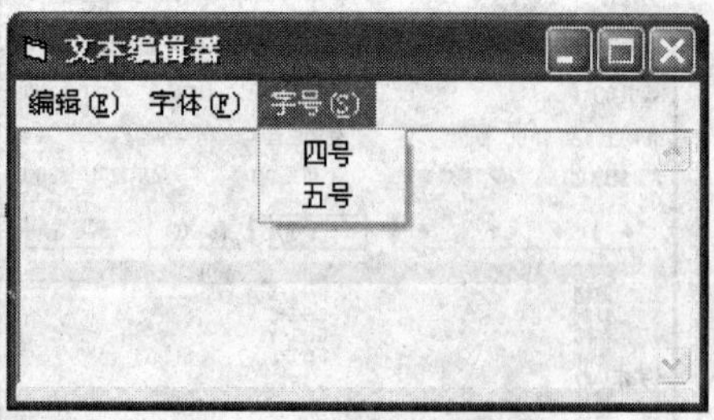

图 9-4 菜单项的增减

表 9-2 "字号"菜单属性设置

标题	名称	索引
字号	fsize	
四号	size	4
五号	size	5

编写代码如下:

```
Dim p As Boolean                                  '"三号"菜单项是否装入标记变量
Private Sub size_Click(Index As Integer)          '菜单单击事件
    Select Case Index
    Case 5                                        '单击"五号"菜单项
        Text1.FontSize = 9
        If p = True Then                          '若有"三号"菜单项,则删除
            Unload size(3)
            p = False
        End If
    Case 4                                        '单击"四号"菜单项
        Text1.FontSize = 12
        If p = False Then                         '若未装入"三号"菜单项,则添加
            Load size(3)
            size(3).Caption = "三号"
            p = True
        End If
    Case 3                                        '单击"三号"菜单项
        Text1.FontSize = 16
    End Select
End Sub
```

9.2.5 弹出式菜单设计

弹出式菜单是独立于主菜单栏而显示在窗体特定位置的浮动菜单,它可以在窗体的指定区域显示出来,并对程序事件做出响应。弹出式菜单又称为上下文菜单或快捷菜单,在 Windows 中一般通过单击右键来打开弹出式菜单。

在 Visual Basic 中,弹出式菜单是下拉菜单的一部分,只是它的打开方式独立于下拉菜单,因此弹出式菜单的建立和修改与下拉式菜单相同,均通过"菜单编辑器"来完成。若不想让弹出式菜单出现在主菜单中,只需要将菜单项设置为隐藏(Visible 属性值为 False)。需要打开弹出式菜单使用 PopupMenu 方法即可。

PopupMenu 方法的格式:

[窗体名.]PupopMenu 菜单名 [, flag [, X, Y]]

其中:

(1) X,Y　快捷菜单显示的位置坐标。

(2) 菜单名　至少包含有一个菜单项的菜单名称(Name 属性值)。

(3) flag　指定弹出式菜单的行为参数。包含位置及行为两个常数。位置常数值见表 9-3,行为常数值如表 9-4 所示。

表 9-3　弹出式菜单位置常数值

常数值	说　明
0	默认,指定菜单的左上角位于 X
4	指定菜单的中央位于 X
8	指定菜单的右上角位于 X

表 9-4　弹出式菜单行为常数值

常数值	说　明
0	默认,设置仅当鼠标左键单击菜单项时,才执行菜单命令
2	设置鼠标左右键单击菜单项时,均可执行菜单命令

注:若要同时指定两种常数,先从每组中各选择一个常数,再用 Or 操作符连接。

例 9-4　将例 9-3 中的“编辑(edit)”菜单作为文本框(Text1)的快捷菜单(当用户在文本框中单击右键的时候显示菜单)。

运行时界面如图 9-2,在代码编辑器中添加以下代码:

```
Private Sub Text1_MouseDown(Button As Integer, Shift As Integer, X As Single, Y As Single)
    If Button = 2 Then
        PopupMenu edit, 4 Or 2
    End If
End Sub
```

9.3　工具栏设计

在 Windows 应用程序中,工具栏已经成为程序界面标准的一部分。工具栏包含一组按钮,通过这些按钮用户可以方便快速地执行频繁使用的菜单项。

在 Visual Basic 中,可以通过工具栏(ToolBar)控件和图像列表(ImageList)控件联合创建工具栏。这两个控件都是 ActiveX 控件,位于 Microsoft Windows Common Controls 6.0 部件中。因此,在使用这两个控件前首先要将其添加到工具箱中,两个控件的图标分别是:(ToolBar)和(ImageList)。

9.3.1　图像列表控件

在窗体上添加一个图像列表控件后,右键单击,选择“属性”,打开图像列表控件的属性页,并选择“图像”选项卡,如图 9-5 所示。通过此界面可以向 ImageList 控件中添加和删除图片。

其中各项功能说明如下:

(1) 索引(Index)　图像的编号,其他控件可通过“索引”引用该图像。

(2) 关键字(Key)　图像的标识名,功能同 Index 一样,用于其他控件引用该图像。在同一个 ImageList 中,关键字必须唯一。

(3) 图像数　已插入的图像数目。

(4) 插入图片按钮　插入新图像,可插入的图像文件的扩展名为 ico、bmp、gif、jpg 等。

(5) 删除图片按钮　用于删除选中的图像。

注意:图像列表控件不能单独使用,它的功能是为其他控件提供一个图像库,是一个图像容器控件。

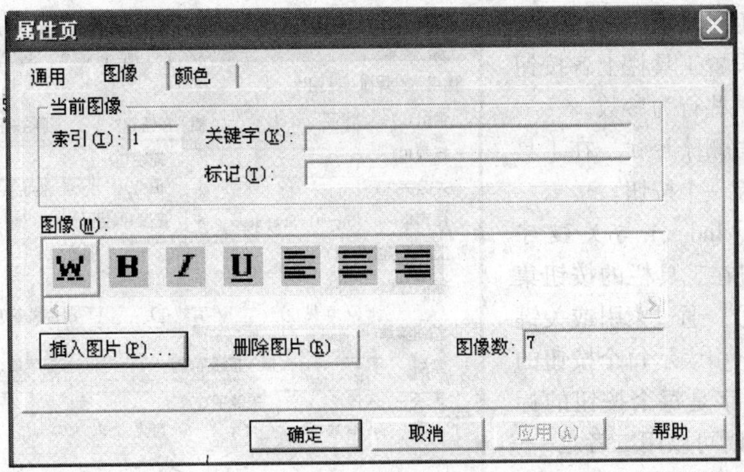

图 9-5　ImageList 控件的属性页

9.3.2　工具栏控件

在窗体上添加工具栏控件后，会自动置于窗体的顶部，此特性由工具栏控件的 Align 属性控制。当 Align 属性值为非 0 时，ToolBar 控件会自动改变大小来适应窗体的长度或宽度。

通过工具栏控件属性页的“通用”和“按钮”选项卡，可以很方便的创建一个工具栏。

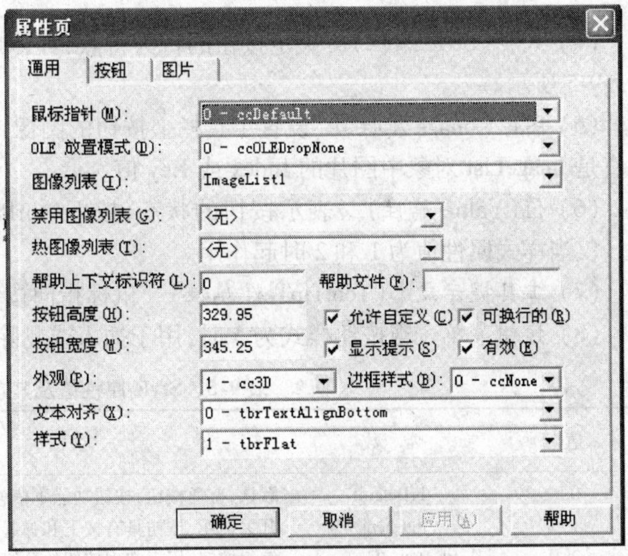

图 9-6　“通用”选项卡

1. “通用”选项卡

“通用”选项卡如图 9-6 所示。“通用”选项卡用于设置工具栏的整体外观和一些通用动作选项。主要选项说明如下：

（1）图像列表　连接一个 ImageList 控件，用于在正常状态下工具栏按钮上显示的图片。

（2）可换行的　该复选框选中，或工具栏的长度不能容纳所有按钮，则在下一行显示，否则不显示剩余的按钮。

（3）样式　设定按钮的显示是普通风格还是平面风格，默认为普通风格。

注意：若要对 ImageList 控件进行图像的增删，必须保证没有其他控件和它相连接，即将“图像列表”框设置为“无”。

2.“按钮”选项卡

“按钮”选项卡如图 9-7 所示，其功能是用来设置工具栏上各按钮的显示式样及一些行为参数。

(1) 插入与删除按钮　在工具栏上添加或删除一个按钮。

(2) 索引(Index)与关键字(Key)　是按钮在工具栏的按钮集合中的唯一编号。通过索引或关键字访问按钮。索引表示每个按钮的数字编号,关键字是每个按钮的标识名,访问按钮时可以用二者之一。另外,索引是必须指定的,而关键字是可选的。

(3) 标题与描述　标题即按钮的 Caption 属性,设置显示在按钮上的文字。描述设置按钮的说明信息。

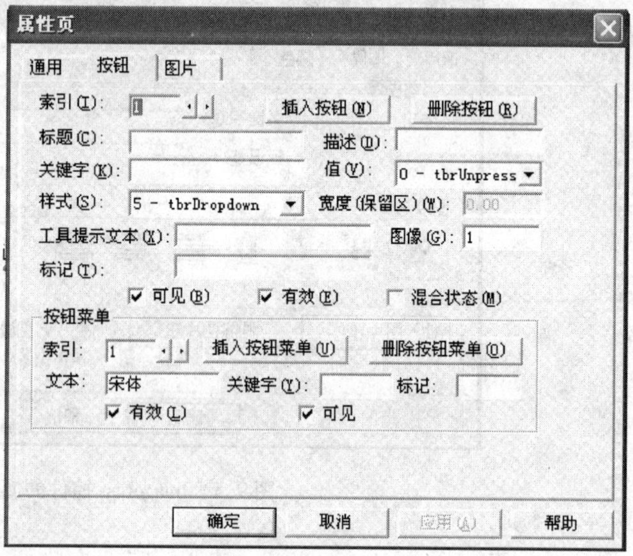

图 9-7 “按钮选项卡”

(4) 式样(Style 属性)　决定按钮的行为特点,且影响按钮的功能。样式的属性值及功能如表9-5 所示。

(5) 图像(Image 属性)　设置工具栏上按钮的图像,该图像引用 ImageList 对象中的图像,其值是 ImageList 对象中图片的 Index 或 Key 值。

(6) 值(Value 属性)　表示按钮的状态,按下(tbrPressed)和弹起(tbrUnpressed)两种状态。仅当样式属性值为 1 和 2 时起作用。

(7) 工具提示文本(ToolTipText 属性)　鼠标指向按钮时显示的说明文字。

(8) 按钮菜单　当按钮样式为 5 时,用于插入或删除按钮菜单的菜单项。

表 9-5　Style 属性值及其功能

值	常　数	说　　明
0	tbrDefault	默认,普通按钮,按钮功能不依赖其它功能
1	tbtCheck	开关按钮,按钮具有按下和弹起两种状态
2	tbrButtonGroup	编组按钮,用于实现按钮的分组,同组按钮只能有一个处于按下状态
3	tbrSeparator	分隔按钮,使不同类型或不同分组的按钮分开,在工具栏中不显示
4	tbrPlceholder	在工具栏中占据一定的位置,为其他控件预留空间
5	tbrDropdown	在工具栏上创建一个下拉菜单按钮

3. 常用事件

工具栏控件常用的事件有两个:ButtonClick 和 ButtonMenuClick。

ButtonClick:单击按钮(占位符和分隔符除外)时,触发 ButtonClick,可以通过按钮的 Index 属性或 Key 属性识别被单击的按钮,并用 Select Case 语句编写按钮的功能代码。其代码结构如下:

```
Private Sub Toolbar1_ButtonClick(ByVal Button As MSComctlLib.Button)
    Select Case Button.Index
        Case 1
            '第一个按钮的功能代码
        Case 2
            '第二个按钮的功能代码
        ......
        Case n
            '第 n 个按钮的功能代码
    End Select
End Sub
```

ButtonMenuClick：当工具栏控件 Style 属性值为 5 时，即按钮式样为菜单按钮时，单击此按钮触发。可以使用 ButtonMenu 对象的 Index 属性或 Key 属性识别是哪个按钮被单击，并用 Select Case 语句编写按钮的功能代码。代码结构如下：

```
Private Sub Toolbar1_ButtonMenuClick(ByVal ButtonMenu As MSComctlLib.ButtonMenu)
    Select Case ButtonMenu.Index
        Case 1
            '第一个按钮的功能代码
        Case 2
            '第二个按钮的功能代码
        ......
        Case n
            '第 n 个按钮的功能代码
    End Select
End Sub
```

9.3.3　使用工具栏和图像列表控件创建工具栏

创建工具栏的具体步骤如下：

(1) 在窗体上添加工具栏控件和图像列表控件。

(2) 在图像列表控件中添加图像。

(3) 在工具栏控件属性页的“通用”选项卡的“图像列表”组合框中选择 ImageList 控件，建立与图像列表控件的关联，并设置其他通用参数。

(4) 在“按钮”选项卡中添加按钮，并设置各按钮的属性及显示图片的 ImageList 索引。

(5) 编写响应工具栏控件的事件代码。

例 9-5　在例 9-4 的基础上，为编辑器添加一个“格式”工具栏，可以选择字体、设定对齐方式和字体样式。

设计界面：

在窗体上添加一个 ImageList 控件 ImageList1 和一个 ToolBar 控件 ToolBar1。在 ToolBar 中添加 9 个按钮。

设置属性：

在 ImageList1 中添加 7 张图片(在 Visual Basic 的安装目录 C:\Program Files\Microsoft Visual Studio\Common\Graphics\Bitmaps\TlBr_W95 中),图片顺序如图 9-8a 所示。

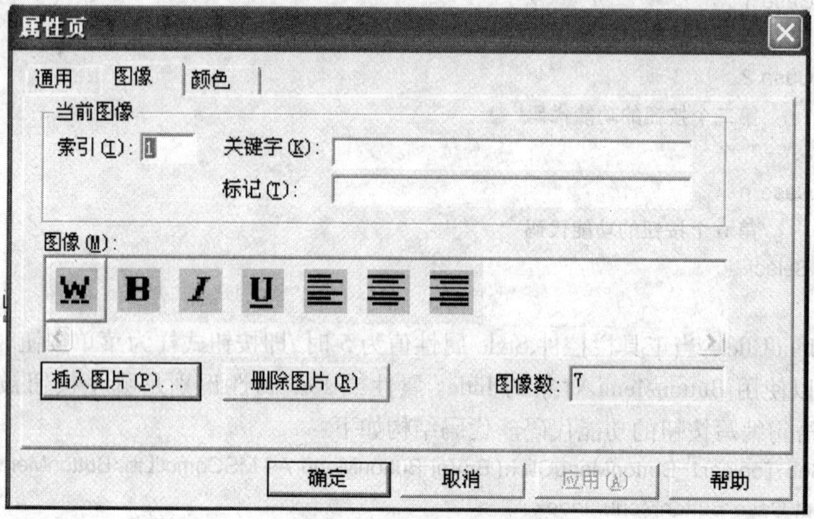

图 9-8a ImageList 属性设置

在 ToolBar 属性页的"通用"选项卡中,"图像列表"组合框中选择"ImageList1",与 ImageList1 控件建立联系。"样式"组合框中选择"tbrFlat",设置按钮显示样式为平面风格。在"按钮"选项卡中设置各按钮的属性见表 9-6。

表 9-6 ToolBar1 控件各按钮属性设置

索引	图像	样式	工具提示文本	备 注
1	1	tbrDropdown(下拉菜单按钮)	字体	"字体"下拉菜单按钮的菜单项包括:宋体、黑体和楷体_GB2312
2		tbrSeparator(分隔条)		
3	2	tbrCheck(开关按钮)	加粗	
4	3	tbrCheck(开关按钮)	斜体	
5	4	tbrCheck(开关按钮)	下划线	
6		tbrSeparator(分隔条)		
7	5	tbrButtonGroup(按钮分组)	左对齐	
8	6	tbrButtonGroup(按钮分组)	居中对齐	
9	7	tbrButtonGroup(按钮分组)	右对齐	

在代码编辑器中添加以下代码:

```
Private Sub Toolbar1_ButtonClick(ByVal Button As MSComctlLib.Button)
    '工具栏中每个按钮的单击事件
    Select Case Button.Index
        Case 3
            Text1.FontBold = Button.Value
        Case 4
            Text1.FontItalic = Button.Value
```

```
        Case 5
            Text1.FontUnderline = Button.Value
        Case 7
            Text1.Alignment = 0
        Case 8
            Text1.Alignment = 2
        Case 9
            Text1.Alignment = 1
    End Select
End Sub
Private Sub Toolbar1_ButtonMenuClick(ByVal ButtonMenu As MSComctlLib.Button-
Menu)
    '下拉菜单的单击事件
    Select Case ButtonMenu.Index
        Case 1
            Text1.FontName = "宋体"
        Case 2
            Text1.FontName = "黑体"
        Case 3
            Text1.FontName = "楷体_GB2312"
    End Select
End Sub
```

运行结构如图 9-8b 所示。

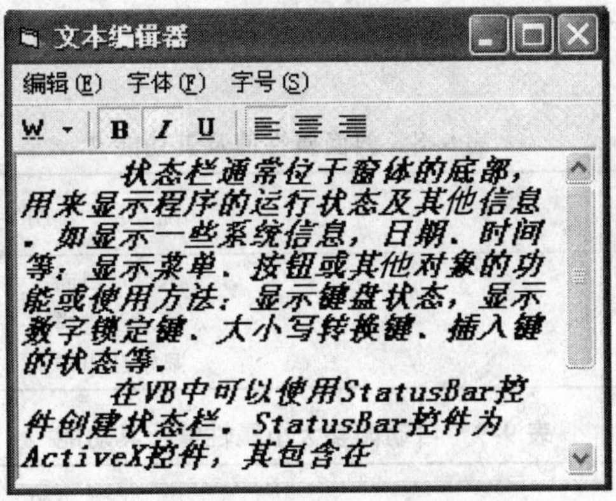

图 9-8b　ToolBar 控件示例

9.4　状态栏设计

状态栏通常位于窗体的底部，用来显示程序的运行状态及其他信息。如显示一些系统信息，日期、时间等；显示菜单、按钮或其他对象的功能或使用方法；显示键盘状态，显示数字锁定键、大小写转换键、插入键的状态等。

在 Visual Basic 中可以使用 StatusBar 控件创建状态栏。StatusBar 控件为 ActiveX 控件，包

含在“Microsoft Windows Common Controls 6.0”部件中，在设计时应先将 StatusBar 添加到工具箱中，StatusBar 控件在工具栏的图标为▤。

StatusBar 控件是由窗格（Panel）对象组成，每个对象可以显示一个图像和文本，一个 StatusBar控制最多能被分为 16 个 Panel 对象，每个对象都包含在 Panel 集合中，每个 Panel 就是状态栏上的一个区间。

1. 主要属性

StatusBar 主要属性可以通过其“属性页”的“通用”和“窗格”两个选项卡完成。其中：

（1）插入窗格和删除窗格按钮　在状态栏中添加或删除一个窗格（Panel 对象）。

（2）索引和关键字　为每个窗格编号或标识。

（3）文本　窗格上显示的文本内容。

（4）对齐　设置文本的对齐方式。

（5）浏览　为窗格添加图片，图像扩展名可以是“.ico”或“.bmp”。

（6）样式　设置窗格显示什么样的信息。样式常数值及说明，如表 9-7 所示。

表 9-7　样式属性值及其功能

常数值	说　明
sbrText - 0	显示文本和位图
sbrCaps - 1	显示大小写控制键（Caps Lock）的状态
sbrNum - 2	显示数字控制键（Num Lock）的状态
sbrIns - 3	显示插入键（Insert）的状态
sbrDate - 5	显示当前系统日期
sbrTime - 6	显示当前系统时间

斜面、自动调整大小和对齐设置每个窗格的外观。具体属性值如表 9-8、表 9-9 和表 9-10 所示。

表 9-8　斜面属性值及其功能

常数值	说　明
sbrNoBevel - 0	不显示斜面
sbrInset - 1	显示凹进样式
sbrRaised - 2	显示凸出样式

表 9-9　自动调整大小属性值及其功能

常数值	说　明
sbrNoAutoSize - 0	固定大小，不自动改变
sbrSpring - 1	当状态栏大小改变时，所有具有该属性的窗格均分空间
sbrContens - 2	窗格的宽度与其内容自动匹配

表 9-10　对齐属性值及其功能

常数值	说　明
sbrLeft - 0	文本在位图的右侧，左对齐显示
sbrCenter - 1	文本在位图的右侧，居中对齐显示
sbrRight - 2	文本在位图的左侧，右对齐显示

样式：设置 ToolBar 控件的整体外观式样。

sbrNormal：标准式样（默认）；状态栏最多可以由 16 个窗格组成。

sbrSimple：简单文本式样；状态栏只有一个窗格，并充满整个状态栏。

简单文本：当式样为 sbrSimple 时，在状态栏中显示的文本内容。

例 9-6　为例 9-5 的文本编辑器添加一个状态栏。在状态栏中显示 Caps Lock 键、Insert 键的状态、系统时间，并显示文本框中已输入的字符数。

设计界面：在窗体上添加一个状态栏。

属性设置：

在状态栏中插入 4 个窗格，依次将其样式设为：sbrText、sbrCaps、sbrIns 和 sbrTime。

编写代码如下：

```
Private Sub Text1_Change()
    StatusBar1.Panels(1).Text = "已输入" & Len(Text1.Text) & "个字符"
End Sub
```

程序运行界面如图 9-9 所示。

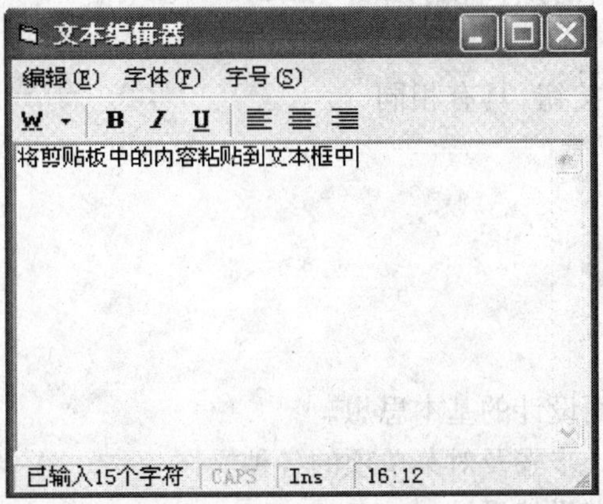

图 9-9　StatusBar 控件示例

◎教学小结

众所周知，应用程序能否受到用户的青睐，友好的界面起到了非常重要的作用。本章从界面设计遵循的思想出发，介绍组成界面中的基本元素（菜单、工具栏和状态栏）的设计思想和实现技术，简要说明多文档界面的特点和建立方法。在组织教学时，应以菜单设计技术和工具栏设计技术为重点，掌握其设计方法和要领。

◎习题

一、问答题

1. 如何才能设计一个良好的应用程序界面？
2. 热键和快捷键有什么区别？如何为一个菜单项设置热键和快捷键？

3. 在程序运行期间,如何动态的增减菜单项?

4. 什么是弹出式菜单? 用什么方法显示弹出菜单?

5. 工具栏(ToolBar)控件的作用是什么? 如何在工具栏上增加一个按钮?

二、编程题

设计一个文本编辑器,界面及菜单设计如图 9-10 所示。

要求:

(1)菜单选项或工具栏按钮的状态,应随着用户的操作显示不同状态。如:当用户没有选择文本内容时,剪贴、复制、删除功能应该是不可用的。

(2)为文本框添加一个弹出式菜单,可以设置文字的颜色和字体;颜色和字体名自定。

(3)菜单项和工具栏按钮,具有相同功能的应调用同一个子过程。

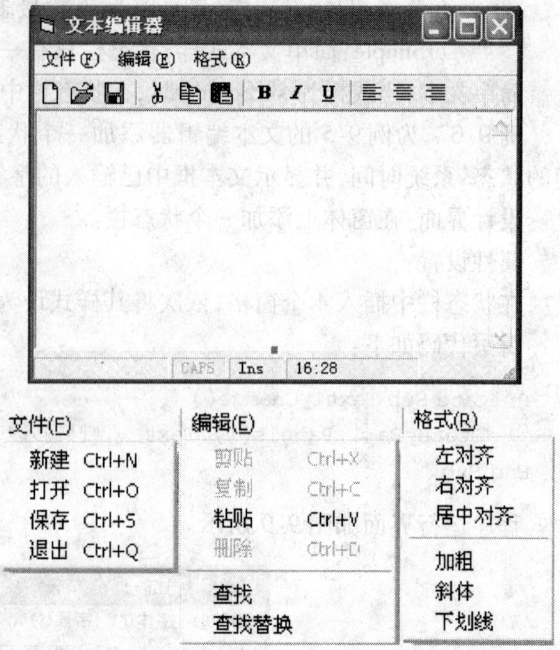

图 9-10 编辑器界面及菜单设计

◎实习指导

1. 实习目的

(1)掌握应用程序界面设计的基本思想。

(2)熟练掌握菜单设计步骤及对菜单项的各种操作。

(3)掌握工具栏与状态栏的设计。

(4)了解 MDI 界面应用程序设计。

2. 实习内容

(1)完成本章例 9-1、9-2、9-3、9-4、9-5、9-6。

(2)完成习题中的编程题。

3. 常见错误分析

(1)顶层菜单栏中的菜单项与子菜单中的菜单项的区别。

顶层菜单栏中的菜单项与子菜单中的菜单项都是在菜单编辑器中定义,但它们是有区别的。

①顶层菜单栏中的菜单项不能定义快捷键,而子菜单项可以。

②当菜单项定义有热键时,按 Alt + 热键字母可以直接选择顶层菜单栏中的菜单项。在子菜单没有打开的情况下,按热键无法选择其中的菜单项。

③虽然所有的菜单项都可以响应 Click 事件,但顶层菜单栏中的菜单项一般不编写该事件过程。

(2)对菜单编辑器窗口中的"索引"项和"复选"理解不正确。

①同一般控件类似,菜单控件可以利用索引来建立数组,并以索引值来识别数组中的不同成员。但在使用菜单编辑器创建菜单项控件数组时,当我们为不同的菜单项命名相同的名称时,不会自动为菜单项建立索引,索引值必须在创建菜单时由用户自己输入。而且菜单项数组只能在同一层次建立。

②菜单项的"复选"项功能同 CheckBox 控件,各复选项不会互斥,即可以多选。Visual Basic 菜单项中没有提供同 OptionButton 控件相同功能的选项,必须依赖"复选"项(Checked 属性)通过编程来完成单选功能。

(3)用 ToolBar 和 ImageList 创建工具栏时不能正确显示图片。

出现这种错误一般是因为忘记了将 ToolBar 与 ImageList 进行关联,或对图片的引用不正确。具体方法如下:

①在 ToolBar 属性页中的图像列表选择要与 ImageList 控件的控件名关联。

②ImageList 的属性页中的索引值表示图像在 ImageList 控件中的编号,ToolBar 属性页中"按钮"选项中的"索引"的值应与 ImageList 控件中索引对应。

第 10 章

Visual Basic 与数据库*

本章内容提示：数据库技术是当今计算机应用的主要领域之一。Visual Basic 提供了强大的数据库管理功能，能够方便、灵活的完成数据库应用中涉及的诸如数据的添加、查询、更新等各种基本操作。本章将讨论数据库的基本概念、ADO 控件的主要功能及使用方法，数据绑定控件的基本功能及使用方法，ADO 对象的主要属性、方法和事件，以及使用 ADO 对象访问数据库的方法。

教学基本要求：本章供学有余力的学生根据自己的专业需求选择学习。

10.1 数据库概述

数据库用于存储结构化数据。按照数据组织的形式，数据库支持的数据模型分为层次模型、网络模型和关系模型。关系数据模型是当今的主流数据模型，对应的数据库就是关系型数据库。关系数据库以二维表的形式（即关系）组织数据，用户不必关心数据的存储结构，同时，关系数据库的查询可用 SQL 来描述，这大大提高了查询效率。本节主要讨论关系数据库的相关概念。

10.1.1 关系数据库的基本概念

Visual Basic 本身使用的数据库是 Access 数据库，可以在 Visual Basic 中直接创建，也可以通过 Office 中的 Access 数据库管理系统来创建。文件的扩展名为 mdb，下面介绍关系数据库的基本术语。

1. 表（Table）、**字段**（Field）、**记录**（Record）

表是一张二维表格，是构成关系数据库的基本元素，它以行列方式组织数据和存储数据。表在我们生活中随处可见，如职工表、学生表和统计表等。表具有直观、方便和简单的特点。表 10-1 是一个学生情况表。

表 10-1 学生情况表

学号	姓名	地址	电话	邮编	E-mail
001	张一帆	西北农林科技大学	029-7092338	712100	zyf@263.net
002	王志文	西安电子科技大学	029-5678912	710000	wzhw@163.com
……	……	……	……	……	……
030	李　明	清华大学计算机系	010-12345678	100000	Liming@169.com

表中的一列称为字段,表中的一行数据称为记录。在表 10-1 中,有 6 个字段 30 条记录组成,字段的值随记录不同而不同。

2. 数据库与数据库管理系统

数据库是若干表、相关对象和数据的集合,数据库也有名称。数据库管理系统是一组相关的软件,用来对数据库及数据库对象进行定义、操作和维护。

3. 主键(Primary Key)

在数据表中,如果表中的某个字段或字段组合能够唯一确定表中的一条记录,且不为空值,则称该字段或字段组合为主键。如上面的"学生情况表"中,可以将"学号"作为主键,因为不同的学生"学号"是唯一的,不会相同也不会出现空值。

4. 索引(Index)

索引是建立在表上的单独的物理数据结构,基于索引的查询使获取数据更为快捷。索引关键字是表中的一个或多个字段,索引可以是唯一的,也可以是不唯一的,主要是看这些字段是否允许重复。主索引是表中的一个字段或多个字段的组合,作为表中记录的唯一标识。

5. 联系(Relation)

在数据库中,联系是指两个表之间的关联关系,表间的关联关系是根据表共有的字段来建立的。以关系的形式表示表与表之间的关联,使数据的处理和表达有更大的灵活性。表间关系分为 3 种,即一对一关系、一对多关系和多对多关系。

10.1.2　可视化数据库管理器

Visual Basic 提供了一个非常实用的工具程序,即可视化数据管理器,使用它可以方便地建立数据库、数据表和数据查询。可以说,凡是有关数据库的操作,使用它均能完成,并且由于它提供了可视化的操作界面,因此很容易掌握。

1. 建立数据库

(1) *启动数据库管理器*　在 Visual Basic 集成环境中,单击"外接程序"菜单下的"可视化数据库管理器"功能项,即可打开可视化数据库管理器"VisData"窗口,如图 10-1 所示。

图 10-1　可视化数据管理器

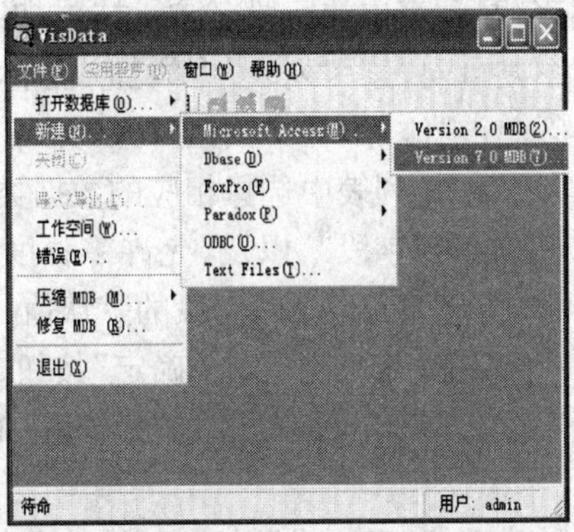

图 10-2　新建"Access"类型的数据库

"数据库管理器"窗口由菜单栏、工具栏、子窗口区和状态条组成,启动完成时,其子窗口区为空。

(2)建立 Jet 数据库　在数据库管理器窗口,按照下述步骤建立 Jet 数据库。

①选择“文件”菜单中的“新建”项,将出现如图 10-2 所示的界面。

在“新建”子菜单中,选择数据库类型,如“Microsoft Access”。在出现的下级子菜单中,选择“Version 7.0 MDB”。

②出现创建数据库对话框,选择保存数据库的路径、输入库文件名,如输入数据库文件名为“student”,保存文件夹为“d:\vbjc”。如图 10-3 所示。

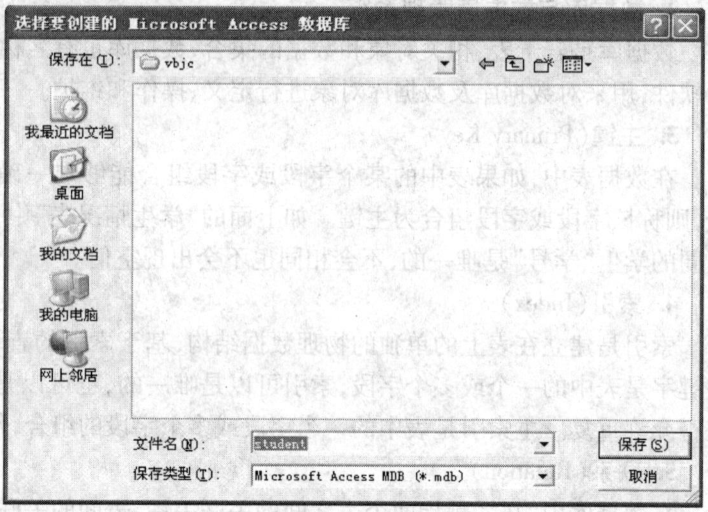

图 10-3　创建数据库并保存

③单击“保存”按钮后,在 VisData 多文档窗口中将出现“数据库窗口和“SQL 语句”两个子窗口。在“数据库窗口”中单击“Properties”前“+”号,将列出新建数据库的常用属性。

2. 创建数据表

利用可视化数据管理器建立数据库后,就可以向该数据库中添加数据表,下面以添加 Access 表为例介绍添加和建立表的方法。

(1)建立数据表的结构　建立数据表结构的步骤如下:

①打开已经建立的 Access 数据库,如“student. mdb”。

②用鼠标右键单击数据库窗口,在出现的快捷菜单中选择“新建表”,此时将打开“表结构”对话框,如图 10-4 所示。

在“表结构”对话框中,“表名称”必须输入,即数据表必须有一个名字,如“学生表”。“字段列表”显示表中的字段名,通过“添加字段”和“删除字段”按钮进行字段的添加和删除。欲建索引则可向“索引列表”中添加或删除索引。

③单击“添加字段”按钮打开“添加字段”对话框。在“名称”文本框中输入一个字段名,在“类型”下拉列表中选择相应的数据类型,在“大小”框中输入字段长度,选择字段是“固定字段”还是“可变字段”,以及“允许零长度”和“必要的”,还可以定义验证规则来对取值进行限制,可以指定插入记录时字段的默认值,如图 10-5 所示。

一个字段完成后,单击“确定”按钮,该对话框中的内容将变为空白,可继续添加该表中的其他字段。当所有的字段添加完毕后,单击该对话框中的“关闭”按钮,将返回“表结构”对话框。

④建立好“学生表”的表结构,在“表结构”对话框中,单击“生成表”按钮生成表,关闭表结构对话框,在数据库窗中可以看到生成的表。

若要建立索引,可在第 3 步完成后,按照下述步骤完成。单击“添加索引”按钮,打开“添加索引”对话框;在“名称”框中输入索引名,每个索引都要有一个名称;在“可用字段”中选择

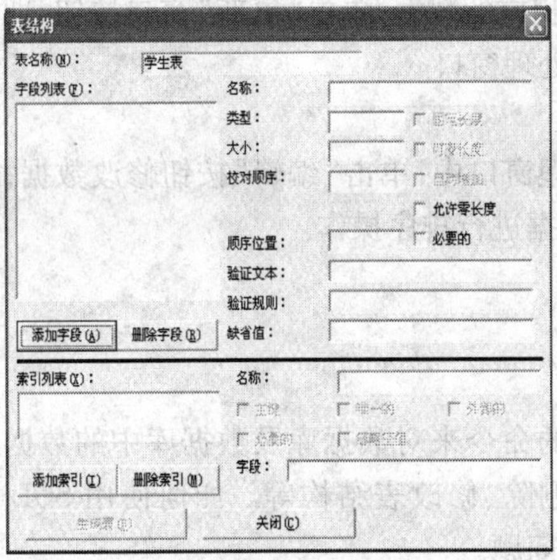

图 10-4　表结构对话框

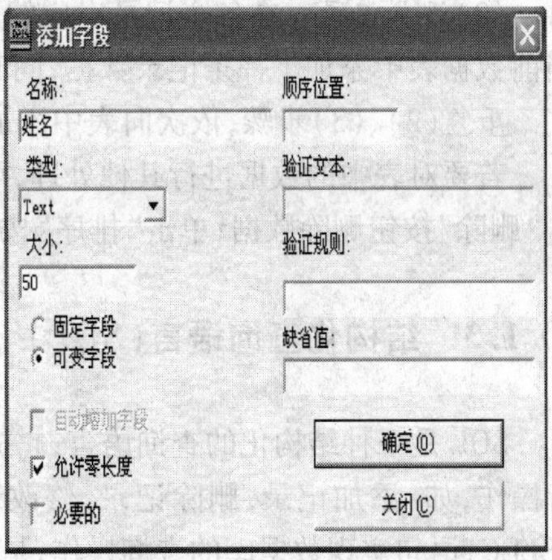

图 10-5　添加字段对话框

建立索引的字段名;一个索引可以由一个字段建立索引,也可以用多个字段建立;如果要使某个字段或几个字段的值不重复,可以建立唯一性索引,否则一定不要选中"唯一的"。完成上述操作以后,再单击"生成"按钮生成表。

(2)修改表结构　在可视化数据管理器中,可以修改数据库中已经建立的数据表的结构,步骤如下:

①打开要修改数据表的数据库。在数据库窗口中用鼠标右键单击要修改表结构的数据表的表名,弹出快捷菜单。

②在快捷菜单中选择"设计"功能项,将打开"表结构"对话框。此时的"表结构"对话框与建立时的对话框不完全相同。在该对话框中可以进行修改表名称、修改字段名、添加与删除字段、修改索引、添加与删除索引、修改验证和默认值等。

3. 数据表中数据的编辑

表结构设计好后,可将所需的数据添加到数据表中,也可对表中的数据进行修改、删除等操作。向数据表中添加数据的步骤如下:

(1)打开数据表处理窗口　在数据库窗口中,用鼠标右击要操作的数据表,在弹出的菜单中选择"打开"菜单项,或用鼠标双击要操作的数据表,即可打开数据表处理窗口,如图 10-6 所示。

(2)打开添加记录窗口　单击"添加"按钮,打开添加记录窗口,如图 10-7 所示。

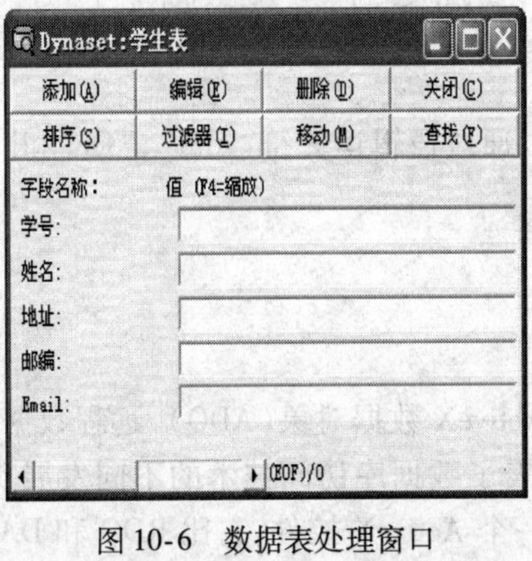

图 10-6　数据表处理窗口

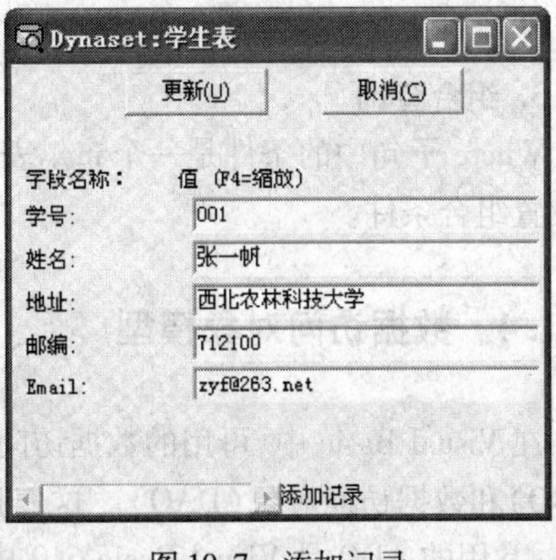

图 10-7　添加记录

(3)添加记录　在各个记录对应的文本框中输入相应的数据,单击"更新"窗口按钮,即向当前数据表中添加了一条记录数据,同时返回数据表处理窗口。

重复(2)、(3)步骤,依次向表中添加所有数据。

若要对表中的数据进行其他处理,可在数据表处理窗口中,单击"编辑"按钮修改数据;单击"删除"按钮删除数据;单击"排序"按钮对表中的数据进行排序操作。

10.1.3　结构化查询语言(SQL)

SQL 是一种结构化的查询语言,它提供了一系列的命令来对数据库及数据库中的数据进行操作,如:添加记录,删除记录,修改记录及创建、删除、修改表结构等。如何使用 SQL 的 SELECT语句实现数据库的查询操作,是本节要讲述的问题。

1. Select 语句

Select 语句用来从一个表中获取记录,从而生成一个查询结果记录集,最基本的格式如下:

Select 字段列表 From 表名

其中:Select 和 From 是关键字,"字段列表"是准备从表中获取的字段名列表,各字段名之间用逗号分隔。如果要从表中获取所有字段,则不必给出所有的字段名,可以使用"＊"来替代。例如:`Select * From 学生表`。

2. Where 子句

Where 子句用于设置查询条件。其格式如下:

Select 字段列表 From 表名 Where 条件

其中"条件"用来指定选择标准,一般格式为**字段名 比较运算符 值**。例如:

```
Select * From 学生表 Where 学号 ='001'
```

可以将"学生表"中,"学号"为"001"的学生的信息查询出来,不难看出,生成的记录集实际上只用学号为"001"的学生的这样一个记录。

Where 子句中可以使用以下的比较运算符:

(1)条件运算符　＜、＜＝、＞、＞＝、＝＝、＜＞。

(2) like 运算符　用来进行指定模糊查询条件。

如:`select * from 学生表 where 姓名 like '王%'`,可查询所有姓"王"的学生的信息。

3. 组合查询

Where 子句中的条件是一个布尔表达式,因此可以通过逻辑运算符"And"、"Or"和"Not"来设置组合条件。

10.1.4　数据访问对象模型

在 Visual Basic 中,可用的数据访问接口有三种:ActiveX 数据对象(ADO)、远程数据对象(RDO)和数据访问对象(DAO)。这三种接口分别代表了数据库访问技术的不同发展阶段。目前,常用的 ADO 是 Visual Basic 6.0 中文版提供的一个 ActiveX 控件,它比 RDO 和 DAO 简单,而且更具灵活性,与旧版的 Data 控件相似。

10.2 ADO 数据对象

10.2.1 ADO 简介

ActiveX Data Object (ADO) 是微软最新的数据访问技术。它被设计用来同 OLE DB Provider 一起协同工作,以提供通用数据访问(Universal Data Access)。OLE DB 是一个低层的数据访问接口,通过它可以访问各种数据源,包括传统的关系型数据库,以及电子邮件系统及自定义的商业对象。

ADO 向 Visual Basic 程序员提供了很多好处。包括易于使用、熟悉的界面、高速度以及较低的内存占用。同传统的数据对象层次(DAO 和 RDO)不同,ADO 可以独立创建。因此用户可以只创建一个"Connection"对象,但是可以有多个独立的"Recordset"对象来使用它。并且 ADO 针对客户/服务器以及 WEB 应用程序作了优化。

通过 ADO 对象,Visual Basic 应用程序可以访问 Oracle、Sybase、Microsoft SQL Server、Access 等各种支持 ODBC 或 OLE DB 的数据库。Visual Basic 应用程序、ADO、OLE DB 及各种数据库之间的关系如图 10-8 所示。

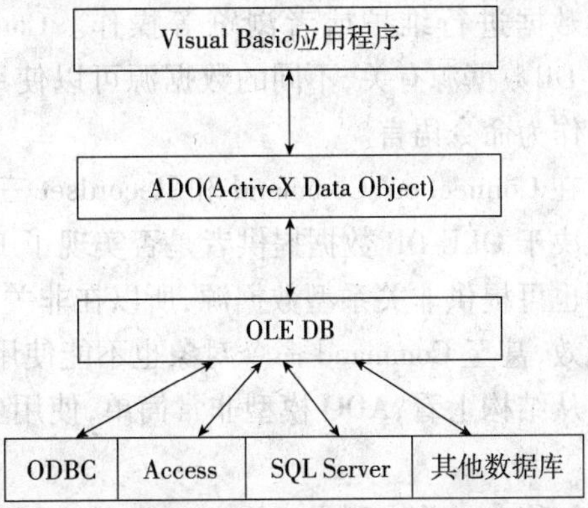

图 10-8 Visual Basic 应用程序和底层数据库的关系

一般来说,不同的用户会在各自的计算机上安装和使用不同的数据库系统,并且系统中会相应安装不同的 ODBC 或 OLE DB 驱动程序。不过只要用户安装了 Office 2000,系统中就至少会有 Microsoft Access Driver、Microsoft ODBC for Oracle 及 SQL Server 等驱动程序。不论哪种数据库,通过 ADO 对象进行访问和数据存取的方法基本相同,只是在设置连接对象时略有差别。

10.2.2 ADO 对象模型

ADO 对象模型定义了一组可编程的自动化对象,可用于 Visual Basic、Visual C + +、Java 以及其他各种支持自动化特性的脚本语言。ADO 最早被用于 Microsoft Internet Information Server 中访问数据库的接口,与一般的数据库接口相比,ADO 可更好地用于网络环境,通过优化技术,它尽可能地降低了网络流量;ADO 的另一个特性是使用简单,不仅因为它是一个面向高级用户的数据库接口,更因为它使用了一组简化的接口用以处理各种数据源。这两个特性使得 ADO 必将取代 RDO 和 DAO,成为最终的应用层数据接口标准。

从图 10-8 我们也看到了 ADO 实际上是 OLE DB 的应用层接口,这种结构也为一致的数据访问接口提供了很好的扩展性,而不再局限于特定的数据源,因此,ADO 可以处理各种 OLE DB支持的数据源。

ADO 模型是非常简单的,在 ADO 模型中只有三个关键的对象:Connection 对象(代表了实际的数据库连接)、Command 对象(用于在数据连接中执行查询)和 Recordset 对象(代表了从数据库查询出来的记录的集合)。

除了三个关键对象之外,其他四个集合对象 Errors、Properties、Parameters 和 Fields 分别对应 Error、Property、Parameter 和 Field 对象,整个 ADO 对象模型由这些对象组成。图 10-9 是 ADO 对象模型图。

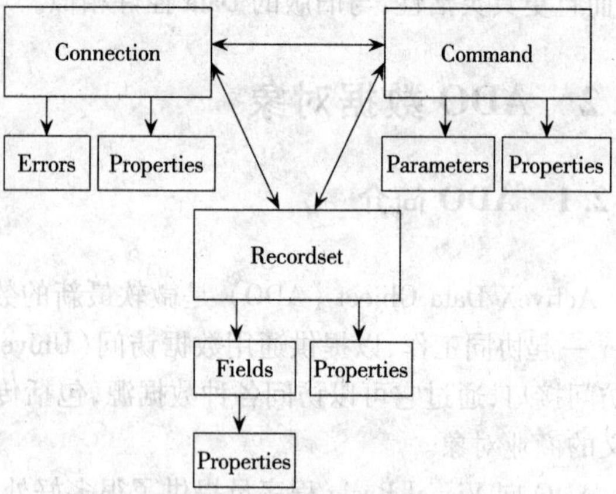

图 10-9 ADO 对象模型图

一个典型的 ADO 应用使用 Connection 对象建立与数据源的连接,然后用一个 Command 对象给出对数据库操作的命令,比如查询或者更新数据等,而 Recordset 用于对结果集数据进行维护或者浏览等操作。Command 命令所使用的命令语言与底层所对应的 OLE DB数据源有关,不同的数据源可以使用不同的命令语言,对于关系型数据库,通常使用 SQL 作为命令语言。

在 Connection、Command 和 Recordset 三个对象中,Command 对象是个可选对象,它是否有效取决于 OLE DB 数据提供者是否实现了 ICommand 接口。由于 OLE DB 既可提供关系型数据源也可提供非关系型数据源,所以在非关系型数据源上使用传统的 SQL 命令查询数据有可能无效,甚至 Command 命令对象也不能使用。

从结构上看,ADO 模型非常简单,使用上非常灵活,下面我们先从单个对象的角度进行讨论:

1. Connection 对象

Connection 对象代表与数据源之间的一个连接,ADO 的 Connection 对象封装了 OLE DB 的数据源对象和会话对象。根据 OLE DB 提供者的不同性能,Connection 对象的特性也有所不同,所以 Connection 对象的方法和属性不一定都可以使用。利用 Connection 对象,我们可以完成以下一些基本设置操作:

(1)通过 ConnectionString、ConnectionTimeOut 和 Mode 属性设置连接串、超时信息、访问模式。

(2)可以设置 CursorLocation 属性指定使用客户端游标,以便在客户程序中使用批处理修改方式。

(3)设置连接的默认数据库属性 DefaultDatabase。

(4)设置 OLE DB 提供者的属性 Provider。

(5)通过 Open 和 Close 控制 Connection 对象与物理数据源的连接。

(6)通过 Execute 方法执行命令。

(7)提供事务机制,通过 BeginTrans、CommitTrans 和 RollbackTrans 方法实现事务控制。

(8)通过 Errors 集合属性检查数据源的错误信息。

(9)通过 OpenSchema 方法获取数据库的表信息。

Connection 对象是 ADO 的基本对象之一，它独立于所有其他的对象。如果要对数据库进行查询操作，既可以使用 Connection 的 Execute 方法，也可以使用 Command 对象。使用Execute 方法比较简便，但用 Command 对象可以保存命令的信息，以便多次查询。

2. Command 对象

Command 对象代表一个命令，可以通过其方法执行针对数据源的有关操作，比如查询、修改等。Command 对象的用法如下：

(1) 通过 CommandText 属性设置命令串（如 SQL 语句）。

(2) 通过 Parameters 集合属性和 Parameter 对象定义参数化查询或存储过程的参数。

(3) 通过 Execute 方法执行命令，可能的话，返回 Recordset 对象。

(4) 在执行命令之前，可通过设置 CommandType 属性以便优化性能。

(5) 可以通过 Prepared 属性指示底层的提供者为当前命令准备一个编译过的版本，以后再执行时，速度会大大加快。

(6) 通过 CommandTimeOut 属性设置命令执行的超时值（以秒为单位）。

(7) 可以设置 ActiveConnection 属性，为命令指定连接串，Command 对象将在内部创建 Connection 对象。

(8) 可以设置 Name 属性，这样以后可以在相应的 Connection 对象上按 Name 属性指定的方法名执行。

Command 对象执行时，既可以通过 ActiveConnection 属性指定相连的 Connection 对象，也可以独立于 Connection 对象，直接指定连接串，即使连接串与 Connection 对象的连接串相同，Command 对象仍然使用其内部的数据源连接。

3. Recordset 对象

Recordset 对象代表一个表的记录集或者命令执行的结果。在记录集中，总是有一个当前的记录。记录集是 ADO 管理数据的基本对象，所有的 Recordset 对象都按照行列方式的表状结构进行管理，每一行对应一个记录（Record），每一列对应一个字段（Field）。Recordset 对象也通过游标对记录进行访问，在 ADO 中，游标分四种：

(1) 静态游标　提供对数据集的一个静态拷贝，允许各种移动操作，包括前移、后移等，但其他用户所做的操作反映不出来。

(2) 动态游标　允许各种移动操作，包括前移、后移等，并且其他用户所做的操作也可以直接反映出来。

(3) 前向游标　允许各种前向移动操作，不能向后移动，并且其他用户所做的操作也可以直接反映出来。

(4) 键集（keyset）游标　类似于动态游标，也能够看到其他用户所作的数据修改，但不能看到其他用户新加的记录，也不能访问其他用户删除的记录。

游标类型可利用 CursorType 属性设置。

Recordset 对象的用法如下：

(1) 通过 Open 方法打开记录集数据，既可以在 Open 之前对 ActiveConnection 属性赋值，指定 Recordset 对象使用连接对象，也可以直接在 Open 方法中指定连接串参数，则 ADO 将创建一个内部连接，即使连接串与外部的连接对象相同，它也使用新的连接对象。

(2) 当 Recordset 对象刚打开时，当前记录被定位在首条记录，并且 BOF 和 EOF 标志属性为 False,如果当前记录集为空记录集,则 BOF 和 EOF 标志属性为 True。

(3)通过 MoveFirst、MoveLast、MoveNext 和 MovePrevious 方法可以对记录集的游标进行移动操作。如果 OLE DB 提供者支持相关功能的话,可以使用 AbsolutePosition、AbsolutePage 和 Filter 属性对当前记录重新定位。

ADO 提供了两种记录修改方式:立即修改和批修改。在立即修改方式下,一旦调用Update 方法,则所有对数据的修改立即被写到底层的数据源。在批修改方式下,可以对多条记录进行修改,然后调用 UpdateBatch 方法把所有的修改递交到底层数据源。递交之后,可以用 Status 属性检查数据冲突。

Recordset 对象是 ADO 数据操作的核心,它既可以作为 Connection 对象或 Command 对象执行特定方法的结果数据集,也可以独立于这两个对象而使用,由此可以看出 ADO 对象在使用上的灵活性。

上面三个对象都包含一个 Property 对象集合的属性,通过 Property 对象可使 ADO 动态暴露出底层 OLE DB 供应者的性能。由于并不是所有的底层提供者都有同样的性能,所以 ADO 允许用户动态访问底层提供者的能力。这样既使得 ADO 很灵活,又提供了很好的扩展性。ADO 的其他集合对象及其元素对象,都用在特定的上下文环境中,比如,Parameter 对象一定要与某个 Command 对象相联系后,才能真正起作用。而另外三个对象 Field、Error 和 Property 对象只能依附于其父对象,不能单独创建这些对象。

10.2.3 ADO 对象的常用属性

ADO 模型具有一些 DAO 和 RDO 模型没有的独特属性。这些属性决定了数据集的产生方式、指针在集合中的移动和数据连接中的用户访问权限。这里要介绍 ADO 模型的 6 项独特属性:连接串(ConnectionString)、命令文本(CommandText)、命令类型(CommandType)、游标位置(CursorLocation)、游标类型(CursorType)和锁定类型(LockType)。

1. 连接串(ConnectionString)

ADO 模型使用 ConnectionString 属性来指明用于连接数据库的 OLE DB 供应者和完成数据库连接所需的全部详细信息,它使用一系列格式为:**参数 = 值**的语句,并用";"连接起来。

不同类别的数据库,具有不同的驱动程序,相应地具有不同的连接参数和格式。对 Access 2000 数据库来说,设置 ConnectionString 属性的语法如下:

Provider = Microsoft. Jet. OLEDB. 4. 0;Data Source = 数据库路径名称

对于 MSSQL Server 来说,当身份验证为混合模式验证方式时,ConnectionString 属性的格式如下:

Provider = SQLOLEDB. 1;Data Source = <SQL Server 数据库服务器的别名>;User ID = <用户名>;Password = <密码>;Initial Catalog = <欲连接的数据库>

例如,一个连接到 MSSQL Server 的连接串:

```
Provider = SQLOLEDB.1;Data Source = cie;User ID = sa;Initial Catalog = gongcheng
```

上面的连接串指定了数据供应者的名称是 SQLOLEDB. 1 ;MSSQL Server 的别名是 cie (可以使用 MSSQL 的"客户端网络实用工具" 建立);访问 MSSQL Server 的用户名是 sa (这里没有写出 sa 用户的密码,如果需要请添加 Password = <sa 的密码>);访问的数据库名称是

gongcheng。

如果需要了解其他类型数据库的连接参数,可查阅有关书籍。

2. 命令文本(CommandText)

ADO 模型的 CommandText 属性是包含了实际数据查询请求的属性。这一数据请求的语法取决于所使用的供应者。例如,使用 SQLOLEDB. 1 供应者是下面的这一条 SQL 语句是有效的:

```
select * from student
```

或直接指定数据表的名称 student

3. 命令类型(CommandType)

ADO 的 CommandType 属性用于通知 ADO 目前正在使用什么类型的查询执行数据请求。默认值是 adCmdUnknown。在某些情况下,可不设置 CommandType 属性。但是,如果这样,ADO 供应者可能不知道如何解释请求或会以更慢的速度执行查询。表 10-2 列出了主要的有效的命令类型。

表 10-2　CommandType 属性的有效设置

设　置	值	说　　明
adCmdText	1	将 CommandText 作为命令的文本定义(一般为 SQL 语句)
adCmdTable	2	将 CommandText 作为一个数据表名称
adCmdStoreProc	4	将 CommandText 作为一个存储过程名称
adCmdUnknown	8	CommandText 属性中的命令类型未知(默认值)

4. 游标位置(CursorLocation)

ADO 模型允许为记录集请求客户端或服务器端的游标管理。在 ADO 中,游标是响应一次数据请求后返回的记录集合。可以使用 ADO 的 CursorLocation 属性控制这个记录集合的位置。表 10-3 列出了该属性的有效的设置值。

表 10-3　CursorType 的有效设置

设　置	值	说　　明
adUseClient	3	使用客户端游标库
adUseServer	2	使用服务器端游标库(默认值)
adUseNone	1	不使用游标服务。现在已不使用,为了兼容而保留

5. 游标类型(CursorType)

ADO 的 CursorType 属性用来指明由数据供应者返回的记录集的类型。CursorType 属性有四种设置。见表 10-4。

表 10-4　CursorType 属性的有效设置

设　置	值	说　　明
adOpenForwardOnly	0	记录指针只能朝记录号增加的方向移动. 记录指针的这种状态所占用的系统资源最少,能够以最快的速度响应用户的查询(默认值)
adOpenKeyset	1	使用这种状态的记录指针读取记录数据时,不能及时看到其他用户增加和删除的记录. 只能看到更新的记录

（续）

设　置	值	说　　明
adOpenDynamic	2	记录指针可以向下移动，对表进行增加、删除的更新等操作都可以在 Recordset 中看到。这种方式占用的系统资源最多
adOpenStatic	3	为静态指针。使用静态方式打开的 Recordset 是指定数据的静态副本，所有对记录的更新、插入和删除等操作均不可见

在选择记录集的 CursorType 属性时，必须注意两点。首先，如果正在使用客户端游标（CursorLocation = adUseClient），那么 adOpenStatic 是唯一有效的设置值。其次，在选择游标类型时还要注意数据供应者支持什么类型。有可能锁请求的游标类型不被数据供应者支持，在这种情况下，数据供应者可能会返回另一个游标类型的记录集，因此，在数据请求完成之后，应当查看 CursorType 属性以便知道供应者返回了什么类型的游标。

6. 锁定类型（LockType）

ADO 的 LockType 可用于指定在对记录集进行编辑时处理锁定的方式。表 10-5 显示了锁定类型的四种有效的设置值。

表 10-5　LockType 的有效的设置

设　置	值	说　　明
adLockReadOnly	1	所有记录均为只读记录，不允许进行任何修改（默认值）
adLockPessimistic	2	当开始编辑某条记录时，锁定该条记录，编辑完成并调用 Update 方法更新后，解除锁定
adLockOptimistic	3	只有在调用 Update 方法的时候才锁定记录
adLockBatchOptimistic	4	在进行编辑操作时不会锁定记录，插入、删除和更新等操作可以按批进行

数据供应者可能不支持请求的锁定方式。如果发生了这种情况，数据供应者将用别的锁定方式代替。因此，在数据请求完成以后，应当查看 LockType 属性以获知数据供应者实际所使用的锁定方式。

如果使用了客户端游标，那么就不能使用 adLockPessimistic。

10.2.4　ADO 数据控件（ADODC）

ADO 数据控件是目前流行的、先进的数据库访问控件，它支持 OLE DB 数据库访问。使用 ADO 数据访问控件，除了可以访问小型数据库管理系统（如 Access、FoxPro 等），也可以访问大型关系数据库管理系统（如 SQL Server、Oracle、DB2 等），甚至还可以访问邮件数据、图形数据等。因此，使用 ADO 数据控件几乎可以访问各种类型的数据源。

ADO 数据控件用于指定连接的数据源和要访问的数据，数据的显示则要利用数据绑定控件完成。

1. ADODC 控件的添加

ADO 数据控件不是 Visual Basic 的标准控件，需要用户手工添加到 Visual Basic 的工具箱

中,才能使用它。将 ADO 数据控件添加到工具箱中的方法如下:

(1)在 Visual Basic 的集成开发环境中,单击“工程”菜单下的“部件”命令,打开部件对框,如图 10-10 所示。

(2)在控件选项卡上,选中“Micsoft ADO Control 6.0 (SP6)”复选项框,单击“确定”按钮关闭对话框,此时“工具箱”中就会出现 ADO 数据控件的图标,如图 10-11 所示。

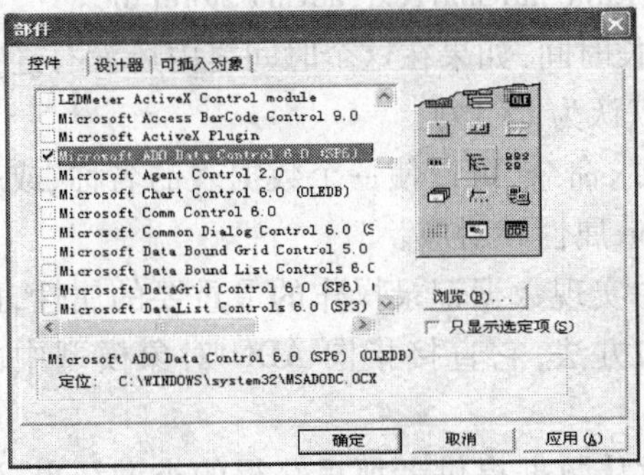

图 10-10　Visual Basic 中部件对话框

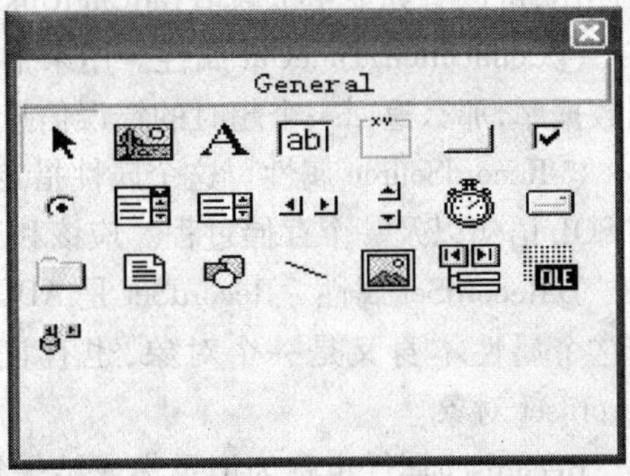

图 10-11　添加完 ADO 对话框后的工具箱

至此,ADO 控件就添加到当前的工程中了,要使用 ADODC 控件,首先要将控件拖放到窗体上,然后再通过设置属性等方法使它发挥作用。

ADO 控件的在窗体上的形式如图 10-12 所示,其默认名称是 Adodc1。在 ADODC 控件上各个按钮,其功能分别是:

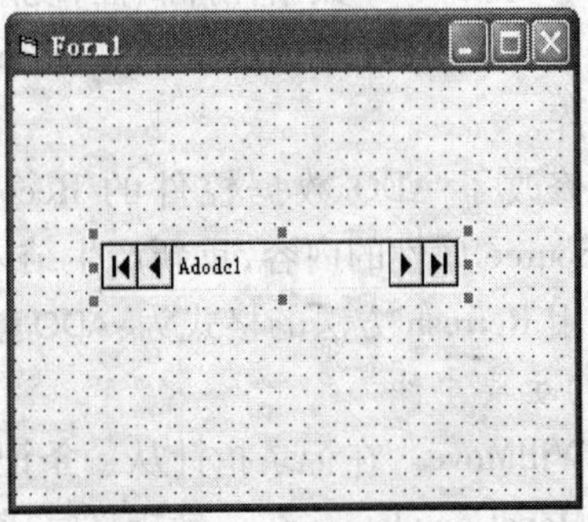

图 10-12　ADO 控件在窗体的外观

⏮:将结果记录集中的记录指针移动到第一行。

◀:将结果记录集中的记录指针上移一行。

▶:将结果记录集中的记录指针下移一行。

⏭:将结果记录集中的记录指针移动到最后一行。

2. ADODC 控件的主要属性、方法和事件

(1)*主要属性*　将 ADO 控件添加到窗体上之后,为了建立起与数据源的连接和操作数据,需要设置其中的一些属性,下面介绍与数据库访问相关的属性。

①ConnectionString 属性。此属性是 ADO 数据控件中一个非常重要的属性,用于建立与数据源的连接。它是一个字符串,其中所包含的参数与使用的数据访问接口有关。可以在 ADO 数据控件的属性页中设置 ConnectionString 属性。打开属性面的方法是单击 ADO 数据控件属性页中 ConnectionString 属性后面的“...”按钮,打开属性页对话框,如图 10-13

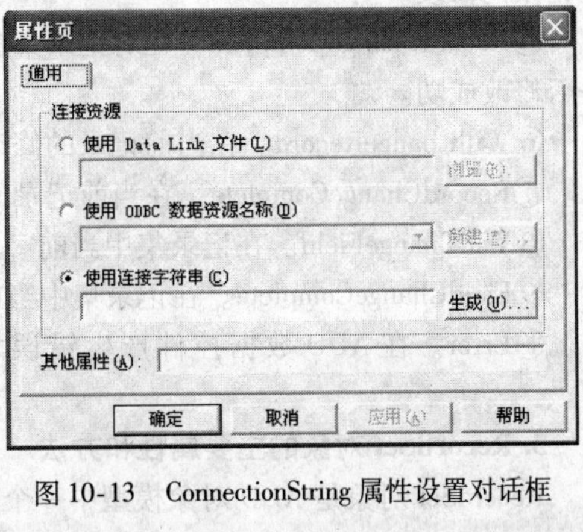

图 10-13　ConnectionString 属性设置对话框

所示。然后点击“生成(U)”按钮,依照提示即可完成该属性的设置,具体的操作步骤参考11.3。

②CommandTimeout 属性。指定命令执行的最长时间,如果超出这个时间命令还没有执行完成那么将放弃执行,返回给用户一个超时的提示信息,单位是秒(默认为30秒)。

③CommandType 属性。指定要执行的命令的类型。这个属性通常和 RecordSource 属性配合使用,可以有如下4个取值:adCmdUnknown、adCmdTable、adCmdText、adCmdStoreProc。

④ConnectiongTimeOut 属性。用来指定连接的最长时间,如果在这个时间之内还没有连接到数据库,那么返回一个超时的错误信息。单位秒(默认为15秒)。

⑤RecordSource 属性。这个属性指定要执行的请求命令,可以使一个数据表的名称、或一个 SQL 语句以及一个存储过程。应该和 CommandType 属性相对应。

⑥RecordSet 属性。RecordSet 是 ADO 数据控件中实现数据记录操作的最重要的属性,而且这个属性本身又是一个对象,也有自己的属性和方法,它直接指向 ADO 对象模型中的 Recordset 对象。

Recordset 属性也称为记录集或结果集,用于存放从数据提供者那里获得的查询结果,这个结果一般存放在客户端内存中。

(2)主要方法

Refresh 方法。

用于更新 ADO 数据控件属性,使修改后的 ADO 数据控件属性生效。

当修改了 ADO 数据控件的 ConnectionString 属性的值时,使用 Refresh 方法会重新连接一次数据库。

当修改了 ADO 数据控件的 RecordSource 属性的值时,使用 Refresh 方法会重新执行 RecordSource 属性的内容,重新产生结果集。

使用 Refresh 方法的格式为:ADO 数据控件名 . Refresh 。

(3)主要事件

①WillMove。在记录指针从一条记录移动到另一条记录前发生。

②MoveComplete。在记录指针完成从一条记录移动到另一条记录后发生。

③EndOfRecordset。记录指针移过最后一条记录时发生。

④WillChangeRecordset。在对记录集进行修改之前发生,可以用这一事件来捕获对记录集的错误的修改。

⑤RecordChangeComplete。在对记录集进行修改完成之后发生。可以用这一事件来验证是否修改成功。

⑥WillChangeRecord。在当前记录的修改提交到数据源之前发生。

⑦RecordChangeComplete。在当前记录的修改被提交到数据源之后发生。

⑧WillChangeField。在记录集中当前字段被修改之前发生。

⑨FieldChangeComplete。在记录集中当前字段被修改之后发生。

⑩Error。在 ADO 数据控件产生错误之时发生,利用这一事件可以进行一些错误处理。

3. RecordSet 对象的主要属性和方法

RecordSet 对象是 ADO 对象模型中一个非常重要的对象,也是 ADO 数据控件的一个主要属性。程序中对数据库中数据的操作主要是通过 RecordSet 对象完成的。下面介绍 RecordSet 对象中的常用属性和方法。

(1)RecordSet 对象的主要属性

BOF:布尔值,如果结果集中记录的当前行指针移到了第一条记录的前边,则此值为真,否则为假。

EOF:布尔值,如果结果集中记录的当前行指针移到了最后一条记录的后边,则此值为真,否则为假。

RecordCount:存放结果集中的记录个数。

Sort:将结果集中的记录按某个字段排序。

AbsolutePosition:记录当前行记录在结果集中的顺序号,结果集记录序号从 1 开始。

ActiveCommand:结果集中创建的命令。

ActiveConnection:结果集中创建的连接。

Bookmark:结果集中当前行记录的标识号。

Fields:结果集中的字段对象(Field)集合。可以通过 Fileds("字段名")或 Fields(字段序号)来访问该集合中的指定的字段对象。下面是 Field 对象的常用属性:

①Name。字段名称。

②Value。字段的值。

③OrdinalPosition。字段在 Fields 集合中的顺序。

④Type。字段的数据类型。

⑤Size。字段的最大字节数。

⑥SourceTable。字段来自的表。

⑦SourceField。字段来自的表中的列。

例:利用 Fields 对象,得到当前行记录的某字段的值,用法如下:

```
Fields("字段名").Value
```

或:

```
Fields(字段序号).Value
```

(2)RecordSet 对象的主要方法

①Move 方法组 。

MoveFirst 方法:将当前行记录指针移到结果集中的第一行。

MovePrevious 方法:将当前行记录指针向前移动一行。

MoveNext 方法:将当前行记录指针向后移动一行。

MoveLast 方法:将当前行记录指针移到结果集中的最后一行。

②AddNew 方法。用于在结果集中添加一个新记录。

③Update 方法。将新记录缓冲区中的记录或者对当前记录的修改真正写到数据库中。

④Delete 方法。删除结果集中当前行记录指针所指的记录,并且这个删除是直接对数据库数据操作的,删除后的数据不可恢复。

⑤CancelUpdate 方法。用于取消新添加的记录或对当前记录所做的修改。

⑥Find 方法。用于在当前结果集中查找满足条件的记录。

Find 方法的格式为：

ADO 数据控件名 . Recordset. Find("查找条件表达式")

例：查找年龄在 20 到 25 之间的学生：

```
Find("Sage > = 20 AND Sage < = 25")
```

4. 数据绑定控件

使用 ADO 数据控件中是建立了与数据源的连接，创建好了查询结果，但结果集中的数据并不显示在屏幕上。要将内存结果集中的数据显示出来，必须使用相应的赋值语句或使用数据绑定控件。

数据绑定实际上就是将结果集中的数据同应用程序界面上的控件联系起来，通过这些界面上的控件将结果集中的数据显示给用户。能够实现将结果集中的数据显示出来的功能的控件就称为数据绑定控件。

用户不但可以使用数据绑定控件将结果集中的数据显示出来，还可以通过这些控件对数据库的数据进行增、删、改等操作。

在 Visual Basic 6.0 中，并不是所有控件都是数据绑定控件，只有那些具有 DataSource 属性的控件才是数据绑定控件。

标准绑定控件：TextBox、CheckBox、ListBox、ComboBox 等。

外部绑定控件：DataCombo、DataList、DataGrid、MSHFGrid、Microsoft Chart 等。

10.3 ADO 编程实例

首先用 Visual Basic 的"可视化管理器"建立一个名为 student 的数据库，并在其中创建一个表"学生表"，字段如表 10-6 所示。

表 10-6 学生表的字段

字段名称	字段数据类型	字段大小
学号	TEXT	8
姓名	TEXT	12
性别	TEXT	2
出生日期	DATETIME	
地址	TEXT	30
邮政编码	TEXT	6
身高	INTEGER	

1. 创建使用 ADOC 控件的新工程

启动 Visual Basic 6.0 并建立一个新的工程。在使用 ADO 数据控件编程前，必须把 ADO 数据控件添加到 Visual Basic 6.0 的工具箱中。在工程中添加 ADO 数据控件后，就可以进行窗体设计了。窗体布局如图 10-14 所示，一些属性设置如表 10-7 所示。

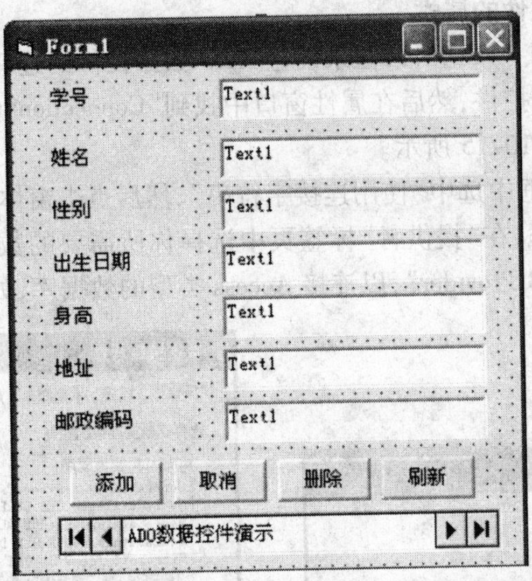

图 10-14　窗体布局

表 10-7　基本属性设置

控件类型	属性	属性值
ADODC	Name	ADODC
	Caption	ADO 数据控件演示
Text	Name	txtNo
	Text	
Text	Name	txtName
	Text	
Text	Name	txtSex
	Text	
Text	Name	txtBDate
	Text	
Text	Name	txtHeight
	Text	
Text	Name	txtAddr
	Text	
Text	Name	txtPCode
	Text	
CommandButton	Name	CmdAdd
	Caption	添加
CammandButton	Name	CmdCancel
	Caption	取消
CommandButton	Name	CmdDelete
	Caption	删除
CommandButton	Name	CmdRefresh
	Caption	刷新

2. 设置 ADO 数据控件的属性

在设计阶段可以使用一系列对话框来设置 ADO 数据控件的连接信息。

首先,选中 ADO 数据控件,然后在属性窗口中找到"ConnectionString"属性,点击"..."按钮打开"属性"对话框,如图 10-15 所示。

接下来,在属性对话框中选中"使用连接字符串",然后点击窗体左下脚的"生成"按钮,打开"数据链接属性"对话框,在"提供者"标签页中选择你所需要的数据提供者,这里我们选择"Microsoft Jet 4.0 OLE DB Provider",以连接 Access 类型的数据库,如图 10-16 所示。

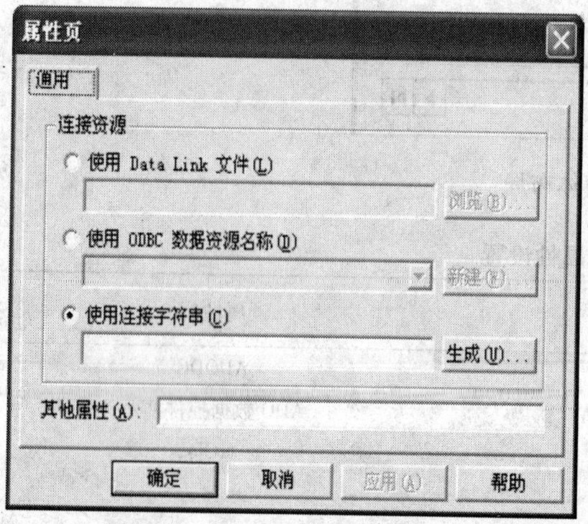

图 10-15 设置 ADO 的 ConnectionString 属

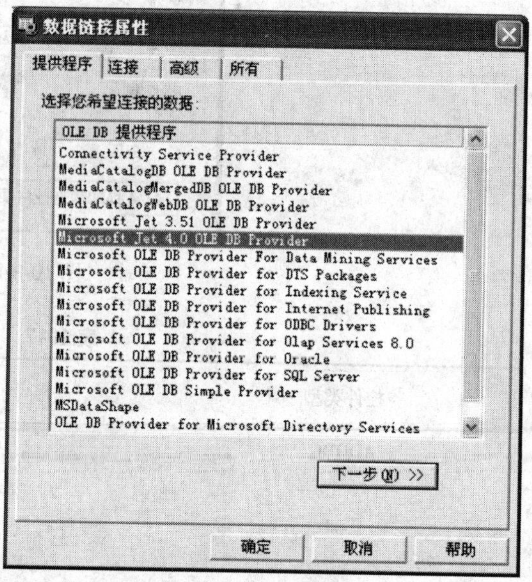

图 10-16 选择数据提供者

点击"下一步",进入"连接" 标签页,在这里我们将设置详细的连接信息(注意:这个标签页的内容随着你选择数据提供者的不同而不同)。在"选择或输入服务器名称"的输入框中输入要连接的服务器的名称,在"输入登录服务器的信息"选择相应的登录验证方式并填写具体的信息。接着"在服务器上数据库"的下拉列表框中选择一个你想要访问的数据库(在进行这个操作以前可以使用"测试连接"按钮进行连接测试)。点击确定完成设定,如图 10-17 所示。

最后,可以进行数据源的设定。找到 ADO 数据控件的 RecordSource 属性,点击"..."按钮,打开"属性页"如图 10-18 所示。在 CommandType 下拉列表框中选择命令的类型,在这里我们选择"2 - adCmdTable"以便能访问一个数据表。在"Table of Store Procedure Name"下拉列表框中选择一个数据表的名称,这里我们选择表"s" (具体每一项的含义,请参考前面的内容)。点击确定完成设置。

3. 进行数据绑定

在设置完 ADO 数据控件的连接属性和数据源属性后,我们就可以使用 Visual Basic 基本的控件进行数据的显示。这里我们使用的是文本框。要把文本框和 ADO 数据控件进行绑定,需要设置两个属性:DataSource(用来指定获取数据的数据控件)和 DataField(指定要显示在此文本框中的字段的值)。设置完成后的属性如表 10-8 所示。

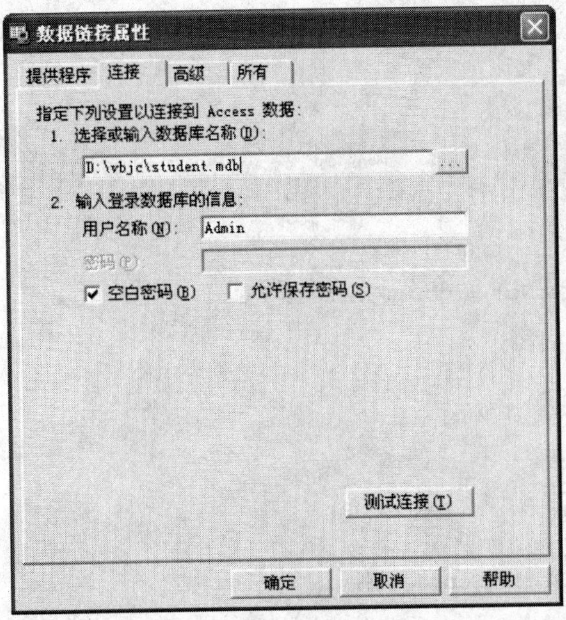

图 10-17 设置数据库连接信息

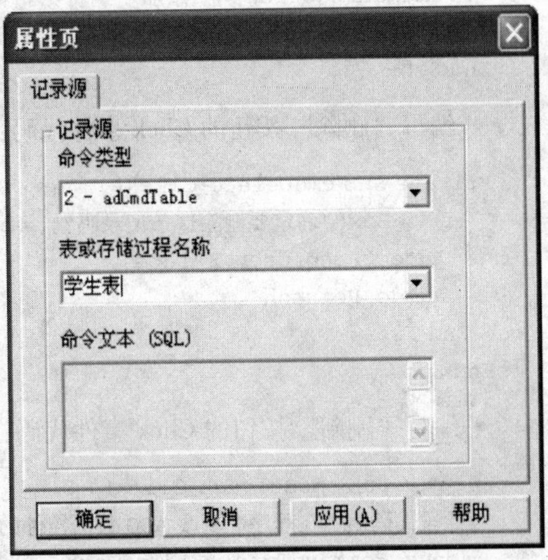

图 10-18 ADO 数据控件的 RecordSource

表 10-8 文本框数据绑定的设置

文本框控件	DataSource 属性	DataField 属性
txtNo	ADODC	学号
txtName	ADODC	姓名
txtSex	ADODC	性别
txtBDate	ADODC	出生日期
txtHeight	ADODC	身高
txtAddr	ADODC	地址
txtPCode	ADODC	邮政编码

4. 编写代码

现在,主窗体已经完成,我们接下来加入一些基本的控制代码。

- 编写“添加”按钮的 Click 事件代码:

```
Private Sub cmdAdd_Click()
  If cmdAdd.Caption = "添加" Then
    Adodc.Recordset.AddNew
    cmdAdd.Caption = "保存"
  Else
    Adodc.Recordset.Update
    cmdAdd.Caption = "添加"
  End If
End Sub
```

- 编写“取消”按钮的 Click 事件代码:

```
Private Sub cmdCancel_Click()
```

```
    Adodc.Refresh
    If cmdAdd.Caption = "保存" Then
      cmdAdd.Caption = "添加"
    End If
  End Sub
```

• 编写“删除”按钮的 Click 事件代码：

```
Private Sub cmdDelete_Click()
  If MsgBox("确定要删除这条记录吗?", vbYesNo) = vbYes Then
    Adodc.Recordset.Delete
    Adodc.Refresh
  End If
End Sub
```

• 编写“刷新”按钮的 Click 事件代码：

```
Private Sub cmdRefresh_Click()
  '此段代码演示在程序中更改 ADO 数据控件的 RecordSource 属性
  Adodc.CommandType = adCmdText
  Adodc.RecordSource = "select * from 学生表 where 学号 ='001'"
  Adodc.Refresh
  cmdAdd.Enabled = False
  cmdCancel.Enabled = False
  cmdDelete.Enabled = False
End Sub
```

在这里我们没有加入“编辑”记录处理，是因为当我们在数据绑定控件中进行数据修改时，ADO 数据控件自动进入编辑状态，当你移动记录指针时自动进行数据的提交，如果输入的数据有错误那么 ADO 数据控件给出错误提示信息。

5. 程序调试

保存工程后，按 F5 运行，我们将看到程序的运行界面。

ADO 数据控件封装了 ADO 库大绝大部分功能，因此它是一个功能非常强大的数据访问工具，并且 Microsoft 公司另外还给我们提供了一些能和 ADO 数据进行绑定的控件，如：Microsoft DataGrid Control 6.0 (OLE DB) 等，如图 10-19 所示。这类控件可以通过“工程→部件”菜单添加到 Visual Basic 的工具箱中，具体使用方

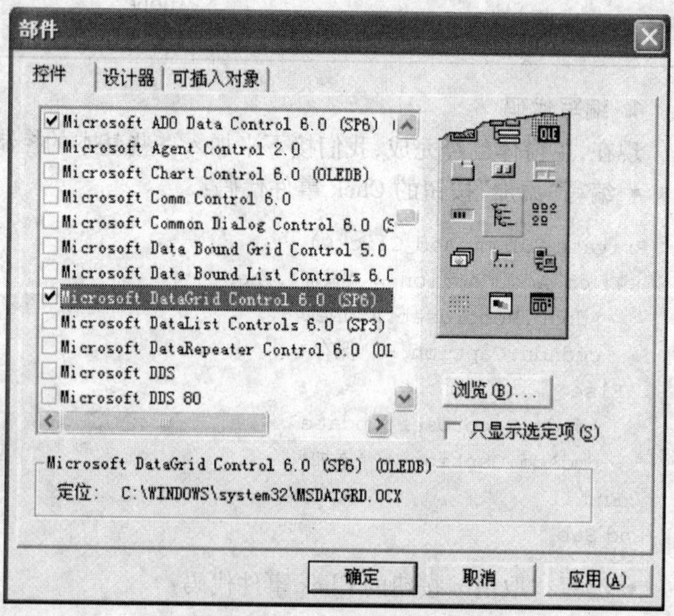

图 10-19 添加 DataGrid（OLEDB）数据绑定的网格控

法请大家自行学习。

提示：ADO 数据控件的相关的属性都可以在程序代码中进行设置，包括 Connection-String，RecordSource 等，数据的绑定也可以在程序代码中完成。

以上，我们介绍了使用 ADO 的一些基本知识，以及和访问 Access 数据库密切相关的一些属性、方法。这些也只是 ADO 的一小部分，还有一些没有做更进一步讲述，比如对 Recordset 的相关的编辑、删除等操作。希望有兴趣的同学可以自己参考相关资料进行学习。

第 11 章

Visual Basic 与 Excel*

本章内容提示： Excel是集表格制作、统计运算和图表输出等功能于一体的办公自动化软件，是人们生活中必不可少的工具软件，很多人乐于在Excel中处理数据并完成报表输出等任务。Excel相对Visual Basic而言数据处理功能较弱，但报表输出功能简单方便，将Visual Basic与Excel的优势“联合”起来完成数据处理将是非常有意义的。本章以案例的形式，介绍在Visual Basic中获取Excel电子表格中的数据以及将处理后的数据保存到Excel工作表中的方法，并调用Excel中的VBA指令完成排版，生成数据报表。

教学基本要求： 本章供学有余力的学生根据后续专业需求选择学习。

11.1 Visual Basic 中 Excel 的启动与关闭

11.1.1 Excel 对象库引用

在Visual Basic中引用Excel对象，首先需要打开Visual Basic编程环境“工程”菜单中的“引用”功能项，并选取项目中的“Microsoft Excel 11.0 object library”（Excel版本不同，这个选项中的版本号可能不一样）即可。引用Excel对象库后，对编写代码会带来很多便利。

11.1.2 Excel 对象声明

Excel是以层次结构组织对象的，其对象模型中含有许多不同的对象元素。编程过程中主要用到以下4个层次的对象。

（1）Application对象　即Excel程序本身。

（2）WorkBook对象　即Excel的工作簿文件对象。

（3）WorkSheets对象　表示的是Excel的工作表对象集。例如：worksheets（1）表示第一个工作表。

（4）Cells、Range、Rows、Columns对象　分别表示Excel工作表中的单元格对象集、区域对象、行对象集、列对象集。例如：

Cells（3，5）：表示当前工作表中第3行第5列的那个单元格

Range（" C5"）：表示当前工作表中第3行第5列的那个单元格

Range（" A1：C5"）：表示当前工作表中从A1单元格到C5单元格的矩形区域

Rows (1)：表示当前工作表中第 1 行

Range (" 1：1")：表示当前工作表中第 1 行

Range (" 1：10")：表示当前工作表中第 1 到 10 行的区域

Columns (1)：表示当前工作表中第 1 列

Range (" A：A")：表示当前工作表中第 1 列

Range (" A：D")：表示当前工作表中从第 A 到 D 列区域

11.1.3 Visual Basic 中 Excel 的启动与关闭

例 11-1 新建立一个 Visual Basic 的工程，在窗体上添加 2 个命令按钮（Command1 和 Command2），按钮的 Caption 分别为"启动 Excel"和"关闭 Excel"，按照上述方法引入 Excel对象库后输入以下代码即可。

```
Dim xls As New Excel.Application             '声明一个 Excel 应用程序对象
Dim xbook As New Excel.Workbook              '声明一个 Excel 工作薄对象
Dim xsheet As New Excel.Worksheet            '声明一个 Excel 工作表象
Private Sub Command1_Click()
    Set xbook = xls.Workbooks.Add            '启动 Excel,并将自动创建的工作薄赋给 xbook
    Set xsheet = xbook.Worksheets(1)         '将第一个工作表赋给 xsheet
    xls.Visible = True                       '显示 Excel 窗口,程序调试阶段显示该窗口非常
重要
End Sub

Private Sub Command2_Click()
    xls.Quit
    Set xls = Nothing                        '释放对象变量
    Set xbook = Nothing
    Set xsheet = Nothing
End Sub
```

这里将有关对象声明放在通用声明段是为了在两个命令按钮中均可以调用对象 xls。

11.2 Visual Basic 与 Excel 的数据交换

用 Visual Basic 程序启动 Excel 后,就可以对其中的单元格进行任意处理了。

例 11-2 将 Visual Basic 中随机生成的一组学生成绩数据保存到一个 Excel 工作簿中。

新建一个 Visual Basic 工程,引用"Microsoft Excel 11.0 object library"对象库后。在窗体上添加 2 个按钮(Command1、Command2),Caption 属性分别为"生成数据存入 Excel"和"保存及关闭 Excel"。代码如下：

```
Dim xls As New Excel.Application
Dim xbook As New Excel.Workbook
Dim xsheet As New Excel.Worksheet
```

```
Private Sub Command1_Click()
    Set xbook = xls.Workbooks.Add
    Set xsheet = xbook.Worksheets(1)
    xls.Visible = True                               '当程序调试成功以后就可以删除此操作
    xsheet.Cells(1,1) = "学号"                       '填写表头
    xsheet.Cells(1,2) = "高等数学"
    xsheet.Cells(1,3) = "英语"
    xsheet.Cells(1,4) = "大学计算机基础"
    xsheet.Cells(1,5) = "平均成绩"
    For i = 2 To 10
      xsheet.Cells(i,1) = "'09108" & 1000 + I       '生成学号
      Sum = 0
      For j = 2 To 4
        xsheet.Cells(i,j) = Int(Rnd() * 51) + 50
      Sum = Sum + xsheet.Cells(i,j)
      Next j
      xsheet.Cells(i,5) = Round(Sum/3,2)
    Next i
End Sub
Private Sub Command2_Click()
    xbook.SaveAs("c:\temp.xls")                      '以指定文件名存盘
    xls.Quit
    Set xls = Nothing                                '释放对象变量
    Set xbook = Nothing
    Set xsheet = Nothing
    MsgBox "请通过资源管理器查询 C 盘根文件夹下生成的 temp.xls 文件"
End Sub
```

与将数据写入 Excel 相同,只要打开 Excel 工作簿就可将工作表中任意单元格的数据读出,在 Visual Basic 中进行处理,这里不再赘述。

11.3 Visual Basic 对 Excel 的排版操作

Visual Basic 不仅可以与 Excel 实现数据交换,还可以对 Excel 进行删除或插入表行、列以及完成各种排版操作。

以下程序代码可以实现将例 11-1 生成的文件打开并执行排版操作:将标题行高设置为 40 磅,合并后水平居中、垂直居中,字体为隶书,字体 24 磅,对表中的行加上表线。同例 11-1 一样,在窗体上添加 2 个命令按钮,并通过"工程"菜单"引用"Excel 对象库后,录入以下代码:

```
Dim xls As New Excel.Application
Dim xbook As New Excel.Workbook
Dim xsheet As New Excel.Worksheet
Private Sub Command1_Click()
    Set xbook = xls.Workbooks.Open("c:\temp.xls")              '打开 Excel 文件
    Set xsheet = xbook.Worksheets(1)
```

```
    xls.Visible = True
    xls.WindowState = xlMinimized                '让 Excel 窗口最小化
    For i = 1 To 5
      With xsheet.Columns(i)                     '对各列样式进行设置
        .AutoFit                                 '最适合列宽
        .HorizontalAlignment = xlCenter          '水平方向居中
        .VerticalAlignment = xlCenter            '垂直方向居中
      End With
    Next i
    xsheet.Rows(1).Insert                        '在原表第 1 行前插入一行
    xsheet.Cells(1,1) = "XX 班级学生成绩表"        '写入表标题
    xsheet.Range("a1:e1").Merge                  '合并单元格区域
    xsheet.Range("1:1").RowHeight = 40           '设置第 1 行行高为 40 磅
    xsheet.Range("2:11").RowHeight = 24          '设置第 2 到 11 行行高为 24 磅
    With xsheet.Cells(1,1)                       '设置表标题字体及字号
      .Font.Name = "隶书"
      .Font.Size = 24
      .HorizontalAlignment = xlCenter
      .VerticalAlignment = xlCenter
    End With
    With Range("A2:E11")                         '对 A2 到 E11 区域设置表格线
      .Borders(xlEdgeLeft).LineStyle = xlContinuous          '左边线
      .Borders(xlEdgeTop).LineStyle = xlContinuous           '顶边线
      .Borders(xlEdgeBottom).LineStyle = xlContinuous        '底边线
      .Borders(xlEdgeRight).LineStyle = xlContinuous         '右边线
      .Borders(xlInsideVertical).LineStyle = xlContinuous    '内部垂直线
      .Borders(xlInsideHorizontal).LineStyle = xlContinuous  '内部水平线
    End With
    MsgBox "排版结束!"
End Sub
Private Sub Command2_Click()
    xbook.Save
    xls.Quit                                     '释放对象变量
    Set xls = Nothing
    Set xbook = Nothing
    Set xsheet = Nothing
End Sub
```

11.4 利用 Excel 中宏编写 VBA 代码

要全面掌握 EXCEL 中的 VBA 语言是非常困难的,因为涉及太多的对象、属性及方法,但

利用微软公司提供的宏录制功能，学习就变得易如反掌。

宏就是一段程序，存在于 Office 系列应用软件中，如 Word、Excel、PowerPoint、Outlook 等。对这些应用软件的所有操作步骤都录制成宏代码，然后再对宏代码进行分析，是学习 VBA 最好的方法。下面以 Excel 为例，介绍宏的录制方法。

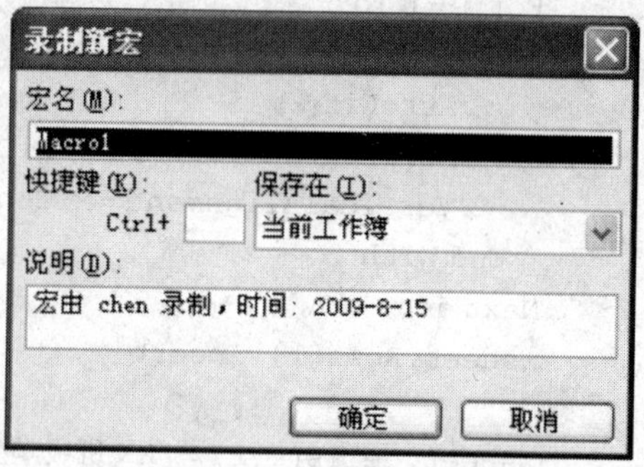

图 11-1　录制新宏对话框

如果想学习 Excel 中对单元格的字体、字号、边框线设置的 VBA 代码，操作步骤如下：

(1)启动 Excel，在任何一个单元格中录入一些内容，如在 C4 单元格内录入“中华人民共和国”，按照“工具→宏→录制新宏”，界面如图 11-1 所示。

所有内容均使用默认，单击“确定”按钮，Excel 界面上会多一个宏录制工具栏，如图 11-2 所示。

(2)选中单元格“C4”，设置字体为“黑体”，字号为 24 磅，左右加边框，完成这些操作后单击宏录制工具栏中的停止录制按钮，结束宏录制。

(3)按 ALT + F11 键进入 Excel 中的 VBA 集成开发环境，这个界面和 Visual Basic 的集成开发环境非常相似，如图 11-3 所示。

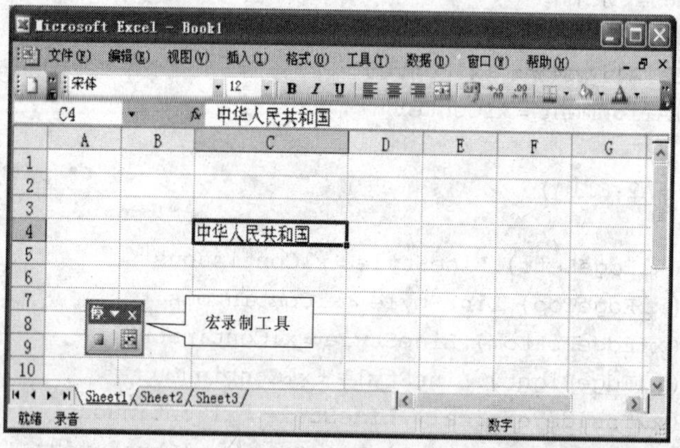

图 11-2　处于宏录制状态的 Excel 界面

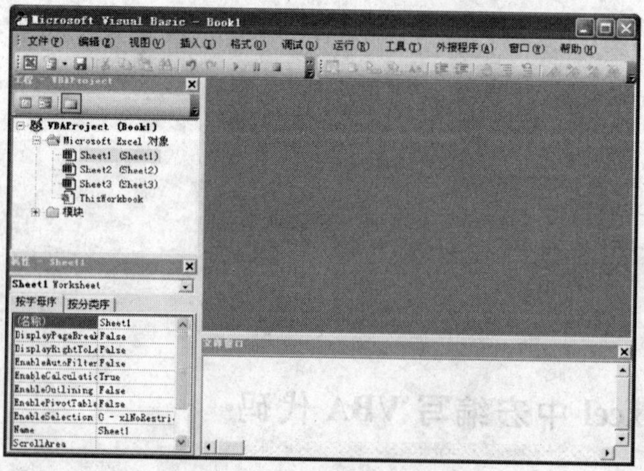

图 11-3　VBA 集成开发环境

（4）展开左侧的“模块”，可以看到其中的“模块 1”，这就是刚才录制的宏，双击“模块 1”，可以在右侧看到录制的宏代码，如图 11-4 所示。

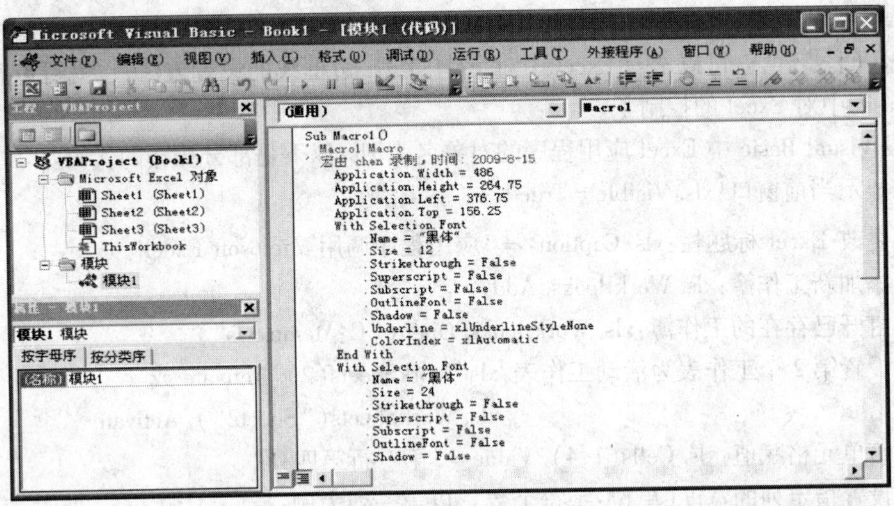

图 11-4　宏代码

由于宏会对每一个步骤分别进行录制，所以代码看起来特别烦琐，可以将其中没有进行特别处理的代码全部删除，这样就可以得到想要的 VBA 指令了。如图 11-5 所示。

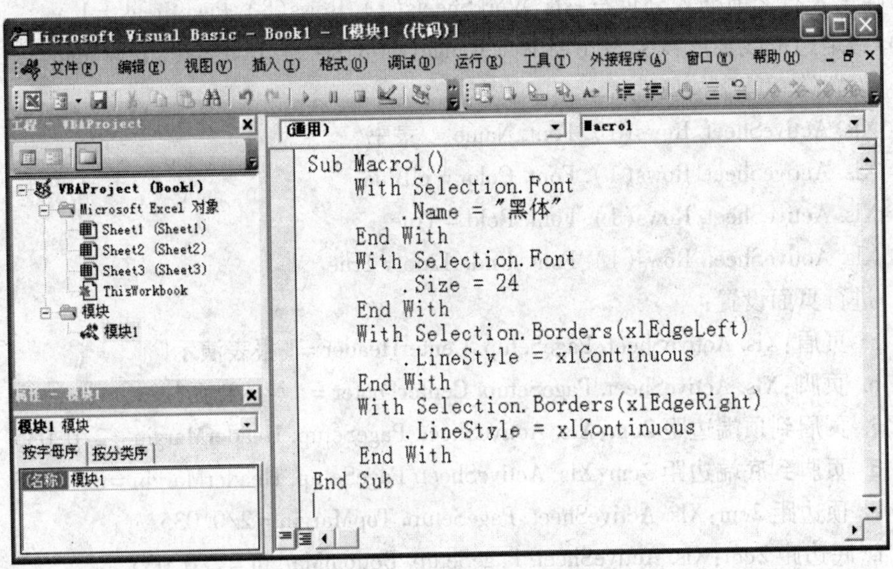

图 11-5　简化后的 VBA 代码

以上代码其实还可以再简化如下：

```
Sub Macro1()
    Selection.Font.Name = "黑体"
    Selection.Font.Size = 24
    Selection.Borders(xlEdgeLeft).LineStyle = xlContinuous
    Selection.Borders(xlEdgeRight).LineStyle = xlContinuous
```

```
End Sub
```

这里的 Selection 就是指被选中的单元格或单元格区域,这些代码移植到 Visual Basic 中时,只需要在前面加上 Selection 所属的父对象名序列即可。

通过以上步骤,就可以学习 Excel 中对字体、字号、边框线的设置方法,也就可以直接用于 Visual Basic 中对 Excel 的控制了。

假设 Visual Basic 中 Excel 应用程序的对象名为 xls,以下是部分操作的代码。

(1)显示当前窗口:xls. Visible = True

(2)更改 Excel 标题栏:xls. Caption: = "应用程序调用 Microsoft Excel"

(3)添加新工作簿:xls. WorkBooks. Add

(4)打开已存在的工作簿:xls. WorkBooks. Open("C:\temp. xls")

(5)设置第 2 个工作表为活动工作表:xls. WorkSheets(2). Activate 或
xls. WorkSheets("Sheet2"). Activate

(6)给单元格赋值:xls. Cells(1,4). Value = "第一行第四列"

(7)设置指定列的宽度(单位:字符个数),以第一列为例:
xls. ActiveSheet. Columns(1). ColumnsWidth = 5

(8)设置指定行的高度(单位:磅)(1 磅 = 0. 035 厘米),以第二行为例:
xls. ActiveSheet. Rows(2). RowHeight = 1/0. 035 '1 厘米

(9)在第 8 行之前插入分页符:xls. WorkSheets(1). Rows(8). PageBreak = 1

(10)指定边框线宽度:xls. ActiveSheet. Range("B3:D4"). Borders(2). Weight = 3

(11)设置第一行字体属性:
Xls. ActiveSheet. Rows(1). Font. Name = '隶书'
Xls. ActiveSheet. Rows(1). Font. Color = clBlue
Xls. ActiveSheet. Rows(1). Font. Bold = True
Xls. ActiveSheet. Rows(1). Font. UnderLine = True

(12)进行页面设置:

a. 页眉:Xls. ActiveSheet. PageSetup. CenterHeader = "报表演示"
b. 页脚:Xls. ActiveSheet. PageSetup. CenterFooter = "第 &P 页"
c. 页眉到顶端边距 2cm:Xls. ActiveSheet. PageSetup. HeaderMargin = 2/0. 035
d. 页脚到底端边距 3cm:Xls. ActiveSheet. PageSetup. HeaderMargin = 3/0. 035
e. 顶边距 2cm:Xls. ActiveSheet. PageSetup. TopMargin = 2/0. 035
f. 底边距 2cm:Xls. ActiveSheet. PageSetup. BottomMargin = 2/0. 035
g. 左边距 2cm:Xls. ActiveSheet. PageSetup. LeftMargin = 2/0. 035
h. 右边距 2cm:Xls. ActiveSheet. PageSetup. RightMargin = 2/0. 035
i. 页面水平居中:Xls. ActiveSheet. PageSetup. CenterHorizontally = True
j. 页面垂直居中:Xls. ActiveSheet. PageSetup. CenterVertically = True
k. 打印单元格网线:Xls. ActiveSheet. PageSetup. PrintGridLines = True

(13)拷贝操作:

a. 拷贝整个工作表:Xls. ActiveSheet. Used. Range. Copy

b. 拷贝指定区域:Xls. ActiveSheet. Range("A1:E2"). Copy

c. 从 A1 位置开始粘贴:Xls. ActiveSheet. Range. ("A1"). PasteSpecial

d. 从文件尾部开始粘贴:Xls. ActiveSheet. Range. PasteSpecial

(14)插入一行或一列:

a. Xls. ActiveSheet. Rows(2). Insert

b. Xls. ActiveSheet. Columns(1). Insert

(15)删除一行或一列:

a. Xls. ActiveSheet. Rows(2). Delete

b. Xls. ActiveSheet. Columns(1). Delete

(16)打印预览工作表:Xls. ActiveSheet. PrintPreview

(17)打印输出工作表:Xls. ActiveSheet. PrintOut

(18)工作表保存:

Xls. ActiveWorkBook. Save

(19)工作表另存为:Xls. SaveAs("c:\temp. xls")

(20)退出 Excel:Xls. Quit

(21)设置打开默认工作薄数量:Xls. SheetsInNewWorkbook = 3

(22)关闭时是否提示保存(true 保存;false 不保存):

Xls. DisplayAlerts = False

(23)设置冻结窗格:

Xls. ActiveSheet. Range("B2"). Select　　'先移动光标到 B2 单元格

Xls. ActiveWindow. FreezePanes = True

(24)设置打印时固定打印内容:

Xls. ActiveSheet. PageSetup. PrintTitleRows = "$1:$1"

VBA 中对 Excel 的各种操作代码非常多,这里不再逐一列举。几乎所有的操作都可以通过宏的录制来学习和掌握。

参考文献

Byron S. Gottfried. 2002. Visual Basic 编程习题与解答[M]. 北京:机械工业出版社.
曹青等. 2005. Visual Basic 6.0 程序设计教程[M]. 北京:机械工业出版社.
龚沛曾等. 2000. Visual Basic 程序设计教程(6.0 版)[M]. 北京:高等教育出版社.
李书琴. 2005. Visual Basic 6.0 程序设计教程[M](2 版). 西安:西北大学出版社.
李书琴. 2006. Visual Basic 6.0 程序设计基础[M]. 北京:清华大学出版社.
李书琴. 2011. Visual Basic 程序设计[M]. 西安:西安电子科技大学出版社.
刘炳文. 2006. Visual Basic 程序设计简明教程[M]. 北京:清华大学出版社.
鲁荣江,王立丰. 2002. Visual Basic 6.0 项目案例导航[M]. 北京:科学出版社.
王萍,聂伟强. 2006. Visual Basic 程序设计基础教程[M]. 北京:清华大学出版社.
曾强聪. 2003. Visual Basic 6.0 程序设计教程[M]. 北京:水国水利水电出版社.

图书在版编目（CIP）数据

Visual Basic 程序设计基础/李书琴，孙健敏主编
.—北京：中国农业出版社，2014.2
普通高等教育农业部“十二五”规划教材　全国高等农林院校“十二五”规划教材
ISBN 978-7-109-17634-8

Ⅰ.①V…　Ⅱ.①李…②孙…　Ⅲ.①BASIC 语言－程序设计－高等学校－教材　Ⅳ.①TP312

中国版本图书馆 CIP 数据核字（2014）第 002058 号

中国农业出版社出版
（北京市朝阳区农展馆北路 2 号）
（邮政编码 100125）
策划编辑　朱　雷
文字编辑　朱　雷　赵　澍

北京通州皇家印刷厂印刷　　新华书店北京发行所发行
2014 年 1 月第 1 版　　2014 年 1 月北京第 1 次印刷

开本:787mm×1092mm 1/16　　印张:18
字数:428 千字
定价:34.00 元
（凡本版图书出现印刷、装订错误，请向出版社发行部调换）